软件开发 人才培养系列丛书

MySQL

数据库
管理与应用

（微课版）

张巧荣　王娟　邵超◎主编

人民邮电出版社

北京

图书在版编目（CIP）数据

MySQL数据库管理与应用：微课版 / 张巧荣，王娟，邵超主编. -- 北京：人民邮电出版社，2022.9（2023.8重印）
（软件开发人才培养系列丛书）
ISBN 978-7-115-59844-8

Ⅰ. ①M… Ⅱ. ①张… ②王… ③邵… Ⅲ. ①SQL语言－数据库管理系统 Ⅳ. ①TP311.132.3

中国版本图书馆CIP数据核字(2022)第143602号

内 容 提 要

本书从教学实际需求出发，系统地阐述了数据库的基础知识和基本原理，以及 MySQL 数据库的管理、操作和编程技术。全书内容丰富、知识结构合理、重难点突出，遵循学习曲线。全书共 15 章，具体内容包括数据库概述、关系数据库、MySQL 概述、MySQL 数据库管理、MySQL 表结构管理、MySQL 表数据操作、数据查询、视图、索引、存储过程、函数、触发器和事件、事务和并发控制、MySQL 数据库安全管理、数据库备份与恢复。

本书汇集了编者多年来对 MySQL 数据库教学的思考与感悟，从"教"与"学"两个角度组织内容，并将 MySQL 知识点融汇到案例中，循序渐进、深入浅出，易于读者掌握。本书每章均附有本章小结和习题，可帮助读者巩固所学知识。

本书可作为高等院校计算机类、电子商务类、信息管理类等相关专业的教材，也可供从事计算机软件开发、系统开发等工作的科技人员、工程技术人员及其他有关人员参阅。

♦ 主　　编　张巧荣　王　娟　邵　超
　　责任编辑　刘　定
　　责任印制　王　郁　陈　犇
♦ 人民邮电出版社出版发行　　北京市丰台区成寿寺路 11 号
　　邮编　100164　　电子邮件　315@ptpress.com.cn
　　网址　https://www.ptpress.com.cn
　　河北京平诚乾印刷有限公司印刷
♦ 开本：787×1092　1/16
　　印张：18.5　　　　　　　　　2022 年 9 月第 1 版
　　字数：443 千字　　　　　　　2023 年 8 月河北第 3 次印刷

定价：69.80 元

读者服务热线：(010)81055256　印装质量热线：(010)81055316
反盗版热线：(010)81055315
广告经营许可证：京东市监广登字 20170147 号

当今社会，无论是称作信息时代、移动互联网时代、大数据时代，还是称作智能时代，信息都在其中起着极为重要的作用，不但成为人们生产、生活的核心要素，还是决策、智能的来源，人们的一切活动都在生产信息、利用信息、依靠信息。鉴于此，用于管理信息的数据库（Database，DB）就成为众多系统，如企业资源计划、决策支持、客户关系管理、电商平台、物流、在线支付、智能交通、智慧城市等必不可少的组成部分，数据库为它们的正常运行和发挥作用提供最基础的数据支持。就具体应用而言，由于数据量、访问压力、性能及安全需求、设计者偏好等的不同，使用的数据库也不尽相同。目前主流的数据库管理系统（Database Management System，DBMS）有Oracle、DB2、SQL Server、MySQL、KingBase、MongoDB、Redis、HBase、OceanBase 等，其中，MySQL 由于简单、高效、开源等优点，已成为众多开发系统的首选数据库。

鉴于数据库的基础地位，讲授如何使用数据库技术对数据进行有效组织、存储、管理、检索与维护的数据库类课程已成为计算机类、电子商务类、信息管理类等相关专业的基础课程或专业必修课程。通过数据库类课程的学习，学生应能有意识地搜集并利用数据提升工作效率与效能，优化社会资源配置，从而为我国的信息化、数字化、智能化建设贡献自己的力量。

为此，编者结合多年来讲授"数据库原理与应用""大型数据库""数据库技术"等课程的教学实践，从"教"与"学"两个角度合理组织内容，以教学管理这一具体应用场景为主线，通过案例将 MySQL 知识点有机地串联在一起，循序渐进、深入浅出，并辅以教师教学服务资源（特别是实践教学资源）、读者学习辅助资源，编写了本书。

一、写作背景

编者从 2002 年开始带领教学团队从事数据库类课程的教学改革和教材建设工作，曾出版《数据库实用教程——SQL Server 2008》，并完成河南省教学改革研究与实践项目"互联网+背景下 O2O 教学模式研究——以'大型数据库'课程为例"及多个校级教改项目。在成果导向教育（OBE）、任务驱动、案例教学、学以致用等理念的引导下，编者将多年来的教学实践与反思进行整理，汇集成了本书。

二、本书内容

本书共 15 章，内容包括数据库概述、关系数据库、MySQL 概述、MySQL 数据库管理、MySQL 表结构管理、MySQL 表数据操作、数据查询、视图、索引、存储过程、函数、触发器和事件、事务和并发控制、MySQL 数据库安全管理、数据库备份与恢复。

第 1 章介绍数据库系统的相关概念，并通过对数据管理技术发展历程的介绍给出了数据库的主要特点。基于这些特点，可以说数据库系统是目前最有效的数据管理手段。

第 2 章介绍作为关系数据库系统核心和基础的关系模型、关系数据库查询语言和查询优化理论的基础——关系代数，以及数据库的规范设计法，尤其是基于 E-R 图的数据库设计方法和基于 3NF 的数据库设计方法。

第 3 章介绍 MySQL 的发展历史、特点和 MySQL 8.0 的新特性，以及 MySQL 的安装和配置过程。

第 4 章介绍 MySQL 数据库管理操作，包括创建数据库、选择数据库、查看数据库、修改数据库和删除数据库，并对 MySQL 的存储引擎及常用的存储引擎的特性进行了介绍和比较，给出了选择存储引擎的建议。

第 5 章介绍表的基础知识及 MySQL 中对表结构进行管理的相关内容，主要包括创建表、查看表、修改表、删除表等操作，数据完整性与约束的概念，以及使用图形化工具实现表结构的管理操作。

第 6 章介绍 MySQL 中的表数据操作，包括插入数据（INSERT 语句、REPLACE 语句）、更新数据（UPDATE 语句）和删除数据（DELETE 语句、TRUNCATE TABLE 语句），最后强调了约束对表数据操作的限制。

第 7 章介绍 MySQL 中的数据查询操作，包括 SELECT 语句的语法、单表查询、连接查询、子查询，以及查询的集合操作。

第 8 章介绍视图的相关知识，内容包括视图的概念、作用、创建、管理，以及使用视图操作数据。

第 9 章介绍索引的相关知识，包括索引的概念、创建、查看和删除，以及使用 EXPLAIN 进行索引分析。

第 10 章介绍 MySQL 数据库中存储过程的创建、调用、查看、修改和删除方法，其中涉及常量和变量、流程控制语句、错误处理、游标的概念和使用。

第 11 章介绍 MySQL 数据库中用户自定义函数的创建、调用、查看、修改和删除方法，以及常用的 MySQL 系统函数。熟练掌握这些函数可以极大地提高用户对数据库的管理效率。

第 12 章介绍 MySQL 数据库中的各种事件及响应这些事件的触发器。熟练掌握触发器可以帮助数据库更好地实现数据的完整性和一致性。

第 13 章介绍 MySQL 数据库中事务与并发控制的相关知识。通过锁机制保障事务的隔离性，可实现正确的并发控制。

第 14 章介绍 MySQL 数据库中用户管理、权限管理和角色管理的基本内容。通过用户管理、权限管理和角色管理，可以帮助数据库更好地保障数据的安全性。

第 15 章介绍 MySQL 数据库备份与恢复的几种常用方法，借此实现数据的可靠性和可用性。

三、本书特色

1. 立足"新工科"背景下应用型复合人才培养需要，打造以数据库技术应用场景为主线的知识结构。

2. 构建了以数据库基本概念、基础理论和设计方法为基础知识支撑，以 MySQL 数据库的管理、操作和编程等对标数据库技术应用场景的知识结构，支撑"工程知识运用""数据库建模和操作问题分析""数据库设计及管理方案求解""现代数据库建模和操作工具使用""团队协作开发"等人才培养目标的达成。

3. 本书依据案例驱动的思想，以教师和学生熟悉的教务管理系统和网上商城系统作为教学和实验的主线，精心选取案例，将 MySQL 核心知识点融入其中，将理论和实践完美融合。

4. 本书内容丰富、严谨，以通俗易懂的形式，遵循知识学习曲线，由浅入深地展开讲解。全书结构安排合理，以数据库项目的实施过程为主线编排章节内容，各知识点之间逻辑关系清晰。

5. 本书增加了图形工具运用的教学内容和案例，MySQL Workbench 工具贯穿始终，注重实践与探索，方便读者快速上手，有助于读者动手操作能力的提高，为将来在工作中熟练操作数据库奠定坚实的基础。

6. 本书提供丰富的配套资源，方便学生自主学习和教师开展线上线下混合式教学。

四、使用指南

本书不仅包含 MySQL 数据库的管理、操作和编程方法，还包含数据库的基本概念、基础理论和设计方法。选用本书授课时，教师可按照培养方案中规定的学时和知识点要求，筛选课堂讲授的知识点及线下自行学习内容。

表 1 是根据 72 学时的总学时要求给出的学时分配建议，供教师参考。

表 1　学时分配建议

章	理 论 学 时	实 践 学 时
第 1 章　数据库概述	4 学时	
第 2 章　关系数据库	4 学时	
第 3 章　MySQL 概述	2 学时	2 学时
第 4 章　MySQL 数据库管理	2 学时	2 学时
第 5 章　MySQL 表结构管理	2 学时	4 学时
第 6 章　MySQL 表数据操作	2 学时	4 学时
第 7 章　数据查询	4 学时	8 学时
第 8 章　视图	2 学时	2 学时
第 9 章　索引	2 学时	2 学时
第 10 章　存储过程	2 学时	2 学时
第 11 章　函数	2 学时	2 学时
第 12 章　触发器和事件	2 学时	2 学时
第 13 章　事务和并发控制	2 学时	2 学时
第 14 章　MySQL 数据库安全管理	2 学时	2 学时
第 15 章　数据库备份与恢复	2 学时	2 学时
总计	36 学时	36 学时

选用本书的授课教师，可以在人邮教育社区（www.ryjiaoyu.com）免费下载本书配套的教学大纲、教学用课件、实验和数据库文件等资源。同时，读者还可以在人邮教育社区联系出版社客服，获取实验参考答案。

本书在编写过程中，对 MySQL 数据库相关内容按应用场景进行了系统梳理，参考了大量文献资料。由于编者能力有限，本书难免存在不足之处，望广大读者不吝赐教。

编　者

2022 年 3 月

目录
Contents

第1部分　数据库基础知识

第1章
数据库概述

第2章
关系数据库

第2部分 MySQL 基本应用

第 5 章

MySQL 表结构管理

第 6 章

MySQL 表数据操作

第 7 章

数据查询

第 8 章

视图

第 9 章

索引

第3部分　MySQL 进阶应用

第 10 章

存储过程

附　录

MySQL 实验

第1部分 数据库基础知识

数据库基础知识部分主要介绍数据库，尤其是关系数据库的基本概念和基础理论，如概念模型与数据模型、数据库系统的模式结构、关系数据库设计与规范化理论等，相对抽象，需要在后面章节的实践学习中结合精选案例加深理解、融会贯通，理解数据库系统为什么是目前最有效的数据管理技术，并能将数据库系统的管理、优化与设计等理论知识落于实处，实现理论与实践的有机统一。

第1章 数据库概述

学习目标
- 掌握数据库、数据库管理系统和数据库系统的基本概念
- 了解数据管理技术的发展历程
- 掌握概念模型和数据模型的基本概念和重要作用
- 了解数据库系统的三级模式结构及其两级映像功能和数据独立性之间的关系

1.1 数据库系统概述

人类社会进入信息时代，信息已成为社会发展的重要战略资源，人们的各种活动都在产生信息、利用信息。例如，人们根据电商平台上的商品信息进行选购，产生的订单信息交给物流公司用以安排商品配送，同时产生的浏览及选购信息可提供给电商平台用来进行商品推荐。通过对信息资源的开发利用，可以有效降低社会运行成本，使各种社会资源得到最大限度的节约和更加合理的调配。例如，通过搜集用户的需求信息，企业可以有针对性地开发新产品、减少产品库存甚至实现零库存。资源浪费和决策失误在很大程度上是由信息的不对称和不通畅造成的（决策不再依靠专家经验，而是依靠客观数据，可使决策更加实事求是，这就是基于数据仓库与数据挖掘的决策支持系统），数据库和网络是缓解这一问题的两种主要技术。

随着现代计算机技术的飞速发展，所有这些信息可以得到有效的管理和利用，这就是在各行各业都起着基础和核心作用的信息系统。在信息系统中，起着基础和核心作用的则是数据库。数据库用来对信息进行有效的组织和管理，为信息系统的正常运行和发挥作用提供最基础的数据支持，是信息系统的重要保障。

有了数据库及由此建立的信息系统，可以做到：
- 在众多学生的成绩中，班主任可以轻松地统计出每名学生的总学分、必修课不及格门次、平均学分成绩等；
- 在图书馆浩如烟海的藏书中，读者可以轻松地找到自己想要的图书及其存放位置；
- 在超市纷繁复杂的商品及其销售记录中，超市管理员可以轻松地发现哪些商品近期畅销、哪些商品库存不足等；
- ……

数据库和人们生活的方方面面都紧密相关，为人们提供了前所未有的便利，异地订票、网上购物、扫码支付、共享单车、智能交通、智慧城市等都离不开后台数据库的支持。

随着信息化的不断推进，人们需要面临和处理的信息量急剧膨胀，数据库的重要作用日益突出，已成为衡量一个国家信息化程度的重要指标。为适应信息时代的要求，迎接知识经济的挑战，信息素质理应成为 21 世纪现代化建设人才必备的基本素质，因此，数据库课程已不只是计算机各相关专业的专业核心课，也已成为许多非计算机专业的必修课。

1.1.1 数据库系统的基本概念

数据库管理的基本对象是数据。**数据**是信息的具体表示形式（即载体），原则上可以采用任何能被识别的物理符号，最常见的表示形式是数字，如 98、2001、￥300 等。广义地讲，数字、文本、图像、音频、视频等，甚至由它们组成的一条记录都可以称为数据，如记录"（张三，男，2001，计算机科学与技术）"就是一个数据，它表达了张三的个人信息。然而，2001 是张三的出生年份、入学年份，还是入职年份？这需要给数据一定的解释。

给定了不同的解释，同一个数据就可以表达不同的语义（即信息）。例如，98 是一个数据，它可以表示某个人的体重为 98 斤、某名学生选修某门课程的成绩为 98 分、某专业的学生人数为 98 人等。再如，给定一个解释"（姓名，性别，出生年份，所学专业）"，数据"（张三，男，2001，计算机科学与技术）"就表达了这样一条信息：张三是一名男生，出生于 2001 年，所学专业是计算机科学与技术；然而，给定另外一个解释"（姓名，性别，入职年份，从事专业）"，该数据就表达了截然不同的信息：张三，男，2001 年入职，从事计算机科学与技术专业相关工作。可以说，离开了语义，数据就变得毫无意义。

人们搜集到一个应用系统所需要的大量数据之后，应将其按照一定的结构保存起来，以方便进一步的利用。过去人们通常把数据保存在纸质媒介上，其安全性、共享性和可用性都存在很大的问题。随着计算机技术的出现和发展，人们可以将这大量的数据按照一定的结构组织成数据库，保存在计算机的存储设备上，这样不但可以长期保存这些数据，更重要的是，人们可以很方便地对其进行管理和利用。

1．数据库

顾名思义，**数据库**（Database，DB）就是存放数据的仓库，只不过这个仓库建立在计算机的存储设备上。为了方便管理和利用，数据不能杂乱无章地堆放在一起，而应按照一定的结构组织在一起，表 1.1～表 1.3 所示的二维表结构就是最常见的数据组织结构。可以说，**数据库**是长期存储在计算机内的、可供不同用户共享的、按照一定结构组织在一起的相关数据的集合。

例如，某高校的社团管理系统需要管理以下数据：每个社团的名称、宗旨和成立时间，以及每名学生的学号、姓名、性别、政治面貌、联系电话及其参加社团的时间和身份等。这些数据被组织成一个学生社团数据库，包括如表 1.1～表 1.3 所示的 3 张表。

表 1.1　社团表

社 团 名 称	社 团 宗 旨	成 立 时 间
青年志愿者协会	奉行奉献、友爱、互助、进步的志愿精神，为社会提供志愿服务，促进社会文明进步	2012
CSDN 高校俱乐部	作为一个 IT 技术学习型组织，提供行业资讯、技术学习、专家交流、技术竞赛等服务	2013

表 1.2　学生表

学　号	姓　名	性　别	政 治 面 貌	联 系 电 话
20190101001	刘丽	女	中共党员	132×××0786
20190101002	张林	男	共青团员	185×××2120
20200102001	孙明	男	共青团员	188×××0385
20210201002	钱进	男	共青团员	185×××4795

表 1.3　参加表

学　号	社 团 名 称	参 加 时 间	身　份
20190101001	青年志愿者协会	2019-12-1	会长
20190101001	CSDN 高校俱乐部	2020-3-10	会员
20190101002	青年志愿者协会	2019-12-1	副会长
20190101002	CSDN 高校俱乐部	2019-12-1	主席
20200102001	青年志愿者协会	2020-12-1	会员
20210201002	CSDN 高校俱乐部	2021-12-1	会员

表中的每一行就是一个完整的数据，其语义由表头的列名而定，即表头的列名给表中的数据以一定的解释。在表 1.2 所示的学生表中，结合表头"（学号，姓名，性别，政治面貌，联系电话）"，数据"（20190101001，刘丽，女，中共党员，132×××0786）"就表达了这样一条信息：刘丽的学号是 20190101001，女生，已加入中国共产党，联系电话是 132×××0786。因此，通过表头的解释，数据库对数据进行管理也就实现了对信息进行管理。

有了这个学生社团数据库，具有相应操作权限的辅导员就可以很方便地查询出每个社团的学生人数和社团负责人的姓名、学号和联系电话，如表 1.4 所示。

表 1.4　查询结果

社团名称	学生人数	负责人姓名	负责人学号	负责人联系电话
青年志愿者协会	3	刘丽	20190101001	132×××0786
CSDN 高校俱乐部	3	张林	20190101002	185×××2120

2．数据库管理系统

上述数据查询操作是由一个专门软件负责实施的，这就是**数据库管理系统**（Database Management System，DBMS）。**数据库管理系统**是负责对数据库进行统一管理和统一控制的一个系统软件，用户对数据库的任何操作都是通过它来完成的。它的主要功能如下。

（1）数据定义功能

数据库管理系统提供数据定义语言（Data Definition Language，DDL），用户通过它可以方便地对数据库中的各种数据对象（如表、视图、索引、存储过程、触发器等，用户通过这些数据对象实现对数据的组织和管理）进行定义，例如，新建表、修改表、删除表等。

（2）数据操纵功能

数据库管理系统提供数据操纵语言（Data Manipulation Language，DML），用户通过它可以方便地对数据库中的数据进行查询和更新（包括插入、修改和删除）。其中，查询是最基本、也是执行最频繁的操作。

（3）数据库的运行管理

数据库管理系统提供数据控制语言（Data Control Language，DCL），通过它可以方便地对用户及其操作权限进行管理和控制，以保证数据的安全性，防止不合法或越权操作造成的数据泄露和破坏。此外，数据库管理系统还提供了完整性控制（以保证数据库中数据的正确性和一致性）、并发控制（以保证并发操作结果的正确性），以及在系统发生故障后能够将数据库恢复到故障前某一正确状态（也称一致性状态）的能力。

（4）数据库的建立和维护功能

为了便于建立和维护数据库，数据库管理系统还提供了数据库初始数据的装载和转换功能、数据库的转储和恢复功能、数据库性能的监控和分析功能等。

作为用户和数据库之间沟通的桥梁，数据库管理系统在整个数据库系统中处于核心地位，它不但应能科学地组织和存储数据库中的数据，还应提供高效存取和维护数据的能力。需要指出的是，数据库的建立、管理和维护等工作只靠一个数据库管理系统是远远不够的，还需要专门的管理人员，这就是数据库管理员（Database Administrator，DBA）。

人们通常接触到的 Oracle、DB2、SQL Server、MySQL 等软件产品指的就是数据库管理系统，而非数据库。所谓的 Oracle 数据库或 MySQL 数据库是指用 Oracle 或 MySQL 这样的数据库管理系统所创建的具体数据库，如上述的学生社团数据库。

3．数据库系统

数据库系统（Database System，DBS）是在计算机系统中引入数据库后的一个人机系统，一般由数据库、计算机硬件系统和操作系统、数据库管理系统（及应用开发工具）、应用系统、数据库设计开发人员、数据库管理员和用户等构成，如图 1.1 所示。由于数据库中的数据最终要以文件的形式保存在计算机存储设备上，数据库系统必然包括计算机硬件系统和操作系统。和计算机系统相比，数据库系统多了在计算机存储设备上保存的数据库，以及由此带来的数据库管理系统和数据库管理员等。

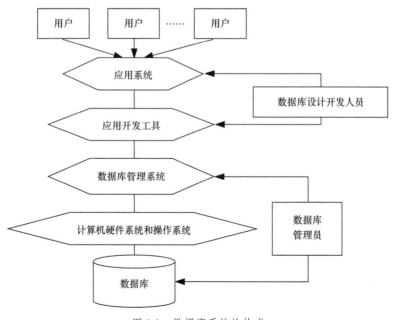

图 1.1　数据库系统的构成

用户通常是指最终使用数据库的人员，又称最终用户。通过方便易用的应用系统（如社团管理系统），用户可以很容易地输入对数据库的操作需求（如查询条件），应用系统将其转换为数据库管理系统能够识别的数据库操作命令（即 SQL 命令），由数据库管理系统负责执行这些操作命令（如从数据库中找出符合查询条件的数据），最终的执行结果仍然交由应用系统以用户容易理解的某种格式显示出来。这个工作过程如图 1.2 所示。

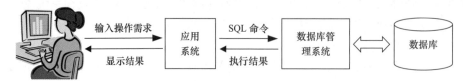

图 1.2　数据库系统的工作过程

除用户和数据库设计开发人员外，数据库系统还包括一类管理人员——**数据库管理员**，负责对数据库进行全面的管理、控制和维护，是数据库系统中最重要的人员。其主要工作包括数据库的设计和定义、数据的安全性和完整性控制、数据库的转储和恢复、数据库性能的监控和改进等。

1.1.2　数据管理技术的发展

在应用需求的推动下，在计算机软、硬件发展的基础上，数据管理技术经历了人工管理、文件系统和数据库系统 3 个阶段。数据库之所以被广泛采用，在于数据库具有很多优点。为说明这一点，下面将分别介绍文件系统和数据库系统。由于人工管理阶段没有专门的数据管理软件，完全由人工对数据进行管理，其缺点显而易见，在此不做介绍。

1．文件系统

随着直接存取存储设备和操作系统的出现，人们能够将应用程序所需要的数据组织成一个个文件长期保存在直接存取存储设备上，利用操作系统的文件系统功能可以随时对文件中的数据进行存取，并且只需要知道相应的文件名即可实现按名存取。

假设用文件系统管理学生信息。教务部门需要处理的是学生选课信息，包括全校所有学生的学号、姓名、班级、专业、年级、选修的课程号、课程名、学分和选课成绩，这些数据组成学生选课文件，供教务部门使用。学工部门需要处理的是学生个人信息，包括全校所有学生的学号、姓名、性别、出生日期、民族、政治面貌、联系电话、班级、专业、年级、奖惩情况、家庭住址、家长姓名及其联系电话，这些数据组成学生信息文件，供学工部门使用。团学部门需要处理的是学生参加社团信息，包括全校所有社团的名称、宗旨和成立时间，以及每个成员（即学生）的学号、姓名、性别、政治面貌、联系电话、参加社团的时间和身份等，这些数据组成学生社团文件，供团学部门使用。它们之间的关系如图 1.3 所示。

从上面这个例子可以看出，用文件系统进行数据管理存在以下问题。

（1）数据是分离的，缺乏整体结构

在文件系统中，各文件之间彼此分离。尽管这些信息之间存在着天然的联系，如个人信息和相应的选课信息、参加社团信息描述的是同一个学生，但文件之间的分离性使这种联系还需要依靠程序员编制额外的应用程序来辅助实现。例如，我们想知道学生党员的选课和参加社团信息，首先需要知道这些信息所在的这 3 个数据文件各自的结构，据此编制应用程序，利用文件操作函数，如 fread( )，从这 3 个数据文件中分别提取数据进行比较，根据学号一致这个内在条件建立起它们之间的联系，这对程序员来说是一个不小的负担。事实上，它们之间的联系是很自然的，应该由文件系统自动实现。再如，对学生信息如班级和政治面貌等进行更新时，如何自动地保证不同文件之间数据的一致性也是程序员的一个负担。文件之间的这种分离性使文件系统自身难以真实地模拟客观对象之间的内在联系，难以为我们呈现出数据的整体逻辑结构（尽管一个文件内部可以有结构——由应用程序对文件的读写方式确定，但文件之间缺乏相互联系的内在机制）。

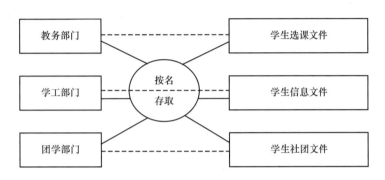

图 1.3　用文件系统对学生数据进行管理

（2）数据冗余度大，共享性差，难以扩充

每一个数据文件都是面向某一个具体应用的（见图 1.3），而且它们之间缺乏有机的联系，因此，当不同应用需要不同数据时，即使它们有部分是相同的，也必须为它们建立各自的数据文件，而不能共享那部分相同的数据，从而造成数据的冗余度比较大。例如，教务部门和学工部门都需要全校所有学生的学号、姓名、班级、专业和年级，学工部门和团学部门都需要学生的学号、姓名、性别、政治面貌和联系电话，这些数据在多个文件中被重复存储。若要降低数据冗余度，可以把这部分相同的数据从这些文件中分离出去，组成一个独立的数据文件供各部门共享，然而，如上所述，如何高效地、自动地实现它们之间的内在联系并保持它们之间的一致性就是一个不小的负担。数据冗余度大不但浪费存储空间，更重要的是，还容易造成数据的不一致，给数据的更新和维护带来困难。

冗余度大的原因在于共享性差，共享性差的一个主要原因在于对文件的安全性控制不好。不同用户对数据可能会有不同的操作权限。例如，教务部门可能无权查看学生家长的姓名和联系电话，因此，学生信息文件不可能共享给教务部门，更不可能为了降低上述数据的冗余度把这 3 个文件合并成一个文件供这 3 个部门共享；出于同样的安全方面的原因，每一个学院的相关部门也不可能共享学校的这 3 个总的学生信息文件。再如，每一个任课老师都只能查看并修改自己所教学生的所教课程成绩，而不能修改其他学生或其他课程的成绩，更不能修改学生的学号、姓名、班级、专业和年级等个人信息，如何安全地将这个学生选课文件供所有任课老师共享也是一个问题。

当应用需求发生改变或有新的应用时，如果该应用需要的数据和其他应用不完全相同，或其操作权限不完全相同，就需要专门为其创建新的数据文件，应用程序也要做相应的修改。因此，文件系统不便于扩充。

（3）数据独立性差

数据独立性是指数据和使用这些数据的应用程序之间的独立性，即应用程序不应随着数据的逻辑结构或物理存储结构的改变而改变（分别称为**逻辑独立性**和**物理独立性**）。由于文件系统可以实现按名存取，应用程序不必随着数据的物理存储结构的改变而改变，只要该数据文件的物理文件名不变即可，是顺序结构存储还是索引结构存储对应用程序是不构成任何影响的。因此，应用程序和数据之间具有一定的物理独立性。

文件中数据的逻辑结构是根据应用程序对文件的读写方式进行组织的，例如，每一行代表什么数据，每一行内数据项的个数多少、顺序如何、怎样分割等；同样，应用程序也必须按照文件中数据的逻辑结构进行相应的存取。数据的逻辑结构不同，应用程序也要做相应的修改。因此，文件系统缺乏逻辑独立性，数据独立性较差。

2．数据库系统

微课：数据的整体结构化

随着计算机管理的数据量急剧膨胀，虽然大容量磁盘的出现为海量数据的存取提供了可能，但文件系统的固有缺陷使之不能满足大量应用/用户对数据安全性、共享性、一致性、可靠性、可用性等的需求。为了满足以上需求，数据库技术应运而生。

用数据库系统管理数据的基本思想是：将整个系统（包括每一个部门/用户及其应用程序）涉及的所有数据按照一定的结构集中存放在数据库中，由数据库管理系统负责统一的管理和控制，用户/应用程序通过数据库管理系统操作数据库，存取其中的数据。

用数据库系统管理上述学生信息。假设包括教务部门、学工部门和团学部门在内的学校各部门各用户需要处理的学生信息共有：全校所有学生的学号、姓名、性别、出生日期、民族、政治面貌、联系电话、班级、专业、年级、奖惩情况、家庭住址、家长姓名及其联系电话，选修的课程号、课程名、学分和选课成绩，参加的社团名称、社团宗旨、成立时间及其参加社团的时间和身份等。所有这些数据组织成一个学生数据库，通常包括7张表：学生表、课程表、选修表、奖励表、惩罚表、社团表和参加表。其中，学生表存放学生的个人信息，课程表存放课程的基本信息，选修表存放学生的选课信息，奖励表存放学生的奖励信息，惩罚表存放学生的惩罚信息，社团表存放社团的基本信息，参加表存放学生参加社团的信息。该学生数据库在数据库管理系统的统一管理和统一控制之下供整个学校各部门及其应用程序安全地共享。它们之间的关系如图1.4所示。

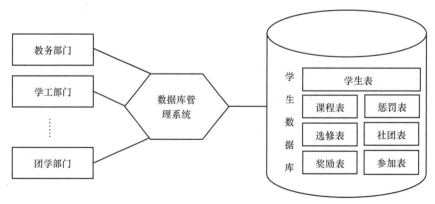

图 1.4　用数据库系统对学生数据进行管理

和文件系统相比，数据库系统主要有以下特点。

（1）数据的整体结构化

数据的整体结构化是数据库系统和文件系统的根本区别，也是数据库系统的本质特征之一。

如上所述，在文件系统中，文件内部的数据可以有结构，其结构由应用程序而定；但由于文件之间缺乏有机的联系，因此，数据整体是无结构的。而在数据库中，数据整体是有结构的，也就是说，不但一张表内部的数据是有结构的（见表 1.1～表 1.3），而且表与表之间也是有结构的，表现为数据库系统可以自动地实现它们之间的内在联系，并保持它们之间的一致性（通过外码对主码的引用实现，见图1.5），这就是数据库管理系统提供的完整性控制功能。例如，利用学生数据库可以很方便地查询出学生党员的选课和参加社团信息。可以说，学生数据库很好地模拟了学生所在这个现实世界中各客观对象之间的内在联系。

社团表

社团名称（主码）		社团宗旨	成立时间
青年志愿者协会		奉行奉献、友爱、互助、进步的志愿精神，为社会提供志愿服务，促进社会文明进步	2012
CSDN 高校俱乐部		作为一个 IT 技术学习型组织，提供行业资讯、技术学习、专家交流、技术竞赛等服务	2013

学生表

学号（主码）	姓名	性别	政治面貌	联系电话
20190101001	刘丽	女	中共党员	132×××0786
20190101002	张林	男	共青团员	185×××2120
20200102001	孙明	男	共青团员	188×××0385
20210201002	钱进	男	共青团员	185×××4795

参加表

学号（外码）	社团名称（外码）	参加时间	身份
20190101001	青年志愿者协会	2019-12-1	会长
20190101001	CSDN 高校俱乐部	2020-3-10	会员
20190101002	青年志愿者协会	2019-12-1	副会长
20190101002	CSDN 高校俱乐部	2019-12-1	主席
20200102001	青年志愿者协会	2020-12-1	会员
20210201002	CSDN 高校俱乐部	2021-12-1	会员

图 1.5 学生数据库中表与表之间的内在联系

数据的整体结构化还体现在数据库中结构化的数据是面向整个系统的全体数据，无论哪一个部门或其应用程序都能从中获取它有权访问的那一部分数据，即整体数据的结构化。

（2）数据的统一管理和统一控制

数据库中的数据由数据库管理系统进行统一管理和统一控制，用户对数据库的任何操作都是通过数据库管理系统来实现的。数据库管理系统除了能定义和操纵数据，主要还提供了以下几个方面的数据控制功能。

① 数据的安全保护

由于数据库集成了整个系统涉及的所有数据，对数据库中数据的安全保护就显得尤为重要。数据的安全保护即防止由不合法或越权操作造成的数据泄密或破坏，使每个合法用户只能对数据执行其权限范围内的操作。合法用户及其操作权限的定义、管理和合法性检查由数据库管理系统的安全保护功能来实现，采取的主要手段有用户身份鉴别、存取控制、视图、数据加密、审计等。

数据的安全保护是实现数据共享的重要基础，因为数据共享不是无条件的共享，而是在数据库管理系统的统一控制下的安全的共享。例如，任课老师和学生对选修表的共享，学生可以查询但无权修改选修表中自己的选课成绩，任课老师可以查询并在指定时间内修改选修表中自己所教学生的所教课程成绩，但无权修改其他学生或其他课程的成绩。

② 数据的完整性控制

为了能自动实现数据库中表与表之间的有机联系，需要保证数据的一致性或相容性。例如，选修表中的学号要和学生表中相应的学号保持一致，选修表中不能出现学生表中不存在的学号。再如，为了使数据能符合现实世界的具体规定，人们通常会对数据做出某种有效性约束。例如，假设大学生的年龄应大于 14 岁且小于 40 岁，如果一名大学生的年龄超出了这个范围，就说明这是一个无效的年龄数据。

为了保证数据的正确性、有效性和相容性，即数据的完整性，防止不符合实际语义或无效的数据进入数据库，数据库管理系统提供了完整性控制功能。该功能通过定义完整性约束条件或触发器等，可以保证数据库中的数据都是符合实际约束的有意义的数据，程序员也就无须考虑这方面的问题了。

③ 并发控制

当多个用户同时操作数据库中同一个数据时，如果不加以控制将会使这些并发操作相互干扰，从而得到错误的结果，使数据的完整性遭到破坏。例如，两个用户同时请求对数据库中同一个数据执行减 1 操作（如网上订票业务），如果一个用户在写回修改之前另一个用户读出了该数据，那么最终的修改结果只会使这个数据减 1，而非减 2 这个正确结果，原因在于这两个用户的并发操作相互干扰、相互影响。因此，必须通过封锁、时间戳等技术对多用户的并发操作加以控制和协调，这就是数据库管理系统的并发控制功能，它也是实现数据共享的重要基础。

④ 数据库的恢复

数据库中数据的正确性和可靠性对于信息系统的正常运行至关重要，然而，一些预期或非预期的故障将会造成数据库中部分或全部数据的破坏或丢失。例如，某个用户需要从 A 账户向 B 账户转账 1 万元，当 A 账户减去 1 万元而 B 账户还没有加上这 1 万元时，系统发生故障导致重启，从而使数据库中的数据处于错误状态（也称不一致状态）。因此，在系统发生故障时，数据库管理系统必须具有将数据库从错误状态恢复到故障前某一正确状态（也称一致性状态）的能力，这就是数据库管理系统的数据库恢复功能，常用技术有数据转储、登记日志、闪回等，它是数据库技术能否商用化的一个关键。

数据库管理系统具有的以上数据控制功能可以保证数据库中数据的安全性、完整性和可靠性，能够为用户或应用程序提供尽可能理想的数据源，同时也可以尽可能地降低程序员的负担和应用系统的复杂性，从而使数据库系统成为比文件系统更加有效的数据管理手段。

（3）数据的共享性高，冗余度低，易扩充

由于数据库集成了整个系统涉及的所有数据，能够满足所有用户或应用程序的数据需求，这为不同用户或应用程序之间的数据共享提供了可能。此外，数据库管理系统具有的安全保护和并发控制等功能可以在不同用户或应用程序之间实现安全的、正确的共享。

数据的集成和共享可以减少数据冗余，节约存储空间。例如，在文件系统中被重复存储的学生学号、姓名、班级、专业和年级等信息只需在学生数据库中保存一份即可，这就是学生表。除节约存储空间外，数据冗余度低的重要性更体现在可以避免由数据冗余带来的更新复杂和数据不一致等问题。

由于数据是集成的、面向整个系统的，而且可以在数据库管理系统的统一管理和统一控制下供多个用户或应用程序安全地、正确地共享，因此，系统很容易增加新的应用，便于扩充。

（4）数据的独立性高

如前所述，数据独立性是指数据和使用这些数据的应用程序之间的独立性，包括物理独立性和逻辑独立性。物理独立性是指应用程序和数据的物理存储结构相互独立，应用程序不会随着数据的物理存储结构的改变而改变，这样就可以极大地减轻程序员的负担。在数据库系统中，数据的物理存储结构是由数据库管理系统负责组织和管理的，应用程序只需根据数据的逻辑结构（如表1.1～表1.3所示的3张表，更普遍的是从这3张表导出的视图）通过标准的数据访问技术（如ODBC）进行处理，从而使数据库系统具有很高的物理独立性。

逻辑独立性是指应用程序和数据的全局逻辑结构相互独立，应用程序不会随着数据的全局逻辑结构的改变而改变，这样也可以减轻程序员的负担。由于应用程序需要的通常不是所有数据，而只是它的一个子集合（通常用视图进行描述），因此，当数据的全局逻辑结构（如表1.1～表1.3所示的3张表）发生变化时，只要应用程序基于的那一部分数据的局部逻辑结构（即视图）不变（这需要由数据库管理员对视图和表之间的映像进行相应的修改），应用程序就可以无须做出改变，从而使数据库系统也具有一定的逻辑独立性。

因此，数据库系统和文件系统之间的比较如表1.5所示。

表1.5 数据库系统和文件系统之间的比较

	文件系统	数据库系统
数据的管理者	文件系统	数据库管理系统
数据面向的对象	某一或某些具体应用	整个系统中的所有应用
数据控制能力	由应用程序自己控制	由数据库管理系统提供数据的安全性控制、完整性控制、并发控制和恢复能力
数据的结构化	文件内的数据有结构，由应用程序确定整体无结构	整体结构化
数据的独立性	独立性差 具有一定的物理独立性 缺乏逻辑独立性	独立性高 具有很高的物理独立性和一定的逻辑独立性
数据的共享性	共享性差，冗余度大，不易扩充	共享性高，冗余度低，易扩充

综上所述，**数据库**是长期存储在计算机内的、可供不同用户共享的、按照一定结构组织在一起的相关数据的集合。它具有较低的数据冗余度和较高的数据独立性，由数据库管理系统负责统一管理和统一控制，可以保证数据的安全性和完整性，在多用户同时使用数据库时，数据库管理系统进行并发控制，并在发生故障时对数据库进行恢复。

微课：国产数据库的优秀代表——OceanBase

数据库系统的出现，使信息系统的开发从以加工数据的应用程序为中心转向为以共享的数据库为中心的新阶段，这和数据在各行各业的基础地位是相符合的。这样既便于数据的搜集、组织和集中管理，又有利于应用程序的研发和维护，通过提高数据的安全性、完整性、共享性、可靠性和可用性，最终提高决策的科学性。

1.2 概念模型

为了使数据库中的数据能够符合现实世界的要求，数据库应能很好地模拟现实世界中的客观对象及其联系。但由于计算机不能直接处理现实世界中的客观对象，人们首先必须对其进行抽象化处理，将其转换为计算机能够处理的数据。数据库用**数据模型**（Data Model）来对现实世界进行抽象和模拟，并且按照数据模型对数据进行组织。

通俗地讲，**数据模型**就是现实世界的抽象和模拟。现有的数据库系统均是基于某种数据模型的，数据模型不同，数据库中数据的组织方式以及由此引发的操作方式不同，数据库的类型也就有所不同。因此，理解数据模型是学习数据库的基础。

1.2.1 客观对象的抽象过程

为了将现实世界中的客观对象抽象、组织成为某一数据库管理系统支持的数据模型，并在计算机上实现，首先需要从用户的角度对现实世界中的客观对象及其联系进行抽象，只抽取用户关心的本质特征，忽略非本质的细节特征，并据此对客观对象进行分类和聚集，得到抽象的客观对象类及其联系，形成用户眼中的一个精炼的现实世界模型。该模型只是概念级的数据模型，简称**概念模型**（又称**信息模型**，即信息世界中的数据模型），和数据库的计算机实现无关，是以用户的视角观察数据的结构。由于概念模型和计算机无关，容易被用户理解，可以让用户来对数据库设计人员设计的概念模型进行评价和认可。

将现实世界抽象为概念模型并征得用户认可后，还需要进一步将其抽象、转换成为数据库赖以在计算机上实现的某种逻辑结构和相应的物理存储结构，即数据模型（相应地，包括**逻辑模型**和**物理模型**）。狭义地，人们通常也把其中的逻辑模型称为数据模型，如后面将要讲到的层次模型、网状模型和关系模型等。和概念模型不同，数据模型依赖于具体的数据库管理系统，研究的是数据库的计算机实现，通常不容易被用户理解。这两步数据抽象过程如图 1.6 所示。

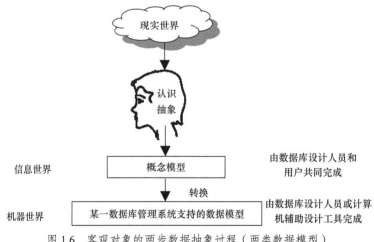

图 1.6 客观对象的两步数据抽象过程（两类数据模型）

1.2.2　概念模型的基本内容

从图 1.6 可以看出，概念模型实际上是现实世界到机器世界的一个中间过渡，是数据库设计人员和用户之间交流的工具，通过用户的认可，可以确保随后转换得到的数据模型能够对现实世界中数据的真实结构进行正确的模拟，从而实现用户的各种应用需求。因此，概念模型应具有以下特点。

- 较强的语义表达及扩充能力。概念模型应能方便、直接、准确地表达现实世界中的各种语义，并能方便地进行扩充，这是对概念模型最起码的要求。
- 简单、清晰、便于用户理解。这是由概念模型作为数据库设计人员和用户之间交流的工具所决定的。
- 便于向数据模型（如关系模型）进行转换。

概念模型涉及的基本概念主要有以下几个。

1．实体

将现实世界抽象成概念模型首先要识别出系统中存在哪些客观对象，这是系统存在的基础，每个客观对象都有很多数据需要描述。现实世界中客观存在并可相互区分的对象称为**实体**（Entity）。实体可以是具体的人、事、物，也可以是抽象的概念，例如，一名学生、一门课程、一本图书、一种零件、一个仓库、一种商品等都是实体。

每个实体都有很多特征，有些是用户关心的本质特征，而有些则是非本质的细节特征，在抽象成概念模型的过程中只需保留用户关心的本质特征，并据此对其进行分类。例如，学生"刘丽"是一个实体，具有学号、姓名、身高、体重等众多特征，其中，身高、体重在学生管理系统中并非用户关心的本质特征，需要将其舍弃。

2．属性

对实体的描述是通过特征来实现的，实体具有的特征称为**属性**（Attribute）。例如，社团实体由社团名称、社团宗旨和成立时间 3 个属性组成，其特定取值的组合就刻画了一个具体的社团。

3．码

在实体的众多属性中，能唯一标识一个实体的属性或属性的最小组合称为**码**（Key），不同的实体就是靠码相互区分的。例如，学号的每一个取值都唯一地标识了一个学生实体，因此，学号就是学生实体的码，人们也是根据学号来唯一区分不同学生的。姓名不能成为学生实体的码，因为不同学生可能同名。然而，学号和姓名这两个属性的组合也可以唯一地标识一个学生实体，但它却不能成为学生实体的码，因为该组合中的部分属性（即学号）已经能够起到唯一标识一个学生实体的作用，有些教材称这样的属性组合为**超码**。属性的最小组合是指不存在它的任何一个真子集同样也能起到唯一标识一个实体的作用。

某个属性（组）能否成为码还依赖于现实世界的具体语义。假设某学校所有学生均不同名，那么姓名也能成为学生实体的码。

4．域

属性的取值范围称为该属性的**域**（Domain），它是具有相同数据类型的值的集合。例如，学号的域为由 11 位数字组成的字符串集合，性别的域为"男"和"女"这两个值组成的集合。

5．实体型和实体集

具有相同属性的实体必然具有共同的性质，可归为一类，称为**实体型**（Entity Type），用实体名及其属性名集合来抽象描述。例如，"社团（<u>社团名称</u>，社团宗旨，成立时间）"就是一个实体型，描述了包括"青年志愿者协会"和"CSDN 高校俱乐部"在内的所有社团实体，这些社团实体同属于一个实体型，区别仅在于属性的取值有所不同，至少码（即社团名称）的取值不同。

同型实体的集合称为**实体集**（Entity Set）。例如，所有社团实体组成了一个实体集。实体型是对实体集的抽象描述（称之为**型**），而实体集则是实体型在特定时刻的具体表达（称之为**值**）。显然，实体型是相对稳定的，而实体集则是动态变化的。

6．联系

除了识别出系统中存在哪些实体（进一步抽象成实体型）及其属性，想要真实地模拟现实世界，还需要找出这些实体之间究竟有哪些活动，产生什么样的**联系**（Relationship），因为在现实世界中，联系是无处不在的，它反映了系统中存在的各种活动。

在现实世界中，客观对象内部以及客观对象之间都是有联系的，反映在概念模型中就是实体内部以及实体之间的联系。实体内部的联系通常是指组成实体的各属性之间存在的联系，例如，学号和姓名、性别之间的联系，该类联系将在第 2 章作为完整性约束条件和数据依赖给予详细介绍。实体之间的联系可分为同一实体型（集）内部各实体之间的联系和不同实体型（集）之间的联系。

联系是多种多样的，最常见的联系是两个实体型之间的联系，可分为以下 3 类。

（1）一对一联系（1:1）

如果对于实体型 A 的每一个实体，实体型 B 中至多只有一个实体与之联系，反之亦然，那么称实体型 A 与实体型 B 具有一对一联系，记作 1:1。

例如，一个班主任只管理一个班级，一个班级也只由一个班主任进行管理，班主任和班级之间具有一对一的管理联系。同样，班级和班长之间、学院和院长之间都是这样的一对一联系。

（2）一对多联系（1:n）

如果对于实体型 A 的每一个实体，实体型 B 中可以有多个（记作 n）实体与之联系，反之，对于实体型 B 的每一个实体，实体型 A 中至多只有一个实体与之联系，那么称实体型 A 与实体型 B 具有一对多联系（我们一般不区分多对一和一对多），记作 1:n。注意：这里的 n 并不代表具体个数，只表示"多"的意思，因此也可以用其他字母（如 m、p 等）代替。

例如，一名学生只属于一个班级，一个班级通常包含很多名学生，因此，学生和班级之间具有一对多的属于联系。职工和部门之间、用户和订单之间都是这样的一对多联系。

（3）多对多联系（$m:n$）

如果对于实体型 A 的每一个实体，实体型 B 中可以有多个（记作 n）实体与之联系，反之亦然，那么称实体型 A 与实体型 B 具有多对多联系，记作 $m:n$。

例如，一名学生可以参加多个社团，一个社团通常有很多名学生，因此，学生和社团之间具有多对多的参加联系。学生和课程之间、线路和站点之间也是这样的多对多联系。

同样，两个以上的实体型之间也可能存在以上 3 类联系。例如，每一个供应商可以给多个项目供应多种零件，每一个项目可以使用多个供应商供应的多种零件，每一种零件也可以由多个供应商向多个项目供应，因此，供应商、项目和零件之间具有多对多的供应联系。

在学生选修课程的例子中，如果学生在选课时可以考虑老师的因素，即同一个学期有多个老师讲授同一门课程，学生可以有选择地选修由心仪的那个老师（而不是其他老师）讲授的那门课程，老师也可以有选择地给不同学生讲授不同课程，那么学生、课程和老师三者之间就存在一个选课联系（在这种情况下，该选课联系就不再是学生和课程两者之间的联系了）。如果每一名学生可以选修由多个老师讲授的多门课程，每一门课程可以由多个老师给多名学生讲授，每一个老师可以给多名学生讲授多门课程，那么学生、课程和老师三者之间具有多对多的选课联系。

需要注意的是，3 个实体型之间的一个联系和 3 个实体型两两之间的 3 个联系在语义上是不同的。例如，学生和课程两者之间的选课联系表示学生只管选课而无须关心该课程是由哪个老师讲授的，而学生、课程和老师三者之间的选课联系则表示不同学生可以根据老师的年龄、学历、职称等属性有选择地选修由不同的老师讲授的同一门课程。实体之间具有什么样的联系依赖于人们对现实世界具体情况的具体分析，具体可以根据联系究竟涉及哪些实体、人们到底关心哪些内容等。

除此之外，同一个实体型内部各实体之间也可能存在以上 3 类联系。例如，学生实体型内部就具有一个领导联系，除班长外，每一名学生都被他所在班级的班长直接领导，那么该领导联系就是一个一对多联系。

1.2.3　E-R 模型和 E-R 图

概念模型的表示方法很多，其中最常用的表示方法是实体-联系（Entity-Relationship，E-R）方法，该方法用 **E-R 图**来描述概念模型，即 **E-R 模型**。

1．实体型

E-R 图无须也不可能将每一个实体都予以标明，而只需画出抽象的实体型即可，因为实体是动态变化的，而实体型则是相对稳定的。在 E-R 图中，实体型用矩形表示，矩形框内注明实体型的名称；实体的属性用椭圆形表示，椭圆形框内注明属性的名称（其中，码用下画线标明），并用无向边将其与所属的实体型连接起来。

例如，社团实体型具有社团名称、社团宗旨和成立时间 3 个属性（其中，社团名称是码），其 E-R 图如图 1.7 所示。

2．联系

在 E-R 图中，实体型之间的联系用菱形表示，菱形框内注明联系的名称，并用无向边将其与相关联的实体型连接

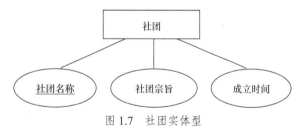

图 1.7　社团实体型

起来，在连线旁注明联系的类型（如 $1:1$、$1:n$ 或 $m:n$）。此外，如果联系自身还具有属性，那么这些属性也要用无向边和该联系连接起来。

如上所述，班主任和班级之间具有一对一的管理联系，学生和班级之间具有一对多的属于联系，学生和社团之间具有多对多的参加联系（某学生参加了某社团，自然就会产生参加时间和在该社团中的身份这 2 个新的数据，它们既不属于学生，也不属于社团，而是由于某学生参加了某社团而自然产生的，如果系统认为这 2 个数据需要记录的话，那么它们就作为该参加联系的 2 个属性）；供应商、项目和零件之间具有多对多的供应联系（同理，该供应联系也有一个属性需要记录，它就是某供应商给某项目供应某零件的供应量）；学生内部具有一对多的领导联系。它们的 E-R 图分别如图 1.8～图 1.12 所示。

数据库概述　**第 1 章**

图 1.8　班主任和班级之间的管理联系

图 1.9　学生和班级之间的属于联系

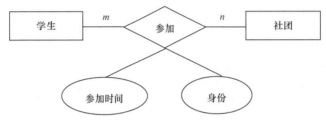

图 1.10　学生和社团之间的参加联系

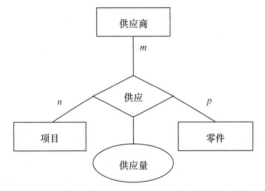

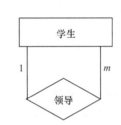

图 1.11　供应商、项目和零件之间的供应联系　　图 1.12　学生内部的领导联系

　　为了对现实世界有一个整体的认识和抽象，整个系统中用户关心的所有实体型及其联系都应集成到一个完整的 E-R 图中（防止出现"一叶障目，不见泰山"的问题），但由于实体型的属性通常都很多，为了使 E-R 图尽量清晰、简洁，通常将实体型的属性分开单画。

　　以某工厂的库存管理系统为例，该系统涉及的实体如下。

- 仓库：属性有仓库号、面积、位置、电话号码，其中，仓库号是码。
- 零件：属性有零件号、名称、规格、单价、描述，其中，零件号是码。
- 产品：属性有产品号、名称、生产日期、单价、描述，其中，产品号是码。
- 职工：属性有职工号、姓名、性别、年龄、职称，其中，职工号是码。

这些实体之间存在如下联系。

- 一个仓库可以存放多种零件，一种零件也可以存放在多个仓库中，因此，仓库和零件之间具有多对多的库存联系，某个仓库存放某种零件会有一个库存量。
- 一个仓库可以存放多种产品，一种产品也可以存放在多个仓库中，因此，仓库和产品之间具有多对多的存放联系，某个仓库存放某种产品会有一个存放量。
- 一种零件可以用在多种产品上，一种产品也由多种零件制造而成，因此，产品和零件之间具有多对多的使用联系，某种产品使用某种零件会有一个使用量。

- 一个仓库有多名职工，但一名职工只能在一个仓库工作，因此，仓库和职工之间具有一对多的工作联系。
- 在这些职工中，除仓库主任外，其他职工都被自己所在仓库的仓库主任直接领导，因此，职工内部具有一对多的领导联系。

该系统的 E-R 图如图 1.13 所示。

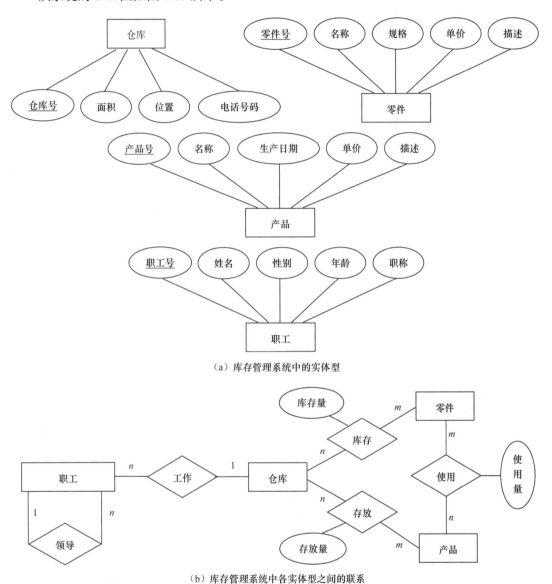

（a）库存管理系统中的实体型

（b）库存管理系统中各实体型之间的联系

图 1.13　某工厂库存管理系统的 E-R 图

　　E-R 图能很好地抽象和模拟现实世界，也非常容易理解，因此被广泛采用，后来人们又对 E-R 图做了多方面的扩展以表达更为复杂的情况，如 ISA 联系、Part-of 联系、基数约束、弱实体型、强实体型等。用 E-R 图表达的概念模型独立于具体的数据库管理系统，比数据模型更接近于现实世界，E-R 图是用户能够参与到数据库设计中来的关键，也是今后设计的各种数据模型的共同基础。

1.3 数据模型

概念模型虽然能很好地模拟现实世界，但却独立于具体的数据库管理系统。因此，数据库的计算机实现还需要将概念模型进一步转换为某一数据库管理系统支持的数据模型（包括逻辑模型和物理模型，这就是 1.2.1 小节中介绍的第二步抽象），然后据此在计算机上创建数据库。

因此，数据模型（如不做特殊说明，数据模型一般特指其中的逻辑模型，因为它是面向用户及其应用程序的。物理模型由数据库管理系统负责组织和管理，对用户及其应用程序透明，如存储位置的安排和存储参数的设置、索引的种类和个数等）应具有以下特点。

- 能比较真实地模拟现实世界。和概念模型一样，这也是对数据模型最起码的要求。
- 容易为人所理解，这里的人一般指数据库设计开发人员和数据库管理员等。
- 便于在计算机上实现，这是概念模型所不具有的。

1.3.1 数据模型的组成要素

为了精确地描述数据赖以计算机实现的逻辑结构，数据模型提供了一组严格定义的概念，这些概念精确地描述了数据的静态特性、动态特性和完整性约束条件，即数据结构、在此基础上允许执行的数据操作，以及为了使数据能够符合现实世界要求而设定的一组完整性约束条件。因此，数据模型通常由数据结构、数据操作和完整性约束条件 3 部分组成。

1．数据结构

数据结构是所研究对象的数据类型的集合。这些对象是数据库的组成部分，包括描述客观对象（实体）的数据对象，也包括描述客观对象（实体）之间联系的数据对象。如表 1.1 所示，社团实体用一个二维表结构进行描述，该二维表由 3 列组成，每一列有不同的数据类型。再如表 1.3 所示，学生和社团这 2 个实体型之间的参加联系也用一个二维表结构进行描述，该二维表由 4 列组成，每一列有不同的数据类型。

数据结构是对数据的组织方式及其类型，即静态特性的描述，是刻画一个数据模型性质最重要的方面，因为数据的组织方式及其类型不同，在此基础上允许执行的操作和操作规则就有所不同。因此，在数据库系统中，人们通常根据其数据结构的类型来命名数据模型，进而命名数据库的类型。

随着数据库的发展，数据的组织方式从最早的树形、网状发展到二维表（即关系），对应的数据模型就分别命名为层次模型、网状模型和关系模型，对应的数据库就分别命名为层次数据库、网状数据库和关系数据库。例如，表 1.1～表 1.3 所示的数据模型就是一个关系模型，相应的学生社团数据库就是一个关系数据库。

层次数据库和网状数据库是早期出现的数据库类型，被称为第一代数据库（非关系数据库）。关系数据库被称为第二代数据库，是目前市场上主流的数据库类型。随着面向对象技术的出现，为了表达现实世界中更为复杂的客观对象及其联系，利用面向对象的三大特性（即封装、继承和多态），人们研制出了对象-关系模型和面向对象模型，对应的数据库就是对象-关系数据库和面向对象数据库，被称为第三代数据库，目前市场上大多数关系数据库都或多或少具有面向对象的一些特性。

随着网站访问量的激增，关系数据库在高并发下的性能及其可扩展性等问题日益突出，为此，NoSQL 数据库（通常指开源的分布式非关系数据库）大量涌现，如 MongoDB、Redis、HBase、Memcache 等，其数据模型的灵活性和存取数据的高性能等优势使之成为 Web 2.0 和云计算的新宠儿。

2．数据操作

数据操作是指对数据库中各种数据对象的实例（即数据）允许执行的操作集合，包括操作及其操作规则。数据结构不同，数据操作及其操作规则就有所不同。数据操作主要包括查询和更新（包括插入、修改和删除）两大类。数据模型应能定义这些操作的确切含义、操作符号、操作规则和操作语言。和数据结构不同，数据操作是对数据动态特性的描述。

3．数据的完整性约束条件

数据的完整性约束条件是为了使数据能够符合现实世界的要求，保证数据的正确性、有效性和相容性而设定的一组完整性规则的集合。完整性规则是给定数据模型中数据及其联系所具有的制约和依存规则，用以限定符合数据模型的数据库状态及其变化。例如，假设在学校数据库中有如下规定：大学生的年龄应大于 14 岁且小于 40 岁，选课成绩为百分制，学生不能有 3 门以上课程不及格等。数据模型应能提供完整性约束条件的定义和实现机制，例如，在关系模型中，任何关系都必须满足实体完整性和参照完整性这两种完整性约束条件。

1.3.2　常见的数据模型

目前，在数据库领域中常见的数据模型有以下 5 种。

- 层次模型（Hierarchical Model）。
- 网状模型（Network Model）。
- 关系模型（Relational Model）。
- 对象-关系模型（Object-Relational Model）。
- 面向对象模型（Object-Oriented Model）。

1．层次模型

层次模型是数据库系统中最早出现的数据模型。基于该模型的层次数据库系统的典型代表是 IBM 公司于 1968 年推出的第一个大型的商用数据库管理系统——IMS（Information Management System）。

现实世界中很多客观对象之间都具有很自然的层次联系，呈现为树形结构，如行政机构、家族关系等。人们通常采用树形结构来表示实体之间的这种层次联系，这样的数据模型称为**层次模型**（如图 1.14 所示的学院数据库，图 1.15 所示是该数据库在某时刻的状态）。

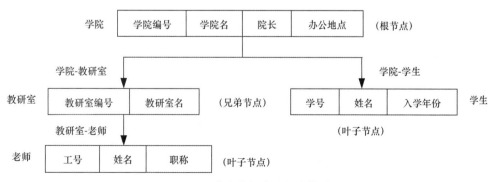

图 1.14　学院数据库的层次模型

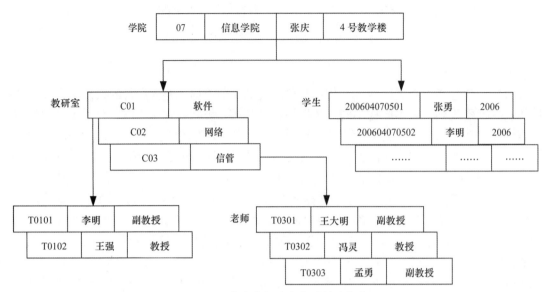

图 1.15　学院数据库在某时刻的状态

2．网状模型

现实世界中客观对象之间的联系更多是非层次联系，层次模型虽然可以表示，但表示起来并不直接，而网状模型则可以避免这一问题。网状模型的典型代表是由数据系统语言研究会（Conference on Data System Language，CODASYL）下属的数据库任务组（Database Task Group，DBTG）于 20 世纪 70 年代提出的 DBTG 系统，也称 CODASYL 系统。

在网状模型中，数据以图结构进行组织，可以很自然地表示实体间的各种联系，其中包括层次模型难以直接表示的多对多联系，因为图结构比树形结构更具普遍性，不但允许每一个节点具有零个或多个双亲节点，还允许两个节点之间存在多个联系，如图 1.16 所示。

网状模型表示一对多（包括一对一）联系（如图 1.14 中的学院-教研室、教研室-老师和学院-学生联系）的方法和层次模型完全相同，但表示多对多联系的方法要比层次模型更简单、更直接。例如，学生和课程之间具有多对多的选课联系，层次模型需要增加冗余节点（产生了不必要的数据冗余，如图 1.17（b）所示）或者由指针代替的虚拟节点（采用指针会削弱数据的物理独立性，如图 1.17（c）所示），而网状模型则只需增加一个学生选课的连接记录即可（类似于选修表，不会产生不必要的数据冗余，比较简单、直接，如图 1.17（d）所示）。

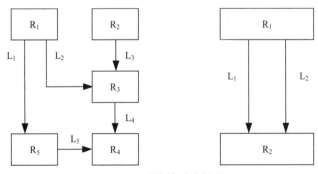

图 1.16　网状模型的例子

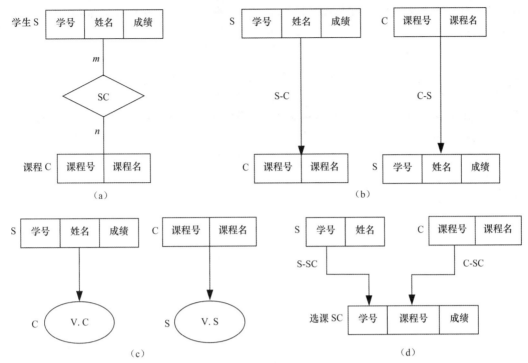

图 1.17　学生和课程之间的选课联系及其在层次模型、网状模型中的表示

和层次模型一样，网状模型的数据访问也采用"导航式"，即需要详细指明数据访问的存取路径，按路径对数据进行访问，数据的独立性和安全保密性都会受到一定的影响。由于层次模型和网状模型都采用了格式化的结构，因此也统称为格式化模型，有时也统称为非关系模型。

3. 关系模型

从层次模型到网状模型，为了更好地模拟现实世界，数据结构变得越来越复杂，随着应用环境的不断扩大，用户越来越难以理解并掌握日益复杂的数据库的结构及其操作。

1970 年美国 IBM 公司的研究员埃德加·科德（Edgar Codd）提出了一种相对简单的数据模型——关系模型，开创了数据库关系方法和关系数据理论的研究，为目前市场上主流的关系数据库系统奠定了理论基础，这一划时代的工作使他于 1981 年获得了计算机领域的最高奖——图灵奖。

20 世纪 80 年代以来，新推出的数据库管理系统几乎都支持关系模型，非关系系统的产品也都加上了关系接口，关系数据库成为市场上最流行、也是最重要的数据库类型。因此，本书的重点也将放在关系数据库上。

和以往的格式化模型不同，关系模型建立在严格的数学基础上，其严格定义将在第 2 章给出，这里只给出非形式化的描述。在关系模型中，数据的组织方式或其逻辑结构是关系，在用户的眼中，一个**关系**就是一张二维表（见表 1.1 ~ 表 1.3）。在以往的格式化模型中，实体用记录表示，实体之间的联系用记录之间的两两联系表示，而在关系模型中，无论实体还是实体之间的联系统一用关系表示。例如，表 1.1 和表 1.2 分别表示社团实体和学生实体，而表 1.3 则表示它们之间的参加联系。

关系中的每一行称为一个**元组**（有时也称为**记录**），对应于一个具体的实体（如表 1.1

中的每一个社团和表 1.2 中的每一名学生）或实体之间的一个具体联系（如表 1.3 中的每一个参加记录）。

关系中的每一列称为一个**属性**（或**字段**），在关系中需要给每一个属性起一个名称，即**属性名**，属性名给相应的属性值以一定的解释。如前所述，在关系的所有属性中，可以唯一确定一个元组的属性或属性的最小组合就是该关系的**候选码**（或**候选键**）。如果候选码多于一个，则选取其中一个候选码作为**主码**（或**主键**，一般用下画线标明），每一个关系都应该有且只有一个主码。

随着数据的插入、修改和删除，关系不断发生变化，但关系的结构及其特征却是相对稳定的。对关系的结构及其特征的抽象描述称为**关系模式**，一般表示为：

关系名（<u>属性 1</u>，属性 2，……，属性 n）。

如表 1.1～表 1.3 所示的社团、学生和参加这 3 个关系的关系模式分别表示为：

社团（<u>社团名称</u>，社团宗旨，成立时间），
学生（<u>学号</u>，姓名，性别，政治面貌，联系电话），
参加（<u>学号</u>，<u>社团名称</u>，参加时间，身份）。

关系模型要求关系必须是规范化的，即要求关系必须满足一定的规范性条件，其中最基本的规范性条件就是，关系的每一列都不可再分，也就是说，不允许大表之中还套有小表。如表 1.6 所示的工资表就不符合关系模型的要求，因为工资列又再分为基本工资、奖金、扣税和实发工资 4 列，故而不能称其为关系。将其规范化为关系的方法很简单，用基本工资、奖金、扣税和实发工资 4 列取代工资列即可。

表 1.6　不规范的工资表

职工号	姓名	职称	工资			
			基本工资	奖金	扣税	实发工资
T0101	李明	副教授	3500	1500	100	4900
……	……	……	……	……	……	……

和以往的格式化模型一样，关系模型中的数据操作主要也包括查询和更新（插入、修改和删除）两大类，同样也须满足相应的完整性约束条件。关系的完整性约束条件包括三大类：实体完整性、参照完整性和用户定义的完整性，其具体含义将在第 2 章给予详细介绍。

和格式化模型每次只能操作一个记录（一次一记录方式）相比，关系模型中的数据操作是集合操作方式，每次操作的操作对象和操作结果都可以是若干元组的集合（一次一集合方式），例如，一次可以查询或更新多个元组。此外，关系模型中的数据访问不再是"导航式"，数据的存取路径对用户透明，用户只需指出"干什么"或"找什么"即可，而无须详细说明"怎么干"或"怎么找"，具体的执行过程完全由系统（即数据库管理系统）负责自动完成。因此，关系数据操作是高度非过程化的，从而大大提高了数据的独立性和安全保密性，并提高了用户的工作效率。后面将要重点介绍的 SQL（Structured Query Language，结构化查询语言）就是这样一种关系数据操作语言。

在关系模型中，实体及其联系统一用关系表示，并以文件的形式存储在计算机存储设备上，通常将整个数据库保存成一个或若干个数据库文件。

和以往的格式化模型相比，关系模型具有以下优点。

- 关系模型具有严格的数学基础。

- 关系模型中的数据结构非常单一，从而使数据操作也非常统一，用户易懂易用。
- 数据的存取路径对用户透明，数据操作高度非过程化，从而使数据具有更高的独立性和更好的安全保密性，也简化了数据库管理员和程序开发者的工作。

然而，由于数据的存取路径对用户透明，由系统自动选择数据的存取路径，其效率往往不如以往的格式化模型。为了提高效率（主要是查询效率），需要对用户的查询请求进行优化，通常会对不同的存取路径进行成本估算以选择具有最低成本的存取路径，从而增加了数据库管理系统的开发难度。

4．面向对象模型和对象-关系模型

随着面向对象技术的出现，为了表达现实世界中更为复杂的客观对象及其联系，人们将诸如 C++和 Java 等面向对象编程语言所具有的面向对象功能和数据库功能结合起来，从而形成了面向对象模型和面向对象数据库。从这个意义上讲，面向对象数据库可以看作面向对象编程语言加上并发控制和数据恢复等数据库功能的一个扩展，使面向对象编程语言同时用于数据存储和应用开发这两个方面。

和面向对象编程语言一样，面向对象模型具有以下几个核心概念。

- 对象：定义为包括客观对象的属性及其相关联的活动（行为/方法）的一个实体。
- 属性：是指一个对象所具有的各种特征（数据）。
- 方法：是对象中的函数，用来定义该对象的行为。
- 消息：对象通过消息进行通信。
- 类：是具有相同属性和方法的一组对象的集合。
- 封装性：数据和处理数据的程序代码被封装在一起，即在对象中封装了对象具有的所有属性和方法。
- 继承性：允许一个类从另一个类中继承一些属性，并增加属于自己的更多的属性。
- 多态性：当提供不同的信息（通常以参数的形式）时，对象应能做出不同的反应。

然而，纯粹的面向对象数据库系统并不支持 SQL 语言，在通用性方面丢失了关系数据库的优势。因此，高级 DBMS 功能委员会于 1990 年发表了"第三代数据库系统宣言"，提出第三代数据库系统必须保持关系数据库系统的非过程化数据存取方式和数据独立性，支持原有的数据管理。对象-关系数据库系统就是按照这样的目标，将面向对象技术和关系数据库技术有机地结合起来。

对象-关系模型将面向对象方法引入关系模型中，在以下几个方面对关系模型进行了扩展。

- 允许用户扩充基本数据类型，即允许用户根据应用需求自行定义数据类型、函数和操作符，而且一经定义，这些新的数据类型、函数和操作符就存放在数据库管理系统的核心之中，供所有用户使用。
- 支持对复杂对象（即由多种基本类型或用户自定义类型构成的对象）的处理。对象-关系模型将每一个实体看作一个对象，在该对象中封装有：
  ○ 一组变量，用来描述对象，对应于关系模型中的属性；
  ○ 一组消息，对象通过它们和其他对象或数据库系统的其他部分进行通信；
  ○ 一组方法，用来实现上述一组消息。
- 支持子类对超类的继承（如本科生和研究生对学生的继承）和函数重载等面向对象的核心概念。

- 提供强大而通用的规则系统，并与其他的对象-关系能力集成为一体。例如，规则中的事件和动作可以使用任意 SQL 语句或用户自定义的函数，规则还能够被继承等，从而使对象-关系数据库也具有了主动数据库和知识库的特性。

由于对象-关系数据库系统既能适应新应用领域的需求，也能继续满足关系数据库应用发展的需要，目前几乎所有的关系数据库厂商都在不同程度上对关系模型进行了扩展，推出了对象-关系数据库管理系统产品，对象-关系数据库系统的应用也日趋广泛。

5．NoSQL 和 NewSQL 数据模型

为了解决大数据环境下传统关系数据库无法解决的存储和访问问题，NoSQL 技术应运而生。和关系模型相比，NoSQL 数据模型非常灵活，数据之间无关系，无须为将要存储的数据预先建立字段（即不需要像关系模型那样为了存储数据而事先定义关系模式结构），随时可以存储自定义的数据格式，从而使数据库结构简单，具有很强的横向扩展能力。

常见的 NoSQL 数据模型有以下 4 种。

- 键值对存储模式。在这种数据结构中，数据表中的每一个实际行只具有键（或行键，Key，唯一标识）和值（Value，实际存储内容）两个基本内容（通常采用哈希函数实现从键到值的映射），通过键可以实现对值的快速定位。值可以看作一个单独的存储区域，可以是任何类型，从而无须为将要存储的数据预先定义其数据类型。
- 文档存储模式。与键值对存储模式类似，但其值一般是半结构化内容，需要通过某种半结构化标记语言进行描述，如 JSON、XML 等数据格式。除键外，还可以通过关键词查找查询文档内部的结构。
- 列族存储模式。根据查询的相关性，把经常放在一起查询的相关数据存储在同一个列族（Column Family）中，假设学生的姓名和出生日期经常被一起查询，它们就会被放入同一个列族中存储在一起。属于不同列族的数据可以存储在不同的文件中，这些文件可以分布在不同的位置上，甚至是不同的节点上。
- 图存储模式。图存储模式是一种专门存储节点（实体）和边（实体之间的联系，如社交关系等）的拓扑存储方法。

近年来，为了结合传统关系数据库和 NoSQL 数据库各自的优势，实现在大数据环境下数据的持久存储和高效处理，NewSQL 数据库被提了出来，它既能实现 NoSQL 数据库快速、高效的大数据处理能力，又能实现传统关系数据库的 SQL、事务处理等优势。

1.4 数据库系统的模式结构

数据的独立性是数据管理技术追求的目标之一。和文件系统相比，数据库系统具有高度的数据独立性，不但可以简化应用程序的编写，减轻程序员的负担，而且有利于数据和应用程序各自的管理和维护。在数据库系统中，数据的独立性是由数据库系统的三级模式结构及其两级映像功能来保证的。

在数据库系统中，由于种种原因可能会使数据的物理存储结构发生变化，或数据的全局逻辑结构发生变化，但对用户来说，绝对不希望自己使用的那一部分数据的局部逻辑结构也随之发生变化。为此，尽管支持的数据模型、采用的技术和使用的数据库语言可能会有所不同，实际的数据库管理系统都实现了数据库的三级模式结构。

1.4.1 数据库系统的三级模式结构

模式（Schema）是数据库中所有数据的逻辑结构及其特征的抽象描述，并不涉及数据的具体取值，因此，模式是相对稳定的。随着数据库中数据的不断更新，同一个模式将会有不同的取值，称为该模式在某个时刻的**实例**（Instance）。

数据库系统的三级模式结构指的是数据库系统由模式、外模式和内模式 3 级构成，如图 1.18 所示。

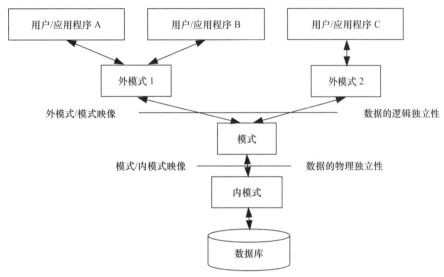

图 1.18　数据库系统的三级模式结构及其两级映像功能

1．模式

模式，又称**逻辑模式**，是数据库中所有数据的逻辑结构及其特征的抽象描述，是所有用户的公共数据视图。因此，一个数据库只有一个模式。数据库的模式以某种数据模型为基础，综合考虑了所有用户的需求，并将这些需求有机地集成为一个逻辑整体。对于关系数据库而言，其模式就是该数据库中所有关系模式的集合。

数据库管理系统提供模式定义语言（模式 DDL）来严格地定义模式，包括：

- 定义数据的全局逻辑结构；
- 定义所有用户对数据的安全性和完整性要求；
- 定义这些数据之间的联系。

实际上，模式就是数据库在逻辑上的视图，位于三级模式结构的中间层，既不涉及数据的物理存储细节和硬件环境，也与具体的应用程序和所使用的应用开发工具无关。由于模式独立于数据库的其他层次，因此，在设计数据库的模式结构时首先应确定数据库的模式，然后据此设计相应的外模式和内模式。

2．外模式

外模式（External Schema）是数据库用户或应用程序使用的那一部分数据的局部逻辑结构及其特征的抽象描述，是与某一用户或应用程序有关的那一部分数据的局部逻辑表示。相对于模式而言，外模式只是面向特定数据库用户或应用程序的局部数据视图，因此又称为**用户模式**（User Schema）。作为模式的子集合，外模式又可称为**子模式**（Subschema）。

　数据库概述 **第 1 章**

外模式定义在模式的基础之上，面向特定的用户或应用程序，独立于数据的物理存储细节和硬件环境。关系数据库中的视图（View）就是外模式。

和模式不同的是，一个数据库可以有多个外模式。因为数据库可以供不同用户或应用程序共享，如果用户或应用程序需要的数据不完全相同、看待数据的方式不完全相同、或者对数据安全性等方面的要求不完全相同，则需要分别为其定义不同的外模式。当然，如果多个用户或应用程序对数据的要求完全相同，则其可以共享同一个外模式。因此，一个外模式可以供多个用户或应用程序所共享，但一个用户或应用程序却只能使用一个外模式，如图 1.18 所示。每一个用户或应用程序都只能访问各自外模式描述的那一部分数据，其他数据则是不可见的。因此，外模式是保证数据安全性的一个有力措施。

数据库管理系统提供外模式定义语言（外模式 DDL）来严格地定义外模式。由于面向应用，而应用通常会随时间发生变化，因此，在设计外模式时，应充分考虑到应用的扩充性。

3．内模式

内模式（Internal Schema），又称**物理模式**（Physical Schema）或**存储模式**（Storage Schema），是数据库中数据的物理存储结构和存取方式的抽象描述，是数据在数据库内部的表示方式。例如，数据的物理存储结构是顺序存储还是索引存储；索引的组织方式是 B+ 树索引还是 Hash 索引；数据是否压缩存储、是否加密；一条数据记录是否允许跨页存储；等等。

和外模式相同的是，内模式也依赖于模式，但不同的是，一个数据库只有一个内模式。由于面向物理存储，内模式独立于外模式和具体应用，但也独立于具体的存储设备，因为内模式只是对数据的物理存储结构和存取方式的抽象描述，不涉及具体的物理存储细节，数据库系统和具体存储设备之间的联系是通过操作系统实现的。

数据库管理系统提供内模式定义语言（内模式 DDL）来严格地定义内模式，在设计内模式时，主要考虑它的时间和空间效率。

1.4.2　数据库系统的两级映像功能

数据库系统的三级模式结构在 3 个层次上对数据进行抽象，使用户能逻辑地（抽象地）处理数据，而不必关心数据在计算机中的具体组织和存储，数据在计算机中的具体组织和存储是由数据库管理系统负责实施的。为了实现这 3 级模式之间的联系和转换，保证数据的独立性，数据库管理系统在这 3 级模式之间提供了两级映像功能：

- 外模式/模式映像；
- 模式/内模式映像。

正是这两级映像功能保证了数据库中的数据具有较高的逻辑独立性和物理独立性。

1．外模式/模式映像

一个数据库只有一个模式，即数据的全局逻辑结构；但一个数据库却可以有多个外模式，分别面向具有不同数据需求的用户或应用程序。这些外模式如何对应到模式上去，即用户或应用程序使用的那一部分数据对应到数据库模式中到底是哪些数据，是由外模式和模式之间的对应关系决定的，这就是**外模式/模式映像**。对于每一个外模式，数据库系统都会相应地存在一个外模式/模式映像，用来定义该外模式和模式之间的对应关系，包含在该外模式的定义之中。

当数据的逻辑结构（即模式）发生变化时，如增加新的关系、将关系一分为二、增加新的属性、改变属性的数据类型等，由数据库管理员负责对各个外模式/模式映像做出相应的改变（在关系数据库中，通常就是修改视图的定义），可以保持外模式不变，从而使基于外模式的应用程序也无须做出改变，保证了数据的逻辑独立性。

2．模式/内模式映像

要想访问数据库中的数据，最终还要确定这些数据到底存储在哪些物理记录中，这是由模式和内模式之间的对应关系决定的。一个数据库只有一个模式，也只有一个内模式，因此，模式和内模式之间的对应关系也是唯一的，这就是**模式/内模式映像**，该映像通常包含在模式的定义之中。

当数据的物理存储结构（即内模式）发生变化时，例如，选用了另外一种存储结构，或者增加了一个索引，由数据库管理员负责对模式/内模式映像做出相应的改变，可以保持模式不变，外模式也就不会发生改变，从而也使基于外模式的应用程序无须做出改变，保证了数据的物理独立性。

当数据的结构（包括逻辑结构和物理结构）发生变化时，数据库系统的两级映像功能可以保证数据库外模式的稳定性，从而可以从底层保证应用程序的稳定性。除非数据的结构发生了致命的变化或应用需求本身发生了巨大的变化，否则应用程序一般不需要修改。数据和应用程序之间的这种独立性非常有利于数据和应用程序各自的管理和维护。

有了这两级映像功能，就可以知道数据库管理系统是如何实现数据访问的，例如，应用程序从数据库中读取数据的步骤如下。

（1）应用程序向数据库管理系统发出读数据的命令。

（2）数据库管理系统对该命令进行语法和语义检查，并调用该应用程序对应的外模式，检查该应用程序对将要读取的数据拥有什么样的存取权限，决定是否执行该命令，如果拒绝执行，则返回错误信息。

（3）在决定执行该命令后，数据库管理系统调用模式，根据外模式/模式映像，确定应该读取模式中的哪些数据记录。

（4）数据库管理系统调用内模式，根据模式/内模式映像，确定应该从哪些文件、采用什么样的存取方法、读取哪些物理记录。

（5）数据库管理系统向操作系统发出读物理记录的命令。

（6）操作系统执行读物理记录的有关操作，将物理记录送至缓冲区。

（7）数据库管理系统根据外模式/模式映像，导出应用程序所要读取的记录格式，返回给应用程序。

1.4.3　实例

为了简单起见，假设数据库的模式中存在学生表 student (sno, sname, ssex, sbirthday)，有 2 个用户/应用程序共享该学生表，用户/应用程序 1 需要处理的是学生的学号（sno）、姓名（sname）和性别（ssex）数据，用户/应用程序 2 需要处理的是学生的学号（sno）、姓名（sname）和出生日期（sbirthday）数据。由于这两个用户/应用程序习惯处理中文列名，因此分别为其定义外模式：花名册 1（学号，姓名，性别）和花名册 2（学号，姓名，出生日期）。该学生表以链表的结构进行存储，如图 1.19 所示。

用户/应用程序 1 和用户/应用程序 2 分别使用的外模式 1 和外模式 2 中的学号、姓名、性别和出生日期这几个中文列名在模式中并不存在，那么用户或应用程序是如何使用外模式来存取数据的呢？答案是可以通过数据库管理系统的两级映像功能来实现。

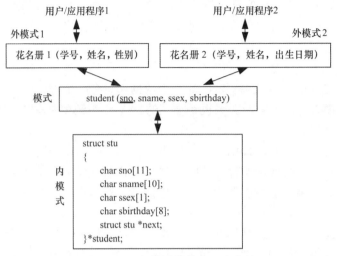

图 1.19　三级模式结构的一个实例

在外模式的定义中描述有相应的外模式/模式映像，例如，

花名册 1.学号⟷student.sno，　　　　　花名册 2.学号⟷student.sno，

花名册 1.姓名⟷student.sname，　　　　花名册 2.姓名⟷student.sname，

花名册 1.性别⟷student.ssex，　　　　　花名册 2.出生日期⟷student.sbirthday。

据此我们可以很容易地将外模式 1 中的学号转换成模式中的 student.sno，将外模式 2 中的姓名转换成模式中的 student.sname。

然而，模式中的数据对应在存储结构中是哪些数据呢？在模式的定义中也描述有相应的模式/内模式映像，例如，

student.sno⟷student->sno，　　　　　　　student.sname⟷student->sname，

student.ssex⟷student->ssex，　　　　　　student.sbirthday⟷student->sbirthday。

据此我们可以很容易地将模式中的 student.sno 转换成内模式中长度为 11 字节的一个存储域 student->sno。

假设数据的逻辑结构发生了变化，例如，将 student 表一分为二：student1(sno, sname, ssex) 和 student2(sno, sname, sbirthday)。为使外模式 1 和外模式 2 不变，进而使相应的应用程序不变，需要将相应的外模式/模式映像分别修改为

花名册 1.学号⟷student1.sno，　　　　　花名册 2.学号⟷student2.sno，

花名册 1.姓名⟷student1.sname，　　　　花名册 2.姓名⟷student2.sname，

花名册 1.性别⟷student1.ssex，　　　　　花名册 2.出生日期⟷student2.sbirthday。

从而保证了数据的独立性。

1.5　本章小结

本章主要介绍了数据库系统的相关概念，包括数据库、数据库管理系统和数据库系统，并通过对数据管理技术发展历程的介绍给出了数据库的主要特点。基于这些特点，可以说数据库系统是目前最有效的数据管理手段。随着网络技术、大数据技术的发展，数据库技术也从传统的关系数据库（Traditional Relational Database，TRDB）逐渐发展为 NoSQL 数

据库和 NewSQL 数据库。

数据模型是数据库系统的核心和基础，本章介绍了数据模型的三要素和数据库发展历程中出现的几种数据模型，从第 2 章开始重点介绍其中的关系模型。

概念模型是概念级的数据模型，是各种数据模型的共同基础，按照用户的观点对现实世界进行抽象和建模，是数据库设计过程中的关键环节（因为用户可以通过它来判断数据库设计人员设计出来的数据库结构是否正确，即是否能对现实世界进行正确模拟，最终能否满足用户的应用需求）。人们通常用 E-R 图来表达概念模型，即 E-R 模型。

数据库系统具有的三级模式结构及其两级映像功能保证了数据具有较高的逻辑独立性和物理独立性，此外，外模式还是保证数据安全性的一个有力措施。

学习这一章应把注意力放在对基本概念的理解上，为后面章节的学习打下良好的概念基础。当然，通过后面章节的学习，大家也会进一步加深对这一章基本概念的理解和把握。

习 题 1

1. 什么是数据库？使用数据库有哪些好处？
2. 什么是数据库管理系统？它主要有哪些功能？
3. 试述数据库系统的基本构成和工作过程。
4. 试述数据库系统和文件系统之间的区别和联系。
5. 试举出现实世界中应用数据库系统的例子，并说明为什么不适合用文件系统。
6. 试述概念模型的作用。
7. 解释概念模型中的以下术语：实体、实体型、属性、码、E-R 图。
8. 实体之间的联系有哪几种？分别举例说明。
9. 3 个实体型之间的多对多联系和 3 个实体型两两之间的多对多联系等价吗？为什么？
10. 学校中有若干个系；每个系有若干个班级和若干个教研室；每个教研室有若干名老师；每名老师指导若干名学生，但每名学生只被一名老师指导，有相应的指导时间；每个班级有若干名学生；每名学生可以选修若干门课程，每门课程也可以供若干名学生选修，有相应的选修成绩。请用 E-R 图画出此学校的概念模型。
11. 某超市公司旗下有若干个连锁商店，每个商店经营有可以重复的若干种商品，每个商店有若干名职工，其中有一名店经理，每名职工只能在一个商店工作。假设商店的属性有：商店编号、店名、店址、联系电话。商品的属性有：商品编号、商品名、单价、产地、生产日期。职工的属性有：职工编号、姓名、性别、参加工作时间、工资、是否店经理。试画出反映商店、商品、职工及其联系的 E-R 图，要能反映出某职工在某商店工作的开始时间和某商品在某商店的销售量。
12. 试述数据模型的概念和数据模型的三大要素。
13. 解释关系模型中的以下术语：关系、关系模式、元组、属性、主码。
14. 解释以下术语：模式、外模式、内模式、外模式/模式映像、模式/内模式映像。
15. 什么是数据独立性？数据独立性分为哪几种？数据库系统是如何保证数据独立性的？

第2章 关系数据库

学习目标
- 掌握关系和关系模式的基本概念
- 掌握关系的完整性约束条件
- 学会用关系代数表达对数据的查询请求
- 了解数据库设计的基本步骤
- 掌握 E-R 图的设计方法及其向关系模型转换的原则
- 理解规范化理论在数据库逻辑结构设计中的作用

2.1 关系模型

关系数据库是基于关系数据模型（即关系模型）的数据库，系统而又严格地提出这一模型的是前面介绍的美国 IBM 公司的研究员埃德加·科德，他于 1970 年在美国计算机学会会刊 *Communication of the ACM* 上发表了题为"A Relational Model of Data for Large Shared Data Banks"的论文，在该论文中首次提出了关系模型的概念，并在随后又提出了关系代数、关系演算和范式等重要的理论成果，从而奠定了关系数据库的理论基础。

几十年来，对关系数据库系统的研究和应用取得了辉煌的成就，涌现出了许多性能良好的关系数据库管理系统，如 Oracle、DB2、SQL Server、MySQL 等。作为目前市场上最重要、也最流行的数据库类型，关系数据库已成功应用于社会的各个领域。

2.1.1 关系模型的三要素

由数据模型的三要素可知，关系模型由关系数据结构、关系数据操作和关系的完整性约束条件 3 部分组成。

1．关系数据结构

关系模型的数据结构非常单一，即**关系**，现实世界中的实体以及实体之间的各种联系统一用关系表示。在用户看来，一个关系就是一张二维表，表中的每一行叫作**元组**，描述一个具体的实体或实体之间的一个具体联系，关系中的每一列叫作**属性**或**字段**。

2．关系数据操作

在关系模型中，数据操作同样可分为**查询**和**更新**（包括插入、修改和删除）两大类。其中，查询是最基本、也是执行最频繁的操作。

关系数据操作采用**集合操作方式**，即一次操作的对象和结果都可以是多个元组的集合，因此也称为一次一集合（set-at-a-time）方式。另外，关系数据操作**高度非过程化**，用户只需指出"干什么"即可，而不必关心数据存取路径的选择和具体的执行过程，这些都由数据库管理系统负责自动完成，这样不但极大地提高了数据的独立性和安全保密性，还减轻了程序员的负担，提高了用户工作效率。

用对关系的运算即代数方式来表达查询要求的查询语言称为关系代数，用谓词演算即逻辑方式来表达查询要求的查询语言称为关系演算。这两种语言在表达能力上完全等价，虽然都是抽象的查询语言，但常用作评估实际关系系统中查询语言能力的标准和理论基础。实际关系系统中的查询语言除了能提供关系代数或关系演算的基本功能，还提供了许多附加功能，如集函数、算术运算等。

此外，还有一种介于关系代数和关系演算之间、具有双重特点的语言，其代表就是 SQL 语言（Structured Query Language，**结构化查询语言**）。SQL 语言不但具有强大的查询功能，而且具有数据定义、数据更新和数据控制等功能，是集 DDL、DML 和 DCL 于一体的关系数据语言，是目前所有关系数据库都支持的标准语言。因此，人们也常把关系数据库称为 SQL 数据库。

关系数据语言的分类如图 2.1 所示。

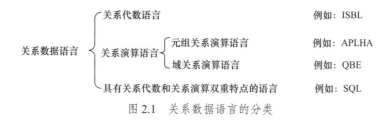

图 2.1　关系数据语言的分类

3．关系的完整性约束条件

为了使数据能够符合现实世界的要求，保证数据的正确性、有效性和相容性，关系模型允许定义 3 类完整性约束条件，即**实体完整性**、**参照完整性**和**用户定义的完整性**，其中，实体完整性和参照完整性是关系模型必须满足的完整性约束条件，被称为关系的两个**不变性**，应由关系系统自动支持。另外，具体的应用领域还可能存在一些特定的语义约束，如大学生的年龄限制、学生不及格门次的限制、成绩取值范围的限制、股价波动的限制等。为此，用户可以相应地定义一些完整性约束条件，这些完整性约束条件一经用户定义也应由关系系统自动支持。

2.1.2　关系数据结构

关系模型采用单一的数据结构（即关系）来统一表示现实世界中的实体以及实体之间的各种联系，下面从集合论的角度给出关系的形式化定义。

1．域

域（Domain）是一组具有相同数据类型的值的集合。在关系中，域用来作为属性的取值范围。例如，学号属性所取的由 11 位数字组成的字符串集合、年龄属性所取的大于 14 且小于 40 的正整数集合、性别属性所取的由"男"和"女"这两个值组成的集合等都是域。

2．笛卡儿积

给定一组域 $D_1, D_2, \cdots, D_n$，这些域的**笛卡儿积**（Cartesian Product）定义为：

$$D_1 \times D_2 \times \cdots \times D_n = \{(d_1, d_2, \cdots, d_n) \mid d_i \in D_i, i = 1, 2, \cdots, n\},$$

其中，每一个元素 $(d_1, d_2, \cdots, d_n)$ 称为一个 **n 元组**（n-tuple），简称**元组**（Tuple）。元组中的每一个值 d_i 称为一个**分量**（Component）。

若干域的笛卡儿积可表示成一张二维表，表中的每一行对应于笛卡儿积的每一个元素或元组，表中的每一列对应于笛卡儿积的每一个域。例如，给定以下 3 个域，

D_1 = 姓名集合(name)={张林，李宏}，

D_2 = 年龄集合(age)={20，21}，

D_3 = 专业集合(major)={计算机科学与技术，软件工程}，

则它们的笛卡儿积为：

$D_1 \times D_2 \times D_3$ ={(张林，20，计算机科学与技术)，(张林，20，软件工程)，
(张林，21，计算机科学与技术)，(张林，21，软件工程)，
(李宏，20，计算机科学与技术)，(李宏，20，软件工程)，
(李宏，21，计算机科学与技术)，(李宏，21，软件工程)}。

该笛卡儿积一共有 $2 \times 2 \times 2 = 8$ 个元组，可以表示成如表 2.1 所示的一张二维表。

表 2.1 D_1, D_2, D_3 的笛卡儿积

name	age	major
张林	20	计算机科学与技术
张林	20	软件工程
张林	21	计算机科学与技术
张林	21	软件工程
李宏	20	计算机科学与技术
李宏	20	软件工程
李宏	21	计算机科学与技术
李宏	21	软件工程

3．关系

显然，表 2.1 所示的笛卡儿积中有很多元组是没有任何实际意义的。为了使数据能正确描述现实世界中的客观对象及其联系，需要从相关域的笛卡儿积中抽取具有实际意义的若干元组，这些元组就构成了可用来描述特定语义的一个关系。也就是说，**关系**（Relation）是从相关域的笛卡儿积中抽取的具有实际意义的若干元组所构成的集合。作为笛卡儿积的子集合，关系同样可以表示成二维表的形式。

假设所有学生都不会重名，且每名学生只属于一个专业，那么表 2.1 中只有两个元组具有实际意义。进一步地，假设张林和李宏的年龄分别是 21 岁和 20 岁，他们分别是计算机科学与技术和软件工程专业的学生，那么表 2.1 中只有第 3、第 6 两个元组具有实际意义，这两个元组就构成了描述学生年龄及其所属专业的一个具体的关系，如表 2.2 所示。

表 2.2 student 关系

name	age	major
张林	21	计算机科学与技术
李宏	20	软件工程

每个关系都有一个名字，例如，表 2.2 中关系的名字设为 student。关系的每一行就是

关系的一个元素或元组（Tuple），描述一个具体的实体或实体之间的一个具体联系，通常用 t 表示。关系的每一列就是关系的一个属性（Attribute）或字段（Field），其值来自相应的域。每一个属性都有一个名字，可以简单地设为相应的域名（如表 2.2 中的 name、age 和 major），然而，当不同属性对应的域相同时，则必须为每一个属性取唯一的且有意义的名字。

在关系的所有属性中，可以唯一确定一个元组的属性或属性的最小组称为该关系的**码**（也称键，Key）或**候选码**（也称候选键，Candidate Key）。如果候选码多于一个，则选取其中一个候选码作为**主码**（也称主键，Primary Key）。包含在任一候选码中的属性称为**主属性**（Primary Attribute），相应地，不包含在任何候选码中的属性称为**非主属性**（Non-Primary Attribute）或**非码属性**（Non-Key Attribute）。

例如，在表 2.2 所示的 student 关系中，假设所有学生都不会重名，且每名学生只属于一个专业，则 name 属性的每一个取值都唯一地确定了一个元组，因此可作为 student 关系的候选码。由于 student 关系只有这一个候选码，所以它也是主码。在这 3 个属性中，name 属性是主属性，age 和 major 属性是非主属性。

关系模型要求关系必须是规范的，即要求关系必须满足一定的规范性条件。满足一定规范性条件的关系模式的集合称为**范式**（Normal Form，NF），其中，最基本的规范性条件就是关系的每一个分量都必须取不可再分的原子值。例如，表 2.3 虽然很好地表达了学生具有主修和副修两个专业，但由于 major 属性的每一个分量都取了两个值，不是规范化的关系，甚至不能称其为关系，这在关系数据库中是不允许的。

表 2.3　非规范化关系

name	age	major	
		major1	major2
张林	21	计算机科学与技术	电子商务
李宏	20	软件工程	工商管理

4．关系模式

现实世界会随着时间不断变化，表现在数据库中就是数据会不断更新。作为元组的集合，关系也会随之发生变化，而相对稳定的则是关系的结构及其特征，例如，关系由哪些属性构成，分别来自哪些域，为符合现实世界要求而必须满足的完整性约束条件等。

对关系的结构及其特征的抽象描述称为**关系模式**（Relation Schema），人们通常用相对稳定的关系模式来对关系进行抽象描述。关系模式可以形式化地表示为一个五元组：

$$R (U, D, dom, F)。$$

其中，R 是关系名；U 是组成该关系的属性名集合；D 是 U 中各属性来自的域集合；dom 是属性到域的映射集合，用来确定 U 中的每一个属性分别来自 D 中的哪一个域，例如，表 2.2 中的 dom(name)=name，前一个 name 指的是属性名，后一个 name 指的是域名；F 为属性间的数据依赖集合，用来限定组成该关系的各元组必须满足的完整性约束条件，体现了关系的元组语义，例如，表 2.2 中的每名学生只属于一个专业。

关系模式通常简记为 $R(U)$ 或 $R(A_1, A_2, \cdots, A_n)$，其中，$A_1, A_2, \cdots, A_n$ 为关系 R 的所有属性名。例如，表 2.2 中的 student 关系可抽象描述为：

student (<u>name</u>, age, major)。

其中，主码用下画线标明。这就是 student 关系的关系模式，该关系模式在某一时刻的具体取值就是表 2.2 所示的 student 关系。

关系是关系模式在某一时刻的状态或内容，即关系模式的**值**（Value），而关系模式则是对关系的抽象描述，即关系的**型**（Type）。关系是动态的，会随时间不断变化，而关系模式则是相对静态的、稳定的。人们也常把关系模式和关系都统称为关系。

5．关系数据库和关系数据库模式

在一个具体的应用领域中，所有相关的实体及其联系统一用关系来表示，这些关系的集合就构成了一个**关系数据库**。

作为关系的集合，关系数据库也会随着时间不断变化，人们通常用相对稳定的关系数据库的型来描述关系数据库，这就是**关系数据库模式**。关系的集合构成了关系数据库，相应关系模式的集合也就构成了关系数据库模式。

2.1.3　关系的完整性约束条件

为了使数据能够符合现实世界的要求，保证数据的正确性、有效性和相容性，关系模型允许定义 3 类完整性约束条件，即实体完整性、参照完整性和用户定义的完整性。

1．实体完整性

实体完整性（Entity Integrity）是指若属性 A 是关系 R 的主属性，则属性 A 不能取空值。

例如，在表 2.2 所示的 student 关系中，name 属性是主属性，按照实体完整性，任何一个元组的 name 属性都不能取空值，这是显而易见的。

所谓空值（Null）是指"不知道"或"不存在"的值。由于主属性是用来唯一标识实体的基本属性，若主属性取空值，就说明这个实体不能被唯一标识，这与现实世界的要求和实体能被相互区分是背离的。

实体完整性要求所有主属性都不能取空值。例如，在选修关系"选修（学号，课程号，成绩）"中，由于一名学生（用其主码"学号"唯一标识）可以选修若干门课程（用其主码"课程号"唯一标识），一门课程也可以供若干名学生选修，但是，给定了一名学生和他所选修的一门课程，成绩是唯一确定的，也就是说，"学号"和"课程号"这两个属性的组合可以唯一地确定一个元组，因此，该关系的候选码就是（学号，课程号）。由于该关系只有这一个候选码，所以它也是主码。在这 3 个属性中，"学号"和"课程号"都是主属性。按照实体完整性的要求，"学号"和"课程号"属性都不能取空值，这符合我们的预期。

2．参照完整性

现实世界中实体与实体之间往往存在着某种联系，表现在关系数据库中就是关系与关系之间的属性引用。例如，学生、专业实体以及它们之间的一对多的属于联系可以用下面两个关系表示（其中，主码用下画线标明）：

学生（<u>学号</u>，姓名，性别，年龄，专业号），
专业（<u>专业号</u>，专业名，学院号）。

学生和专业之间的属于联系表现为这两个关系之间的属性引用，即学生关系的"专业号"属性引用了专业关系的主码"专业号"，如图 2.2 所示。

学生关系中的"专业号"值必须是确实存在的某个专业的专业号，即专业关系中的某个"专业号"值，专业关系中不存在的"专业号"值是毫无意义的。因此，在这样的属性

引用中，学生关系中“专业号”属性的取值需要参照专业关系中主码“专业号”的取值。

学生
关系
学号
姓名
性别
年龄
专业号（外码）
20190101002
张林
男
21
0101
20190102001
李宏
男
20
0102
参照
关系
专业
关系
专业号（主码）
专业名
学院号
0101
计算机科学与技术
01
0102
软件工程
01
被参照
关系

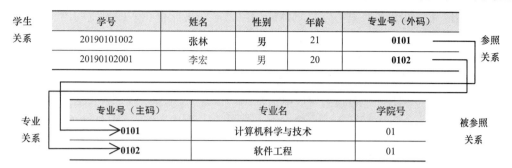

图 2.2　学生关系和专业关系之间的属性引用

在学生关系中，“专业号”属性虽然不是主码，但它却引用（或参照）了专业关系的主码，这样的属性引用不但可以表达学生和专业之间的属于联系，还使它的取值受到了一定的限制，这样的属性称为外码或外键，定义如下：

设 F 是关系 R 的一个（或一组）属性，但不是关系 R 的码，若 F 引用（或参照）了关系 S 的主码 K_s，则称 F 是 R 的**外码**（也称**外键**，Foreign Key）。显然，外码 F 和主码 K_s 必须定义在同一个（或同一组）域上。

有了外码的定义，**参照完整性**（Referential Integrity）就可以表达成：若属性（或属性组）F 是关系 R 的外码，引用（或参照）的是关系 S 的主码 K_s，则 R 中每个元组在 F 上的取值要么为空值，要么为 S 中某个元组的 K_s 值。

和实体完整性约束主属性的取值不同，参照完整性约束的是外码的取值，用来保证外码对相应主码的正确引用，以体现客观对象之间的各种联系。按照参照完整性，学生关系中的“专业号”外码要么取空值，表示该学生尚未分配专业或者不知道他的专业，要么取专业关系中的某个“专业号”值，表示该学生已属于某个确实存在的专业。

再如，学生、课程实体以及它们之间的多对多的选课联系可以用以下 3 个关系表示（见图 2.3）：

学生（<u>学号</u>，姓名，性别，年龄，专业号），
课程（<u>课程号</u>，课程名，学分），
选修（<u>学号，课程号</u>，成绩）。

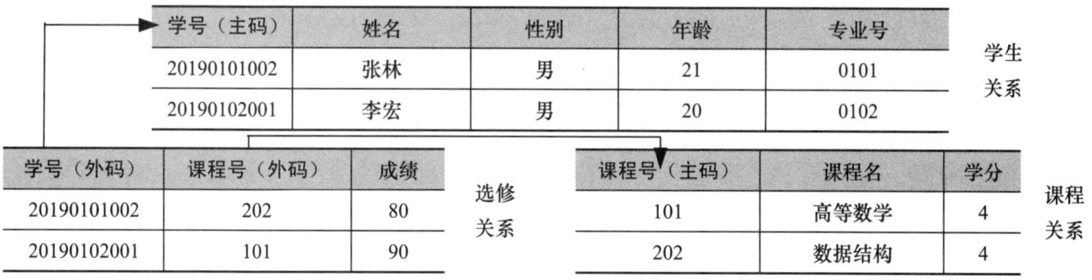

学号（主码）
姓名
性别
年龄
专业号
20190101002
张林
男
21
0101
20190102001
李宏
男
20
0102
学生
关系
学号（外码）
课程号（外码）
成绩
20190101002
202
80
20190102001
101
90
选修
关系
课程号（主码）
课程名
学分
101
高等数学
4
202
数据结构
4
课程
关系

图 2.3　选修关系和学生、课程关系之间的属性引用

选修关系有两个外码，即“学号”和“课程号”。按照参照完整性，选修关系的“学号”属性要么取空值，要么取学生关系中的某个“学号”值，即某名学生的学号；选修关系的“课程号”属性要么取空值，要么取课程关系中的某个“课程号”值，即某门课程的课程号。但是，按照实体完整性，它们都不能取空值。

3．用户定义的完整性

除了实体完整性和参照完整性，具体的应用领域还可能存在一些特定的语义约束，即用户定义的完整性（User-defined Integrity）。例如，大学生的年龄限定在 14～40 岁之间，课程名要求不重复，大学生的不及格门次限定在 3 门以下，成绩的取值范围为 0～100 分，等等。为了使数据能正确反映这些语义约束，从而真实地模拟现实世界，用户可以相应地定义一些完整性约束条件，如限定属性取值范围的检查（Check）约束等。这些完整性约束条件一经用户定义，也应和实体完整性、参照完整性一样由关系系统自动支持，而不应像文件系统那样由应用程序来承担这一功能。

2.2 关系代数

关系代数是用对关系的运算（即用代数方式）来表达查询的一种抽象的查询语言。关系代数的运算对象是一个或多个关系，运算结果也是一个新的关系，关系的运算符如表 2.4 所示。

表 2.4 关系的运算符

传统的集合运算				专门的关系运算			
并	交	差	广义笛卡儿积	选择	投影	连接	除
∪	∩	−	×	σ	π	∞	÷

2.2.1 传统的集合运算

关系可以看作元组的集合，因此可以用传统的集合运算对关系进行操作。

1．并

关系 R 和 S 的并（Union）记作

$$R \cup S = \{t \,|\, t \in R \vee t \in S\},$$

即 R 和 S 并的结果（$R \cup S$）是由 R 和 S 中的所有元组共同构成的一个新关系。按照集合的性质，新关系中应去掉重复的元组，以保持元组的唯一性。

为了能将 R 中的元组和 S 中的元组并在同一个关系中，需要 R 和 S 具有相同的属性个数，并且对应的属性应来自同一个域，即它们的结构是兼容的。

假设由所有 2019 级学生构成的关系为 student_2019（见表 2.5），由所有获得一等奖学金的学生构成的关系为 student_first（见表 2.6）。由两个表的结果可以看出，它们的结构是兼容的。

表 2.5 student_2019 关系

学号	姓名	性别	年龄	专业号
20190101001	刘丽	女	20	0101
20190101002	张林	男	21	0101
20190102001	李宏	男	20	0102

表 2.6 student_first 关系

学号	姓名	性别	年龄	专业号
20190101001	刘丽	女	20	0101
20200102001	孙明	男	20	0102

若要查询所有 2019 级学生和所有获得一等奖学金的学生，就需要这两个关系的并，其结果如表 2.7 所示。

表 2.7　student_2019 ∪ student_first 的结果

学号	姓名	性别	年龄	专业号
20190101001	刘丽	女	20	0101
20190101002	张林	男	21	0101
20190102001	李宏	男	20	0102
20200102001	孙明	男	20	0102

2．交

关系 R 和 S 的**交**（Intersection）记作

$$R \cap S = \{t \mid t \in R \wedge t \in S\},$$

即关系 R 和 S 交的结果（$R \cap S$）是由 R 和 S 中相同的元组所构成的一个新关系。和并运算一样，交运算也要求参与运算的两个关系其结构是兼容的。若要查询所有获得一等奖学金的 2019 级学生，就需要两个关系的交，其结果如表 2.8 所示。

表 2.8　student_2019 ∩ student_first 的结果

学号	姓名	性别	年龄	专业号
20190101001	刘丽	女	20	0101

3．差

关系 R 和 S 的**差**（Difference）记作

$$R - S = \{t \mid t \in R \wedge t \notin S\},$$

即关系 R 和 S 差的结果（$R-S$）是由 R 中的那些不在 S 中的元组所构成的一个新关系。和并、交运算一样，差运算也要求参与运算的两个关系其结构是兼容的。若要查询没有获得一等奖学金的 2019 级学生，就需要两个关系的差，其结果如表 2.9 所示。

表 2.9　student_2019−student_first 的结果

学号	姓名	性别	年龄	专业号
20190101002	张林	男	21	0101
20190102001	李宏	男	20	0102

注意，$R \cup S = S \cup R$，$R \cap S = S \cap R$，但 $R - S \neq S - R$。

显然，交运算可以由差运算推导出来，即 $R \cap S = R - (R - S) = S - (S - R)$，所以交运算不是关系代数的基本运算。

4．广义笛卡儿积

对关系数据库的查询通常会涉及多个结构并不兼容的关系，例如，查询"刘丽"选修"数据结构"课程的成绩。该查询涉及学生关系（其中有"姓名"属性，可以实现"刘丽"这一条件）、课程关系（其中有"课程名"属性，可以实现"数据结构"这一条件）和选修关系（其中有"学号"和"课程号"属性，可以据此建立起学生和课程之间的联系，而且有查询结果中的"成绩"属性）。那如何将这 3 个结构并不兼容的关系组合在一起呢？广义笛卡儿积（Extended Cartesian Product）就是用来组合两个关系的基本运算。

关系 R 和 S 的**广义笛卡儿积**是由 R 和 S 中的所有元组两两拼接组合而成的一个新关系，记作

$$R \times S = \{(t_r t_s) \mid t_r \in R \land t_s \in S\},$$

其中，$(t_r t_s)$ 表示的是 R 中元组 t_r 和 S 中元组 t_s 拼接而成的一个新元组。

设有表 2.10 和表 2.11 所示的两个关系 R 和 S，则它们的广义笛卡儿积如表 2.12 所示。

表 2.10　R 关系

A	B	C
a1	b1	c1
a2	b2	c2
a3	b3	c3

表 2.11　S 关系

D	E
d1	e1
d2	e2

表 2.12　$R \times S$ 的结果

A	B	C	D	E
a1	b1	c1	d1	e1
a1	b1	c1	d2	e2
a2	b2	c2	d1	e1
a2	b2	c2	d2	e2
a3	b3	c3	d1	e1
a3	b3	c3	d2	e2

2.2.2　专门的关系运算

1．选择

选择（Selection），又称**限制**（Restriction），是一个单目运算，其结果是从参与运算的关系中选择满足给定条件的那些元组所构成的一个新关系，记作

$$\sigma_F(R) = \{t \mid t \in R \land F(t) = '真'\},$$

其中，F 为选择条件，是由逻辑运算符 $\land$（and）、$\lor$（or）或 $\lnot$（not）连接各比较表达式组成的一个逻辑表达式。$\sigma_F(R)$ 就是从关系 R 中选择使条件 F 成立的那些元组。

假设学生选课数据库包括学生关系、课程关系和选修关系，分别如表 2.13～表 2.15 所示。

表 2.13　学生关系 student (sno, sname, ssex, sage, mno)

学号 sno	姓名 sname	性别 ssex	年龄 sage	专业号 mno
20190101001	刘丽	女	20	0101
20190101002	张林	男	21	0101
20190102001	李宏	男	20	0102
20200102001	孙明	男	20	0102

表 2.14　课程关系 course (cno, cname, ccredit)

课程号 cno	课程名 cname	学分 ccredit
101	高等数学	4
201	C 语言程序设计	4
202	数据结构	4

表 2.15　选修关系 score (<u>sno, cno</u>, grade)

学号 sno	课程号 cno	成绩 grade
20190101001	101	86
20190101001	201	82
20190101001	202	89
20190101002	101	78
20190101002	201	56

【例 2.1】查询 0101 号专业所有学生的基本情况。

本题要查询的学生基本情况保存在学生关系 student 中，查询条件为 0101 号专业，因为学生的专业号记录在 student 关系的 mno 属性中，所以该条件可以写成：mno='0101'（加引号是因为它是一个字符串常量，与 mno 属性的数据类型保持一致）。因此，本题是要从 student 关系中选择满足条件"mno='0101'"的那些元组，即有

$$\sigma_{\text{mno}='0101'}(\text{student})。$$

选择条件中的属性名可以用该属性在关系中的次序来代替，因此，上式还可改写成

$$\sigma_{5='0101'}(\text{student})。$$

结果如表 2.16 所示。

表 2.16　例 2.1 的结果

sno	sname	ssex	sage	mno
20190101001	刘丽	女	20	0101
20190101002	张林	男	21	0101

【例 2.2】查询年龄小于或等于 20 岁的 0101 号专业所有学生的基本情况。

同理，本题要查询的是 student 关系中同时满足条件"sage<=20"和"mno='0101'"的那些元组，即有

$$\sigma_{\text{sage}<=20 \wedge \text{mno}='0101'}(\text{student}) \quad 或 \quad \sigma_{4<=20 \wedge 5='0101'}(\text{student})。$$

结果如表 2.17 所示。

表 2.17　例 2.2 的结果

sno	sname	ssex	sage	mno
20190101001	刘丽	女	20	0101

2．投影

投影（Projection）也是一个单目运算，其结果是从参与运算的关系中选择给定的若干属性所构成的一个新关系，记作

$$\pi_A(R) = \{t[A] \mid t \in R\}，$$

其中，A 为 R 中的属性（或属性组）。和选择不同，投影从属性（列）的角度进行运算。

【例 2.3】查询所有学生的学号和姓名。

本题要查询的学生学号和姓名信息分别记录在 student 关系的 sno 和 sname 属性中。由于查询的只是 student 关系的这两个属性，并且要输出的是所有元组（没有选择条件），因此，本题只需在 student 关系的这两个属性上做一投影操作即可，即有

$$\pi_{\text{sno,sname}} (\text{student}) \quad \text{或} \quad \pi_{1,2} (\text{student})。$$

结果如表 2.18 所示。

表 2.18　例 2.3 的结果

sno	sname
20190101001	刘丽
20190101002	张林
20190102001	李宏
20200102001	孙明

【例 2.4】查询学生表中有哪些专业。

本题要查询的是 student 关系的 mno 属性，即有

$$\pi_{\text{mno}} (\text{student}) \quad \text{或} \quad \pi_5 (\text{student})。$$

结果如表 2.19 所示。

表 2.19　例 2.4 的结果

mno
0101
0102

由于只保留了关系的部分列，因此可能会出现重复行，投影结果应消除这些重复行，如表 2.19 所示。

3．连接

广义笛卡儿积会产生大量无效元组，为了避免出现无效元组，只有满足一定条件才允许将对应的元组进行拼接，这就是连接操作。

连接（Join），也称 θ **连接**，是从两个关系的广义笛卡儿积中选择属性间满足一定条件的元组所构成的一个新关系，或者说，两个关系的元组只有相应分量的取值满足一定条件时才能拼接成为新关系中的元组，记作

$$R \underset{A\theta B}{\infty} S = \{(t_r t_s) \mid t_r \in R \wedge t_s \in S \wedge t_r[A]\theta t_s[B]\} = \sigma_{R.A\theta S.B}(R \times S)，$$

其中，A 和 B 分别为 R 和 S 中可比较的属性（组），θ 是比较运算符，如=、<=、>等。R 中元组 t_r 在属性（组）A 上的取值 $t_r[A]$ 和 S 中元组 t_s 在属性（组）B 上的取值 $t_s[B]$ 只有满足条件 $t_r[A]\theta t_s[B]$ 时才能拼接成为 $R \underset{A\theta B}{\infty} S$ 中的元组 $(t_r t_s)$。

连接运算中有两种常用的连接，即等值连接（Equi-Join）和自然连接（Natural Join）。θ 为 "=" 的连接运算，称为**等值连接**，即有

$$R \underset{A=B}{\infty} S = \{(t_r t_s) \mid t_r \in R \wedge t_s \in S \wedge t_r[A] = t_s[B]\}。$$

自然连接是一种特殊的等值连接，它要求两个关系中进行等值比较的属性（组）必须是相同的属性（组），不但数据类型可比较，而且属性名也应相同；此外，自然连接的结果还要把重复的属性去掉。若 R 和 S 具有相同的属性（组）B，则它们的自然连接记作

$$R \infty S = \{(t_r t_s[\overline{B}]) \mid t_r \in R \wedge t_s \in S \wedge t_r[B] = t_s[B]\}，$$

其中，$t_s[\overline{B}]$ 表示在 t_s 中去掉和 t_r 重复的 B 分量。

【例 2.5】设有图 2.4（a）和图 2.4（b）所示的两个关系 R 和 S，则不同连接的结果分别如图 2.4（c）～图 2.4（e）所示，其中，图 2.4（c）是一个一般连接的结果，图 2.4（d）

是一个等值连接的结果，图 2.4（e）是一个自然连接的结果。

R

A	B	C
a1	b1	4
a2	b3	6
a3	b5	8
a4	b7	12

（a）

S

B	E
b1	3
b2	7
b3	9
b4	3
b5	3

（b）

$R \underset{C<E}{\infty} S$

A	$R.B$	C	$S.B$	E
a1	b1	4	b2	7
a1	b1	4	b3	9
a2	b3	6	b2	7
a2	b3	6	b3	9
a3	b5	8	b3	9

（c）

$R \underset{R.B=S.B}{\infty} S$

A	$R.B$	C	$S.B$	E
a1	b1	4	b1	3
a2	b3	6	b3	9
a3	b5	8	b5	3

（d）

$R \infty S$

A	B	C	E
a1	b1	4	3
a2	b3	6	9
a3	b5	8	3

（e）

图 2.4　连接运算

图 2.4（e）和图 2.4（d）的连接条件相同，不同之处在于图 2.4（e）去掉了重复属性 B，在保证不丢失任何信息的情况下会使结果更加简洁。

【例 2.6】查询选修了课程的学生及其选修课程的基本情况。

本题要查询的学生基本情况和课程基本情况分别记录在 student 和 course 关系中，但它们需要通过 score 关系才能连接在一起（连接条件分别是学号相等和课程号相等，如图 2.5 所示）。因此，本题需要将这 3 个关系做一自然连接，即有

$$student \infty score \infty course。$$

结果如表 2.20 所示。

图 2.5　student、course 和 score 之间的关系

表 2.20　例 2.6 的结果

sno	sname	ssex	sage	mno	cno	cname	ccredit	grade
20190101001	刘丽	女	20	0101	101	高等数学	4	86
20190101001	刘丽	女	20	0101	201	C 语言程序设计	4	82
20190101001	刘丽	女	20	0101	202	数据结构	4	89
20190101002	张林	男	21	0101	101	高等数学	4	78
20190101002	张林	男	21	0101	201	C 语言程序设计	4	56

4．除

若要查询选修了某些课程的学生，并且这些课程不能明确地一一列举出来，而只是满足了给定特征（或具有了相同性质）的一组课程，如"刘丽"选修的全部课程，这种情况下仅用选择操作是远远不够的，因为选择条件无法明确给出，这时可以用除（Division）运算。

给定关系 $R(X, Y)$ 和 $S(Y, Z)$，即 R 和 S 具有相同的属性（组）Y，R 与 S 的除运算可以得

到一个新关系 $P(X)$，P 是 R 中满足以下条件的元组在属性（组）X 上的投影：元组在 X 上的取值 x 对应的 Y 值集合（记作 x 映射到 Y 上的象集 Y_x）包含 S 在 Y 上投影的集合。记作

$$R \div S = \{ t_r[X] \mid t_r \in R \wedge \pi_Y(S) \subseteq Y_x \}。$$

在上面的例子中，只要能将满足给定特征的一组课程用表达式描述出来（不需要一一列举），就可以用除运算来查询选修了这些课程的学生，即选修的课程集合（该学生映射到课程上的象集）能够包含选修这些课程的那些学生。因此，除运算里面隐含了集合包含关系。

【例 2.7】查询至少选修了 101 和 202 两门课程的学生学号。

微课：例 2.7

本题要查询的学生学号和查询条件中的课程号信息分别记录在 score 关系的 sno 和 cno 属性中（score 关系体现的就是本题所说的选课联系）。题目中的两个查询条件可分别写成 cno='101'和 cno='202'，根据题目要求，它们之间是"∧（and）"的关系，然而，"cno='101'∧cno='202'"显然是不可能成立的。因此，下面的表达式是错误的：

$$\pi_{\text{sno}}(\sigma_{\text{cno='101'} \wedge \text{cno='202'}}(\text{score}))。$$

若要用选择运算，需要用到集合的交运算，即有

$$\pi_{\text{sno}}(\sigma_{\text{cno='101'}}(\text{score})) \cap \pi_{\text{sno}}(\sigma_{\text{cno='202'}}(\text{score}))。$$

如果条件里的课程门数很多，或者根本无法一一列举，该解法就会出问题。若用除运算，需要先将查询条件中的所有课程号组建为一个临时关系（集合）K，如表 2.21 所示。

表 2.21　临时关系（集合）K

cno
101
202

然后利用 score 关系构造从 sno 到 cno 的映射（代表了学生的选课行为，构造方法很简单：将 score 关系在这 2 个属性上做一投影操作，得到仅包含这 2 个属性的一个关系即可，如表 2.22 所示），如果某个 sno 值映射到 cno 属性上的象集（即为该生选修的课程号集合）包含了 K，那么就说明该学生选修了 K 中的这 2 门课程。因此有

$$\pi_{\text{sno,cno}}(\text{score}) \div K。$$

表 2.22　$\pi_{\text{sno,cno}}(\text{score})$ 的结果

sno	cno
20190101001	101
20190101001	201
20190101001	202
20190101002	101
20190101002	201

如表 2.22 所示，在 $\pi_{\text{sno,cno}}(\text{score})$ 中，sno 一共有两个值{20190101001, 20190101002}，其中，

20190101001 的象集为{101, 201, 202}，

20190101002 的象集为{101, 201}。

显然，只有 20190101001 的象集{101, 201, 202}包含了 K，所以有

$$\pi_{\text{sno,cno}}(\text{score}) \div K = \{20190101001\}。$$

2.2.3　综合实例

下面再以表 2.13～表 2.15 所示的学生选课数据库为例，给出几个综合实例。

【例 2.8】查询选修了"数据结构"课程的学生学号。

首先，本题要查询的学生学号记录在 student 关系的 sno 属性或 score 关系的 sno 属性中。

其次，本题有一个查询条件，即选修的课程名是"数据结构"，在 course 关系的 cname 属性上实现，可表达为 cname='数据结构'。

如果用 student 关系中的 sno 属性的话，还需要 score 关系将 student 和 course 连接起来（另外，score 关系体现的就是本题所说的选课联系）。而如果用 score 关系中的 sno 属性的话，就不需要 student 关系了。考虑到查询效率，尽量用较少的关系来完成查询请求，查询过程如图 2.6 所示。

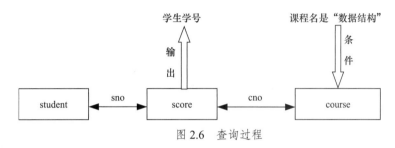

图 2.6　查询过程

解法一　先将 score 和 course 这 2 个关系自然连接起来，连接后的大表就拥有了本题涉及的所有属性（即 sno 和 cname）和联系（即选课联系），对这张大表执行简单的选择和投影操作即可，

$$\pi_{sno}(\sigma_{cname='数据结构'}(score \infty course))。$$

解法二　如图 2.6 所示，由于查询条件所在的 course 关系是通过 cno 属性和最终输出所在的 score 关系发生联系的，因此，首先要获得满足查询条件的 cno，

$$\pi_{cno}(\sigma_{cname='数据结构'}(course))。$$

有了满足查询条件的 cno，它和 score 关系自然连接（连接条件即为课程号相等）就可以获得相应的 sno，

$$\pi_{sno}(\pi_{cno}(\sigma_{cname='数据结构'}(course)) \infty score)。$$

这两个表达式都可以完成该查询请求，但解法二的执行效率更高一些，因为在连接操作之前通过选择和投影把 course 关系中与后续操作无关的数据都去掉了，使参加自然连接的只是 course 关系的一个单行单列的子集合。在同等条件下，小表连接的执行效率会更高一些。按照这个优化思路，我们同样可以把解法一改造为解法二。

结果如表 2.23 所示。

表 2.23　例 2.8 的结果

sno
20190101001

【例 2.9】查询选修了全部课程的学生学号和姓名。

由于全部课程不能明确地一一列举出来，所以本题不能简单地用选择操作。如果某名学生选修的课程号集合（即该学生学号在课程号上的象集，这需要构造从学号到课程号的

映射，即选修表在学号和课程号上的投影）包含了全部课程号这个集合（即课程表在课程号上的投影），那么这名学生就满足了本题的要求。因此，需要用除运算来获得满足查询条件的学号和姓名（需要和学生表自然连接），即有

$$\pi_{\text{sno,cno}}(\text{score}) \div \pi_{\text{cno}}(\text{course}) \infty \pi_{\text{sno,sname}}(\text{student})。$$

结果如表 2.24 所示。

表 2.24　例 2.9 的结果

sno	sname
20190101001	刘丽

【例 2.10】查询没有选修 202 号课程的学生学号。

直观地分析，这里有一个查询条件（即选修的课程号不等于 202），可以用选择操作

$$\pi_{\text{sno}}(\sigma_{\text{cno} \neq '202'}(\text{score})) \quad 或 \quad \pi_{\text{sno}}(\sigma_{\neg\text{cno}='202'}(\text{score}))。$$

事实上，这是错误的！由于一名学生可以选修多门课程，所以一个学号（sno）可以出现在 score 关系的多个元组中。如果一名学生选修了包括 202 号课程在内的多门课程，那么选择的结果将依然保留该生的学号。

换一个角度去考虑这个问题，如果我们能够获得选修了 202 号课程的学生学号的话，那么从全部学号集合中去掉这部分学号，剩下的就是没有选修 202 号课程的学生学号。因此，正确的表达式应为

$$\pi_{\text{sno}}(\text{student}) - \pi_{\text{sno}}(\sigma_{\text{cno}='202'}(\text{score}))。$$

结果如表 2.25 所示。

表 2.25　例 2.10 的结果

sno
20190101002

以上介绍了 8 种关系代数运算，其中，并、差、广义笛卡儿积、选择和投影是基本运算，其他 3 种运算（交、连接和除）都可以用这 5 种基本运算推导出来，引进这 3 种运算只是为了简化表达，并没有提高语言的能力。

2.3　关系数据库设计

数据库设计是针对一个具体的应用环境，设计优化的数据库逻辑结构和物理结构，并据此建立数据库及其应用系统，使之能够有效地存储、管理和利用数据，满足各种用户的应用需求（包括数据需求、处理需求、安全性和完整性需求等）。也就是说，数据库设计不但要建立数据库，还要建立基于数据库的应用系统，即设计整个数据库应用系统，这是对数据库设计的广义理解。本书主要讨论狭义的数据库设计，即设计数据库本身，或者说，设计数据库的各级模式并据此建立数据库。

数据库设计应该和应用系统设计结合起来，一方面，数据库中存储什么样的数据以及它们以什么样的结构组织在一起决定了应用系统能够实现哪些功能以及它们的执行效率如何，从这个意义上讲，数据就是"下锅的米"。另一方面，具体应用需求还能用来对数据库的结构进行有针对性的优化，例如，为提高登录操作的执行效率（它对用户的满意度影响

很大），可以把该操作涉及的用户名和密码这 2 个属性从用户表中分解出来单独建表；对于经常放在一起查询的不同表中的属性，考虑是否能将其合并并存储在同一个节点上；为经常出现在查询条件中的属性建立索引，等等。数据库设计和应用系统设计相结合，或者说，结构（数据）设计和行为（处理）设计相结合，是数据库设计的一个基本特点。

2.3.1　数据库设计的步骤

早期的数据库设计没有现成的规范可循，设计人员完全凭自己的经验和技巧自主地设计数据库，设计质量难以保证，这种方法叫作手工试凑法。为此，30 多个国家的数据库专家于 1978 年 10 月在美国新奥尔良市专门讨论了数据库设计问题，提出了数据库设计的规范，这就是著名的新奥尔良方法。

新奥尔良方法属于规范设计法，即运用软件工程思想，将设计过程分为若干阶段和步骤，按照工程化的方法设计数据库。新奥尔良方法将数据库设计分成需求分析、概念设计、逻辑设计和物理设计 4 个步骤。规范设计法从本质上来说仍然是手工设计方法，其基本思想是过程迭代和逐步求精。目前已有一些工具软件可以辅助设计人员完成数据库设计过程中的很多任务，这样的工具软件统称为 CASE（Computer-Aided Software Engineering，计算机辅助软件工程），例如，Oracle 公司的 Designer、Sybase 公司的 PowerDesigner、Microsoft 公司的 Vision、CA 公司的 ERWin、Rational 公司的 Rational Rose 等。

按照规范设计法，目前人们通常把数据库设计的全过程分为以下 6 个基本阶段，如图 2.7 所示。

（1）需求分析。

（2）概念结构设计。

（3）逻辑结构设计。

（4）物理结构设计。

（5）数据库实施。

（6）数据库运行和维护。

在这 6 个阶段中，需求分析和概念结构设计可以独立于任何数据库管理系统，因此，在设计的初期，并不急于确定到底采用哪一种数据库管理系统，从逻辑结构设计阶段开始才需要选择一种具体的数据库管理系统。

如图 2.7 数据库设计步骤图所示，需求分析阶段搜集到的用户需求在概念结构设计阶段形成独立于任何数据库管理系统的概念模型（通常用 E-R 图表达），然后在逻辑结构设计阶段将其转换为某一数据库管理系统支持的数据模型（如关系模型），并在此基础上为不同用户/应用建立必要的视图，从而形成数据库的模式和外模式。在物理结构设计阶段，根据所用数据库管理系统的特点和用户的处理需求，进行合理的物理存储安排、建立必要的索引等，从而形成数据库的内模式。数据库各级模式的形成如图 2.8 所示。

数据库的设计需要多种人员在不同阶段参与进来，包括系统分析人员、数据库设计人员、数据库管理员、应用开发人员和用户。系统分析人员和数据库设计人员是数据库设计的核心人员，他们将自始至终参与数据库的设计，他们的水平直接决定了数据库系统的质量。由于需要对数据库进行全面的管理、控制和维护，数据库管理员也需要参与数据库设计的全过程。

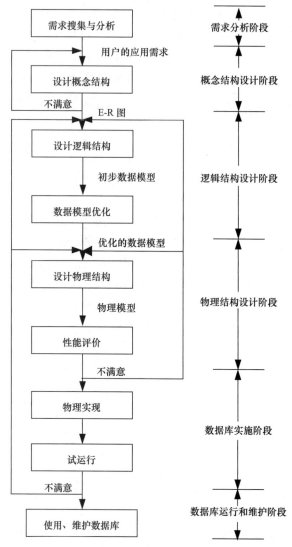

图 2.7 数据库设计步骤图

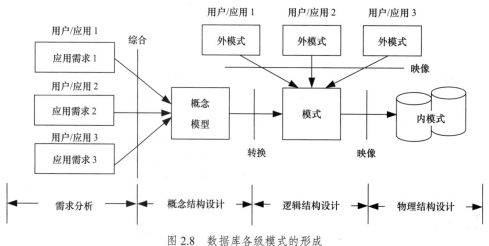

图 2.8 数据库各级模式的形成

应用开发人员（包括程序员和操作员）在数据库实施阶段参与进来，负责编制程序和准备软硬件环境。用户在需求分析阶段和概念结构设计阶段参与进来，使设计人员能准确把握用户的各种需求，并设计出用户认可的概念模型。此外，设计出来的数据库最终还要交给用户正式运行，因此，用户还要参与数据库的运行和维护阶段。

1. 需求分析阶段

进行数据库设计首先必须准确了解和分析各种用户的应用需求。需求分析是整个设计过程的基础和起点，需求分析做得是否充分与准确，决定了在此基础上建立的数据库能否有效地实现既定目标。需求分析做得不好，会影响到数据库的合理性和实用性，甚至会导致整个数据库设计返工重做。

需求分析阶段通过调查、搜集和分析，获得用户对数据库的以下需求。

（1）数据需求。指用户需要从数据库中获取哪些数据，或者说，数据库中需要存储哪些数据，这直接决定了系统能够实现哪些功能。系统中的数据通常表现为客观对象固有的数据（例如，在学校中，每名学生就是一个客观对象，具有学号、姓名、性别和年龄等数据项，在概念模型中抽象为实体及其属性）和客观对象之间业务活动所产生的数据（例如，在学校中，一名学生参加了某个社团，这个业务活动就会产生一条参加记录，除了学生和社团的唯一标识——学号和社团名称，还包括参加时间和身份等数据项，在概念模型中抽象为联系及其属性）。把握系统的业务流程和各用户具有的功能反过来可以确定数据库需要存储哪些数据。因此，除了对需求分析阶段搜集的数据进行描述的元数据（Meta Data，表达为数据字典），需求分析阶段通常还需要通过数据流图、业务流程图、用例图等图表来进一步印证其数据需求是否完备。

（2）处理需求。指用户需要数据库实现哪些处理功能（如经常要对哪些数据做哪些操作），以及对处理的响应时间和处理方式有什么样的要求等。除了能反过来确定数据库需要存储哪些数据，处理需求还能用来对数据库的逻辑结构和物理结构进行相应的优化。

（3）安全性与完整性需求。由于数据库汇集了整个系统中的所有数据，供各种用户共享，因此，数据的安全性尤为重要。不同用户会有不同的操作权限或安全性要求，需求分析应准确把握各种用户对数据的安全性需求，以实现数据的安全共享。为了使数据符合现实世界的各项规定（如对大学生年龄、成绩、不及格门次的限定），需求分析还应准确把握各种用户对数据的完整性需求。

对用户的以上需求进行分析和表达之后，必须提交给用户，征得用户的认可。

需求分析阶段的一个重要而困难的任务是搜集将来系统或应用可能涉及的数据，设计人员应充分考虑到系统和应用的可扩充性，使系统易于扩充。

2. 概念结构设计阶段

概念结构设计是整个数据库设计的关键，它通过对用户需求进行综合、归纳和抽象，形成独立于任何数据库管理系统的概念模型，通常用 E-R 图表达。

在需求分析阶段得到的应用需求首先应抽象为信息世界中的概念模型，这样才能更准确地用某一数据库管理系统支持的数据模型来实现这些需求，因为和数据模型相比，概念模型更容易被用户理解，能让用户积极地参与到数据库设计中来，这是数据库设计成功的关键。

3. 逻辑结构设计阶段

逻辑结构设计是将概念模型转换为某一数据库管理系统支持的数据模型（如关系模

型），并对其进行优化。除模式外，逻辑结构设计还要根据用户对数据的不同需求建立必要的视图，即外模式。

4．物理结构设计阶段

物理结构设计是为数据模型选取一个最适合应用环境的物理结构，包括存储结构和存取方法，这依赖于具体的数据库管理系统。

不同的数据库管理系统提供的物理环境、存取方法和存储结构有很大差别，为此，需要对在数据库上运行的各种事务进行详细分析，根据所用数据库管理系统提供的存储结构和存取方法，选取一个最适合应用环境的物理结构，使在数据库上运行的各种事务的总体（或期望）响应时间短、存储空间利用率高、事务吞吐率高。

为了提高数据的存取效率，可以为某些属性（如用于表连接的属性、经常出现在查询条件中的属性以及经常需要排序的属性等）建立必要的索引；还可以通过分区、条带化存储、冗余存储等机制利用并行处理技术来提高数据的存取效率；此外，还应根据实际情况将数据的易变部分和稳定部分、经常存取部分和存取频率较低部分分开存放，例如，将日志文件和数据库对象（如表、索引等）分别存放在不同的磁盘上，以改进系统的性能。

在物理结构设计过程中，需要对时间效率、空间效率和维护代价这 3 个方面的因素进行权衡（它们常常是相互矛盾的），可以产生多种方案，数据库设计人员应对其进行细致的评价，从中选取一个较优的方案作为数据库的物理结构。然而，这种评价只是初步的、近似的，在系统试运行的过程中还要根据实际的运行情况做进一步的调整，以切实改进系统的性能。

在目前商用的关系数据库管理系统中，数据库的大部分物理结构都由系统自动完成，用户需要设计的部分已经很少了。此外，数据库管理系统一般都提供了和物理结构相关的系统配置变量，用户只要根据应用环境对其进行相应的赋值，即可实现对数据库的物理优化。初始情况下，系统都为这些变量赋予了合理的默认值，一般无须做太大的改动。实际上，对于小型的数据库，我们很少考虑数据库的物理结构。在应对大数据需求的分布式数据库系统中，如何进行分片和分配，则需要根据数据的实际访问请求进行有针对性的设计，通过适当的冗余存储尽量实现本地访问，这些内容不在本书的讨论范围之内，这里只重点讨论数据库的概念结构设计和逻辑结构设计。

5．数据库实施阶段

在数据库实施阶段，根据逻辑结构设计和物理结构设计的结果，开发人员使用数据库管理系统提供的数据定义语言（如 SQL 中的 CREATE 命令）建立数据库，并编制、调试应用程序，组织数据入库，进行试运行。

由于数据量一般都很大，而且大多来源于系统中的不同部门，甚至数据的结构、命名、格式、类型、单位、取值范围等都有所不同，组织数据入库是一件十分费时、费力的事情。因此，在协商一致的前提下，分期分批地组织数据入库，先输入小批量数据进行调试和试运行，待基本合格后再输入大批量数据，逐步增加数据量，逐步完成运行评价。

在试运行阶段，由于系统尚不稳定，软、硬件故障随时都有可能发生，加之操作员对新系统尚不熟悉，误操作在所难免，因此，首先应调试运行数据库管理系统的转储和恢复功能，做好数据库的转储和恢复工作，尽量减少故障对数据库的破坏。

6．数据库运行和维护阶段

数据库试运行合格后，就可以交付给用户正式运行了。但随着应用环境的不断变化，对数据库的维护工作将是一项长期任务。在数据库运行阶段,对数据库经常性的维护工作主要由数据库管理员负责完成,包括以下内容。

(1)数据库的转储和恢复。数据库管理员应针对不同的应用需求制订不同的转储计划(例如,分别为海量转储和增量转储指定不同的转储周期),以保证一旦发生故障,能尽快地将数据库恢复到故障前某个正确状态,尽可能减少对数据库的破坏。

(2)数据的安全性和完整性控制。随着应用环境的不断变化,对数据安全性的要求也可能发生变化,数据库管理员应根据实际情况修改原有的安全性控制。同样,数据的完整性约束条件也可能发生变化,也需要数据库管理员不断修正,以符合用户对数据的最新规定。

(3)数据库性能的监督、分析与改造。在数据库的运行过程中,数据库管理员还要监督系统的运行,对监测数据进行分析,找出系统性能下降的原因和改进方法。

(4)数据库的重组织和重构造。随着数据的不断插入、删除和修改,数据库的物理存储情况会变坏,数据库性能下降,这时,数据库管理员需要对数据库进行重组织,如重新安排存储位置、回收垃圾等。当应用环境发生了变化,如增加了新的应用或新的实体、取消了某些应用、实体间的联系发生了变化等,会使原有的数据库设计不能满足新的情况时,数据库管理员就需要对数据库的逻辑和物理结构进行部分调整,这就是数据库的重构造。

需要指出的是,设计一个完善的数据库应用系统往往需要不断反复进行以上 6 个阶段。

2.3.2 概念结构设计

概念结构设计是将用户需求抽象为概念模型(或称概念结构)的过程,是整个数据库设计的关键。其核心在于从客观世界中抽取系统需要记录的众多实体(进一步抽象为实体型)及其联系,然后以用户容易理解的格式(如 E-R 图)表达出来,以便征得用户的认可。依托 E-R 图进行数据库设计的方法就是人们常用的基于 E-R 图的数据库设计方法。

概念结构设计通常有以下 4 种方法。

(1)自顶向下,即首先定义全局概念模型的框架,然后逐步细化到各局部应用中。

(2)自底向上,即首先定义各个局部应用的局部概念模型,然后将它们集成起来,得到全局概念模型。

(3)逐步扩张,即首先定义最重要的核心概念模型,然后向外扩张,逐步生成全局概念模型。

(4)混合策略,即自顶向下和自底向上相结合,首先用自顶向下策略定义一个全局概念模型框架,然后以它为骨架集成用自底向上策略定义的各个局部概念模型。

其中,最常用的策略是自底向上方法,即自顶向下地进行需求分析,然后再自底向上地设计概念模型。因此,概念结构设计可分为以下两个步骤,如图 2.9 所示。

(1)根据需求分析的结果,为每一个局部应用(或称之为子系统)设计相应的

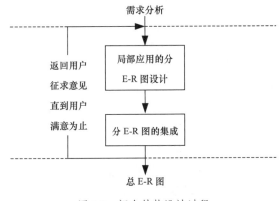

图 2.9　概念结构设计过程

局部概念模型（仅是局部用户的数据视图，有时又称局部视图），相应的 E-R 图被称为分 E-R 图。

（2）将这些局部概念模型集成为一个全局概念模型（即总 E-R 图，对系统中数据的整体结构进行描述），并对其进行验证，以确保该全局概念模型的一致性，满足需求分析阶段确定的所有用户需求，并最后征得用户的认可。

下面以学生信息管理系统为例，具体说明概念结构设计的全过程。为简单起见，本系统仅考虑第 1 章所述的教务部门、学工部门和团学部门分别使用的学生选课信息管理、学生个人信息管理和学生社团信息管理 3 个子系统。

微课：学生选课信息管理子系统

1．学生选课信息管理子系统

学生选课信息管理子系统主要用于教务部门对学生的选课及成绩信息进行管理。学校只有一种类型的学生，每名学生有唯一的一个学号，还有姓名、班级、专业和年级等与选课及成绩信息管理相关的属性。学校开设了多门课程，每门课程有唯一的一个课程号，还有课程名和学分等与选课及成绩信息管理相关的属性。学生可以根据课程的学分信息进行选课，一名学生可以选修多门课程，一门课程可由多名学生选修。一名学生选修了某门课程，系统就会产生一条选课记录，以记录该选课行为，并在考试结束后记录该选课产生的最终成绩，供学生网上查询。为简单起见，假设学生在选课时不考虑老师的因素（具体由哪个老师给哪个班级讲授哪门课程是另外一个派课管理子系统的任务）。

首先，根据用户需求，分析潜在的实体。实体通常是需求文档中的中心名词（即客观对象，是系统存在的物质基础），主要业务活动都是围绕它们展开的。显然，可以找出学生和课程这 2 个实体型（众多学生实体抽象为一个学生实体型，众多课程也抽象为一个课程实体型），因为该子系统的主要业务活动——课程的选修与成绩的查询都是围绕这 2 个实体型展开的。每一个实体型都由若干个属性进行描述，如学号、姓名、班级、专业和年级都是学生的属性，其中具有唯一标识作用的属性即为码，如学号是学生的码。在学生的这些属性中，班级和专业也是客观对象，也可以被抽象为实体，但在该子系统中仅作为学生的属性处理。

在不同的应用中，同一个客观对象可能有不同的抽象级别，例如，上述的班级和专业，既可以抽象为属性，也可以抽象为实体。为了简化 E-R 图，尽量减少实体数量，凡满足以下两条准则的客观对象，一般都作为属性处理。

（1）属性必须是不可再分的数据项，即属性不能再有需要进一步描述的性质。

（2）属性不能与其他实体发生联系，即联系都是发生在实体和实体之间。

例如，如果专业还有需要进一步描述的性质，如专业名称和专业人数等，那么专业就不能再作为学生的属性了，而要抽象为一个独立的实体（还需要添加一个具有唯一标识作用的属性作为该实体的码），学生和专业之间就是实体和实体之间的联系；或者如果还需要描述专业和专业负责人之间的管理联系的话，那么专业也要抽象为一个独立的实体，如图 2.10 所示（其中，实体的码用下画线标明，下同）。

其次，根据用户需求，确定实体之间的联系。实体之间的联系通常是需求文档中的中心动词，表示实体之间的隶属关系或行为，并且需要系统用数据来记录该隶属关系或行为本身，它反映了系统的组织结构或业务活动。显然选课就是学生和课程这 2 个实体型之间的一个多对多联系，因为系统不但需要通过一条选课记录来记录该选课行为，而且该选课行为还会产生新的数据，即成绩。学生对成绩的查询也是一个业务活动，但它不能看作实体之间的联系，因为系统无须记录这个查询行为，同时成绩也没有需要进一步描述的性质，因此该查询行为只是对成绩属性执行的一个数据操作而已。

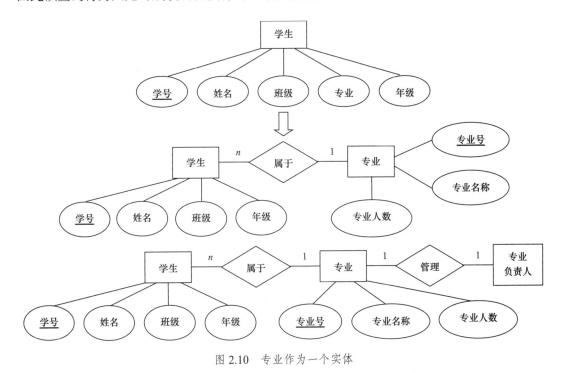

图 2.10　专业作为一个实体

综上所述，学生选课信息管理子系统的 E-R 图（分 E-R 图 1）如图 2.11 所示。

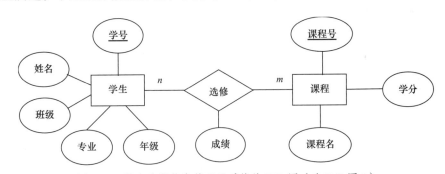

图 2.11　学生选课信息管理子系统的 E-R 图（分 E-R 图 1）

2. 学生个人信息管理子系统

学生个人信息管理子系统主要用于学工部门对学生的个人信息及其奖惩情况进行管理。学工部门需要处理的学生个人信息包括每名学生的学号、姓名、性别、出生日期、民族、政治面貌、联系电话、班级、专业、年级、家庭住址、家长姓名及其联系电话等，此外，还要处理学生的奖惩情况，包括每次奖励的时间、级别、内容、等级和授予单位等，以及每次惩罚的时间、原因、等级和撤销时间等。

由于奖励和惩罚都有需要进一步描述的性质，因此需要抽象为独立的实体（它们的属性不同，应抽象为不同的实体，此外，还需要分别添加一个具有唯一标识作用的属性作为各自实体的码），它们和学生之间都存在一对多的隶属联系，为了相互区分，将其分别命名为荣获和接受。该子系统的 E-R 图（分 E-R 图 2）如图 2.12 所示（由于这 3 个实体型的属性都比较多，为了使 E-R 图尽量清晰、简洁，可以将这 3 个实体型的属性分开单画）。

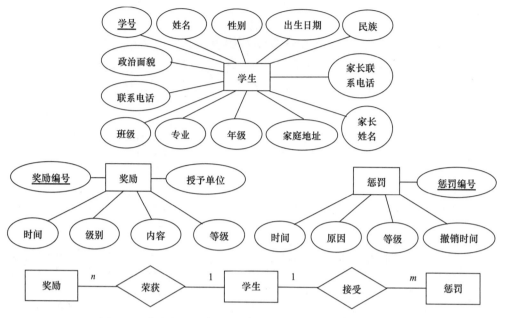

图 2.12　学生个人信息管理子系统的 E-R 图（分 E-R 图 2）

3. 学生社团信息管理子系统

学生社团信息管理子系统主要用于团学部门对学生参加社团的信息进行管理。团学部门需要记录每个社团的社团名称（社团的唯一标识）、社团宗旨和成立时间等基本信息，以及每个社团中每名成员的成员编号、姓名、性别、政治面貌和联系电话等与该局部应用相关的属性，及其参加社团的时间和身份等。每个社团有若干名成员，每名成员同时可以参加多个社团。

显然，该子系统存在社团和成员 2 个实体型，它们之间存在多对多的参加联系。该子系统的 E-R 图（分 E-R 图 3）如图 2.13 所示。

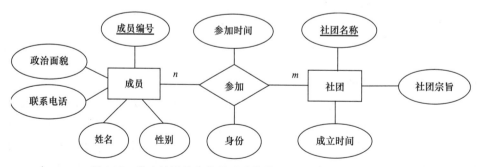

图 2.13　学生社团信息管理子系统的 E-R 图（分 E-R 图 3）

4. 分 E-R 图的集成

各个局部应用的分 E-R 图设计好之后，下一步就是将所有的分 E-R 图集成为一个总 E-R 图。分 E-R 图的集成也需要分以下两个步骤。

- 合并。解决各分 E-R 图之间的冲突,将各分 E-R 图合并起来,生成初步 E-R 图。
- 修改和重构。消除不必要的冗余,生成总 E-R 图。

(1)合并分 E-R 图,生成初步 E-R 图

由于各个局部应用面向的问题不同,用户的需求和习惯不同,设计人员通常也不尽相同,因此,各个分 E-R 图之间可能会存在许多不一致的地方,我们称之为冲突。在合并分 E-R 图的时候,必须解决这些冲突,因为数据库是一个语义上一致的数据存储。

分 E-R 图 3 中的成员实体及其成员编号属性其实就是分 E-R 图 1 和分 E-R 图 2 中的学生实体及其学号属性,只是命名不同而已(用户习惯不同所致,随后在为用户设计视图时需要考虑用户的这些习惯),这种冲突称为**命名冲突**。解决办法是通过协商使它们一致起来,在本例中,成员实体改名为学生实体,成员编号属性改名为学号属性。

此外,学生实体在这 3 个子系统中分别包含了不同的属性(用户需求不同所致,随后在为用户设计视图时需要考虑用户的这些需求),这种冲突称为**结构冲突**,解决办法是取它们的并集作为学生实体的属性。因为最终设计出来的数据库要供所有应用和所有用户共享。

除了上述 2 类冲突,有些子系统在合并时还存在另外一类冲突,即**属性冲突**。例如,有些部门习惯采用出生日期的形式来表示年龄,还有一些部门则习惯采用正整数(单位为岁)来表示年龄。解决办法也是通过协商使其一致起来。在本例中不存在属性冲突。

(2)消除不必要的冗余,生成总 E-R 图

在初步 E-R 图中,虽然解决了冲突,但还可能存在一些冗余数据和冗余联系。冗余数据是指可由基本数据导出的数据,冗余联系是指可由其他联系导出的联系。冗余数据和冗余联系容易破坏数据的完整性,给数据库的更新和维护增加困难,在多数情况下应予以消除。

例如,在图 2.14 所示的 E-R 图中,学生和专业之间的"属于 3"联系就是一个冗余联系,因为它可以由学生和班级之间的"属于 1"联系以及班级和专业之间的"属于 2"联系推导出来;专业人数 n_s 是一个冗余数据,因为它可以由班级人数 n_c 求和得到。

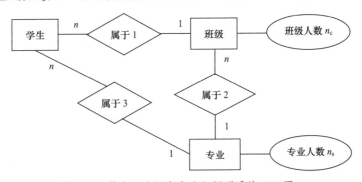

图 2.14 学生、班级和专业之间联系的 E-R 图

当然,并不是所有的冗余数据和冗余联系都必须予以消除。有时为了提高查询效率,需要以保留一定的数据冗余作为代价。假设某些部门经常要查询某个专业的学生人数(即 n_s),如果每次查询都要对该专业所拥有班级的学生人数(即 n_c)进行求和,那么查询效率就太低了。为此,可以考虑保留专业人数 n_s,每当修改 n_c 后,就激活相应的触发器(由系统自动执行的一段代码),对 n_s 做同步更新。

本例不存在冗余数据和冗余联系。

集成后的总 E-R 图（因篇幅有限，这里省略了各个实体的属性）如图 2.15 所示。

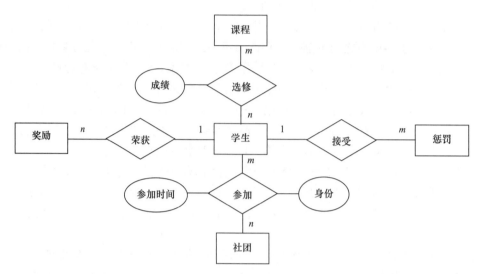

图 2.15　学生信息管理系统的总 E-R 图

将局部概念模型集成为一个全局概念模型后，还需要对这个全局概念模型做进一步的验证，以确保它能满足以下 3 个条件。

（1）全局概念模型内部具有一致性，不存在相互矛盾。

（2）全局概念模型应能准确反映原来的每一个局部概念模型。

（3）全局概念模型应能满足需求分析阶段确定的所有用户需求。

2.3.3　逻辑结构设计

概念模型是独立于任何一种数据库管理系统的、更加抽象的模型，若要在计算机上实现数据库，还需选择一种具体的数据库管理系统，将概念模型（即概念结构设计阶段得到的总 E-R 图）转换为数据库赖以计算机实现的、该数据库管理系统支持的逻辑模型（如关系模型），这一过程就是逻辑结构设计。

由于目前设计的数据库应用系统大都采用关系数据库管理系统，因此，这里只讨论 E-R 图向关系模型的转换：将总 E-R 图中的各个实体以及实体和实体之间的联系转换为若干个关系模式，并确定其中的属性和码。

E-R 图向关系模型的转换需要遵循以下原则。

1．实体的转换

一个实体型转换为一个关系模式，关系模式的属性就是该实体的属性，关系模式的码就是该实体的码。因此，本例中的 5 个实体型（见图 2.15）分别转换为以下 5 个关系模式（其中，主码用下画线标明，下同）。

学生（<u>学号</u>，姓名，性别，出生日期，民族，政治面貌，联系电话，
　　　班级，专业，年级，家庭住址，家长姓名，家长联系电话），

课程（<u>课程号</u>，课程名，学分），

奖励（<u>奖励编号</u>，时间，级别，内容，等级，授予单位），

惩罚（惩罚编号，时间，原因，等级，撤销时间），

社团（社团名称，社团宗旨，成立时间）。

2．二元联系的转换

（1）一对一联系

有以下两种转换方法。

- 转换为一个独立的关系模式，关系模式的属性包括与该联系相连的两端实体的码以及联系本身的属性，关系模式的码可以是任何一端实体的码。
- 可以和任何一端实体转换得到的关系模式合并，即在被合并的关系模式中增加与该联系相连的另一端实体的码（将作为外码存在于被合并的关系模式中）以及联系本身的属性，合并后的关系模式的码保持不变。

例如，专业负责人和专业之间具有一对一的管理联系（见图 2.16），则它们可以转换为以下 3 个关系模式（其中，外码用斜体标明，下同）。

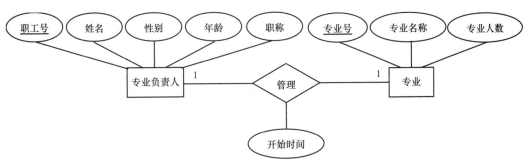

图 2.16　专业负责人和专业之间的管理联系

专业负责人（职工号，姓名，性别，年龄，职称），

专业（专业号，专业名称，专业人数），

管理（专业号，*职工号*，开始时间）　或　管理（职工号，*专业号*，开始时间）。

也可以转换为两个关系模式。

专业负责人（职工号，姓名，性别，年龄，职称，*专业号*，开始时间），

专业（专业号，专业名称，专业人数），

或

专业负责人（职工号，姓名，性别，年龄，职称），

专业（专业号，专业名称，专业人数，*职工号*，开始时间）。

为了简化数据库的结构，减少关系的个数，同时尽量避免执行相对耗时的连接运算，人们通常将一对一联系和某一端实体转换得到的关系模式合并，那么和哪一端的关系模式合并会更好一些呢？这需要由具体的应用环境而定。例如，如果经常根据专业号来查询专业负责人的基本信息，则倾向于将管理联系和专业负责人关系合并；如果经常根据专业负责人的职工号来查询专业的基本信息，则倾向于将管理联系和专业关系合并，其目的是尽量减少连接运算，提高查询效率。

（2）一对多联系

有以下两种转换方法。

- 转换为一个独立的关系模式，关系模式的属性包括与该联系相连的两端实体的码以

及联系本身的属性，关系模式的码只能是 n 端实体的码。

- 可以和 n 端实体转换得到的关系模式合并，即在 n 端实体转换得到的关系模式中增加与该联系相连的另一端实体（即 1 端实体）的码（将作为外码存在于被合并的关系模式中）以及联系本身的属性，合并后的关系模式的码保持不变。

在本例中，学生和奖励之间具有一对多的荣获联系（见图 2.15），则它们可以转换为以下 3 个关系模式。

学生（<u>学号</u>，姓名，性别，出生日期，民族，政治面貌，联系电话，
班级，专业，年级，家庭住址，家长姓名，家长联系电话），
奖励（<u>奖励编号</u>，时间，级别，内容，等级，授予单位），
荣获（<u>奖励编号</u>，*学号*）。

也可以转换为两个关系模式。

学生（<u>学号</u>，姓名，性别，出生日期，民族，政治面貌，联系电话，
班级，专业，年级，家庭住址，家长姓名，家长联系电话），
奖励（<u>奖励编号</u>，时间，级别，内容，等级，授予单位，*学号*）。

同理，人们通常采用第二种转换方法。如果和 1 端实体转换得到的关系模式合并，则会使规范程度下降、数据冗余度增加、潜在的异常问题增多。

（3）多对多联系

只有一种转换方法，即转换为一个独立的关系模式，关系模式的属性包括与该联系相连的两端实体的码以及联系本身的属性，关系模式的码由这两个实体的码共同组成，在这个独立的关系模式中，它们也都是外码。

在本例中，学生和社团之间具有多对多的参加联系（见图 2.15），则它们可以转换为以下 3 个关系模式。

学生（<u>学号</u>，姓名，性别，出生日期，民族，政治面貌，联系电话，
班级，专业，年级，家庭住址，家长姓名，家长联系电话），
社团（<u>社团名称</u>，社团宗旨，成立时间），
参加（<u>*学号*</u>，*社团名称*，参加时间，身份）。

同理，参加联系不能和任何一端实体转换得到的关系模式合并。

3. 多元联系的转换

和二元联系中的多对多联系一样，多元联系（3 个或 3 个以上实体型之间的联系）也只有一种转换方法，即转换为一个独立的关系模式，关系模式的属性包括与该联系相连的各端实体的码以及联系本身的属性，关系模式的码由这些实体的码共同组成，在这个独立的关系模式中，它们也都是外码。

例如，供应商、项目和零件这 3 个实体型之间具有一个多对多的供应联系（见图 1.11），则它们可以转换为以下 4 个关系模式。

供应商（<u>供应商编号</u>，供应商名称，地址，联系电话，……），
项目（<u>项目编号</u>，项目名称，预算，……），
零件（<u>零件编号</u>，零件名称，规格，……），
供应（<u>*供应商编号*</u>，*项目编号*，*零件编号*，供应量）。

4. 一元联系的转换

同一个实体型内部各实体之间联系（一对一、一对多、多对多）的转换规则和二元联

系（一对一、一对多、多对多）的转换规则相同。

例如，学生内部具有一个一对多的领导联系（见图 1.12），则它们可以转换为以下两个关系模式。

学生（学号，姓名，性别，出生日期，民族，政治面貌，联系电话，
班级，专业，年级，家庭住址，家长姓名，家长联系电话），
领导（学号，*班长学号*）。

也可以转换为单个关系模式。

学生（学号，姓名，性别，出生日期，民族，政治面貌，
联系电话，班级，专业，年级，家庭住址，家长姓名，家长联系电话，*班长学号*）。

由于领导联系是一对多联系，因此，可以转换为独立的关系模式，也可以和 n 端实体（即学生）转换得到的关系模式合并，在学生关系中增加 1 端实体（也是学生，但是担任领导职务的班长）的码（也是学号，为了区分，将班长的学号改名为班长学号）。同理，人们通常采用第二种转换方法，其中，班长学号是外码，它参照的是同一个学生关系的主码（即学号）。

5．具有相同码的关系模式可以合并

具有相同码的关系模式是否合并，主要看能否提升重要操作或数据库总体（或期望）的执行效率。

根据以上转换原则，学生信息管理系统的关系模型由以下 7 个关系模式组成。

学生（学号，姓名，性别，出生日期，民族，政治面貌，联系电话，
班级，专业，年级，家庭住址，家长姓名，家长联系电话），
课程（课程号，课程名，学分），
奖励（奖励编号，时间，级别，内容，等级，授予单位，*学号*），
惩罚（惩罚编号，时间，原因，等级，撤销时间，*学号*），
社团（社团名称，社团宗旨，成立时间），
选修（*学号*，*课程号*，成绩），
参加（*学号*，*社团名称*，参加时间，身份）。

除了设计全局逻辑模型，逻辑结构设计阶段还要为具有不同数据需求的用户设计相应的外模式。目前的关系数据库管理系统都提供了视图的概念，用视图来设计外模式。和模式不同，在设计外模式时，主要考虑数据的安全性和用户的使用习惯。

例如，任课老师在输入成绩时只需且只能看到自己所教学生的所教课程成绩，因此，可以为任课老师建立只包含这些数据的一张视图，任课老师拥有对该视图的查询权限和在指定时间内修改其成绩属性的权限。这样，任课老师就不必也不能查询和修改视图之外的其他课程或其他学生的成绩信息了，从而保证了成绩数据的安全性，也方便了任课老师的使用。

为了进一步提高数据库应用系统的性能，还应根据具体的应用需求对设计出来的数据模型进行适当的调整，这就是数据模型的优化。

关系模型的优化通常以规范化理论作为指导，方法如下。

（1）按照规范化理论逐一对关系模式进行分析，确定各关系模式分别属于第几范式，一般情况下，关系模式应达到 3NF（这就是基于 3NF 的数据库设计方法），这一部分内容将在下一小节重点介绍。

（2）根据用户的处理需求，分析这些关系模式是否合适，确定是否要对某些关系模式进行合并或分解。

并不是规范程度越高的关系模式就越好，如果查询经常涉及两个或多个关系模式中的属性时，可以考虑将其合并为一个关系模式，尽量避免由连接运算带来的效率低下，但合并关系模式带来的后果就是规范程度下降、数据冗余度增加、潜在的异常问题增多。因此，对一个具体应用来说，到底规范化到什么程度，需要综合考虑响应时间和潜在问题这两个因素。

（3）对关系模式进行必要的分解，以提高数据操作的效率。常用的两种分解方法是水平分解和垂直分解。

在一个大关系中，如果经常使用的数据只是其中的一小部分，那么就可以考虑把经常使用的那一小部分数据分解出来，形成一个小关系，对小关系的操作效率显然会更高一些，这就是**水平分解**。

同理，在一个大关系中，把经常放在一起使用的那一部分属性也分解出来，形成一个小关系，这就是**垂直分解**。垂直分解可以提高某些操作的效率，但也使另外一些操作不得不执行连接运算，从而降低了效率。因此，是否进行垂直分解需要综合考虑用户的所有处理需求，看能否使重要操作或数据库总体（或期望）执行效率得到提升。

2.3.4 规范化理论

规范化理论不但可以用来指导关系模型的优化，还可以直接用来设计关系模式，这就是基于 3NF 的数据库设计方法。针对一个具体应用，在设计数据库的逻辑结构时，首先要考虑的基本问题就是：应该设计几个关系模式，每个关系模式应该由哪些属性组成，设计好的关系模式是不是一个"好"的关系模式等。针对这些问题，人们提出了关系数据库的规范化理论。该理论可以用来判断一个关系模式设计是否合理（规范），以及如何提高其规范程度进而降低潜在的异常问题等，从而成为指导数据库逻辑结构设计的一个有力工具。

关系模型要求关系必须是规范的，即要求关系必须满足一定的规范性条件。满足一定规范性条件的关系模式的集合称为范式（Normal Form，NF）。前面提到的每一个分量都必须取不可再分的原子值，这是其中最基本的规范性条件，满足这一规范性条件的关系属于**第 1 范式**（1NF），是规范程度最低的关系。这样的关系会存在一些潜在的异常问题，因此还不能称其为一个"好"的关系。

现实世界的已知事实限定了关系模式必须满足一定的完整性约束，这些约束或者通过对属性取值范围的限定，或者通过属性间取值的相互依赖关系反映出来，后者称为**数据依赖**，是判定关系模式是否规范的关键。

数据依赖是通过一个关系中各属性间取值的相等与否体现出来的数据间的相互依赖关系，是对现实世界中普遍存在的客观联系的抽象，是语义的体现。例如，在 student 关系中，sno 能唯一确定 sname、ssex、sbirthday 和 mno，如果存在两个元组在 sno 上取值相等，那么在 sname、ssex、sbirthday 和 mno 上取值也必定相等，从而体现了学号的唯一性以及每名学生都只属于一个专业这样的一对多联系及其语义。

人们已经提出了多种数据依赖，其中最重要的是**函数依赖**（Functional Dependency，FD）和**多值依赖**（Multivalued Dependency，MVD）。函数依赖极为普遍地存在于现实世界中，例如，上面提到的 sno 能唯一确定 sname、ssex、sbirthday 和 mno，给定了 sno 的某个取值，sname、ssex、sbirthday 和 mno 的值就能唯一地确定下来，类似于数学中的函数，称 sno **函数决定** sname、ssex、sbirthday 和 mno，或 sname、ssex、sbirthday 和 mno **函数依赖于** sno，记作 sno→sname，sno→ssex，sno→sbirthday，sno→mno。

在关系模式的五元组 $R(U, D, dom, F)$ 中，F 就是属性间的数据依赖集合，由于 D 和 dom 与模式设计的关系不大，因此，这里把关系模式简记为 $R(U, F)$。

针对一个具体问题，可以设计单一的关系模式，也可以设计若干个关系模式，哪种设计会更"好"一些？一个"不好"的关系模式会存在哪些问题？如何将"不好"的关系模式改造成"好"的关系模式？下面以一个例子进行说明。

假设要建立一个描述学生基本情况的数据库，涉及的数据包括：学生的学号 sno、姓名 sname、所属的专业号 mno、专业名 mname、专业负责人 mman、选修的课程号 cno、课程名 cname 及其成绩 grade。

如果采用单一的关系模式 student (U, F)，则有

$$U=\{sno, sname, mno, mname, mman, cno, cname, grade\}。$$

现实世界存在以下语义。

- 每名学生都只有唯一的一个学号。
- 每个专业都只有唯一的一个专业号。
- 每门课程都只有唯一的一个课程号。
- 一个专业只有一名专业负责人，一名专业负责人只管理一个专业。
- 一个专业有若干名学生，但一名学生只属于一个专业。
- 一名学生可以选修多门课程，一门课程可由多名学生选修。
- 每名学生选修每门课程只会有一个成绩。

据此可以得到 U 上的一组数据依赖，具体地说是函数依赖：

$F=\{sno→sname, sno→mno, mno→mname, mno→mman, mnan→mno, cno→cname,$
    $(sno, cno)→grade\}。$

这组函数依赖如图 2.17 所示。

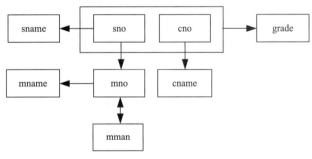

图 2.17　函数依赖

根据以上信息，可以确定该关系模式只有(sno, cno)这一个候选码。因此，在该关系模式中，sno 和 cno 都是主属性，按照实体完整性的要求，它们都不能取空值。

单一的关系模式 student (U, F) 会存在以下问题。

（1）插入异常

如果一名学生尚未选修任何课程，那么就无法将该学生的信息（如学号、姓名和所属

专业）存入数据库中；同理，如果一门课程尚无学生选修，那么也无法将该课程的信息（如课程号和课程名）存入数据库中；如果一个专业刚刚成立，尚无学生，或者虽然有了学生但都尚未选课，那么也无法将该专业的信息（如专业号、专业名和专业负责人）存入数据库中。本该插入的数据却插入不进去，这样的问题称为插入异常。

直观地分析，产生插入异常的原因是将多个相对独立的事实捆绑在一起存放之故。一个事实数据的插入需要依赖于（本不该依赖于）其他事实的数据，从而造成一个事实数据不能独立地插入，必须同时插入捆绑在一起的其他事实的相关数据。例如，student 关系中保存了 4 个事实，即学生、专业、课程和选课，学生数据只有在选修了课程的情况下才能插入，课程数据只有在被学生选修了才能插入，专业数据也只有在下属学生选修了课程的情况下才能插入，显然不符合实际情况。解决的直观办法就是消除这种捆绑，按"一个关系存放一个事实（一事一地）"的原则对其进行分解。

（2）删除异常

反过来，如果选修同一门课程的所有学生全部毕业（或退选）了，在删除这些学生（或选课记录）的同时，也会把该课程的信息也一并删除了；同理，一名学生退选了他之前选修的全部课程，在删除这些选课记录的同时，也会把该学生的信息一并删除了；如果一个专业的学生全部毕业了，在删除这些学生的同时，也会把该专业的信息一并删除了。本不该删除的数据却被删除了，这样的问题称为删除异常。

产生删除异常的原因也是将多个事实捆绑在一起存放之故，从而使相应的事实丧失了本该有的独立性。

（3）数据冗余度大和更新异常

如果一门课程被多名学生选修，那么该课程的信息将被多次重复存储。同理，如果一名学生选修了多门课程，那么该学生的信息也将被多次重复存储。此外，每个专业的信息更是被多次重复存储。

数据冗余度大一方面会浪费存储空间，更重要的是，会给数据的更新和维护带来困难。例如，一名学生更换了专业或一个专业更换了专业负责人，就必须逐一修改相关的每一个元组，如果修改不彻底，就会出现数据的不一致，这样的问题称为更新异常。更新异常是数据冗余和修改不彻底的必然结果，因此，数据冗余是数据库设计中需要尽量避免的一个问题。当然，数据库中还是需要一些冗余的，如外码和为了提高效率。

由于存在以上 3 个问题，该关系模式是一个"不好"的关系模式。如果按"一事一地"原则将其分解为以下 4 个关系模式（分别保存学生信息、专业信息、课程信息和选课信息，模式分解的过程也可以看作信息分离的过程），就可以解决以上 3 个问题了。

$$student\ (\underline{sno},\ sname,\ mno,\ sno{\rightarrow}sname,\ sno{\rightarrow}mno),$$

$$major\ (\underline{mno},\ mname,\ mman,\ mno{\rightarrow}mname,\ mno{\rightarrow}mman,\ mman{\rightarrow}mno),$$

$$course\ (\underline{cno},\ cname,\ cno{\rightarrow}cname),$$

$$score\ (\underline{sno,\ cno},\ grade,\ (sno,\ cno){\rightarrow}grade).$$

可以看出，通过对关系模式的分解，使一个关系只描述一个实体型或实体间的一种联系（和前面介绍的基于 E-R 图的数据库设计方法殊途同归），可以提高其规范程度，达到消除异常的目的，这一过程就是规范化，从理论上讲，就是用一组等价（不破坏原有数据）的规范程度更高的关系模式代替原来的规范程度较低的关系模式。

关系模式规范程度的判定取决于其中存在什么样的数据依赖，是否存在不合适的数据依赖，如果存在，是哪些不合适的数据依赖。

1. 函数依赖

作为最重要的数据依赖，**函数依赖**定义为：

假设存在一个关系模式 $R(U)$，X 和 Y 是 U 的子集，若对于任一元组在 X 上的每一个值，都有 Y 上的唯一值与之对应，或者说，不存在两个元组在 X 上的值相等但在 Y 上的值不等，则称 **X 函数决定 Y**，或称 **Y 函数依赖于 X**，记作 $X \rightarrow Y$。其中，X 称为**决定属性集**或**决定因子**（Determinant）。

若 $X \rightarrow Y$，且 $Y \rightarrow X$，则 X 与 Y 等价，记作 $X \longleftrightarrow Y$。

若 X 不函数决定 Y，或 Y 不函数依赖于 X，记作 $X \nrightarrow Y$。

函数依赖是语义范畴的概念，需要根据具体语义来确定函数依赖。例如，函数依赖"姓名→年龄"只有在不允许重名的情况下才成立。再如，只有在每名学生都只属于一个专业的情况下，函数依赖"学号→专业"才成立。

函数依赖表示的是属性之间的联系，不同的联系类型决定了不同的函数依赖：一对一联系存在两个函数依赖（属性是等价的），一对多联系存在一个函数依赖，多对多联系不存在函数依赖。因此，确定函数依赖可以从分析属性间的联系类型入手。

由函数依赖的定义可知，函数依赖具有以下性质：

（1）若 $X \rightarrow Y$，$X \rightarrow Z$，则 $X \rightarrow Y \cup Z$（合并性）；

（2）若 $X \rightarrow Y \cup Z$，则 $X \rightarrow Y$，$X \rightarrow Z$（分解性）；

（3）若 $X \rightarrow Y$，$Y \rightarrow Z$，则 $X \rightarrow Z$（传递性）；

（4）若 $X \rightarrow Y$，则 $X \cup Z \rightarrow Y \cup Z$（增广性）。

若 $X \rightarrow Y$，且 $Y \nsubseteq X$，则称 $X \rightarrow Y$ 是**非平凡函数依赖**；而若 $X \rightarrow Y$，且 $Y \subseteq X$，则称 $X \rightarrow Y$ 是**平凡函数依赖**。

例如，在关系 score (<u>sno, cno</u>, grade) 中存在函数依赖：$(sno, cno) \rightarrow sno$，$(sno, cno) \rightarrow cno$，$(sno, cno) \rightarrow (sno, cno)$，$(sno, cno) \rightarrow grade$。除了最后一个函数依赖是非平凡函数依赖，前 3 个函数依赖都是平凡函数依赖，在任何一个关系中都必然成立，不反映任何新的语义。若不做特殊说明，我们将只讨论非平凡函数依赖。

除了平凡和非平凡之分，函数依赖还有完全和部分之分。

在关系模式 $R(U)$ 中，若 $X \rightarrow Y$，并且对于 X 的任何一个真子集 X'，都有 $X' \nrightarrow Y$，则称 Y 对 X **完全函数依赖**，记作 $X \xrightarrow{F} Y$；而若 $X \rightarrow Y$，但 Y 不完全函数依赖于 X，即存在 X 的一个真子集 X'，有 $X' \rightarrow Y$，则称 Y 对 X **部分函数依赖**，记作 $X \xrightarrow{P} Y$。

例如，在前面提到的关系 student (sno, sname, mno, mname, mman, cno, cname, grade) 中存在函数依赖：$sno \rightarrow sname$，$sno \rightarrow mno$，$mno \rightarrow mname$，$mno \rightarrow mman$，$mnan \rightarrow mno$，$cno \rightarrow cname$，$(sno, cno) \rightarrow grade$。它们都是完全函数依赖。根据这些函数依赖，我们可以推导出以下函数依赖：$(sno, cno) \rightarrow sname$，$(sno, cno) \rightarrow mno$，$(sno, cno) \rightarrow mname$，$(sno, cno) \rightarrow mman$，$(sno, cno) \rightarrow cname$，它们都是部分函数依赖。

除了以上几种函数依赖外，还有一种重要的函数依赖，这就是**传递函数依赖**，定义为：

在关系模式 $R(U)$ 中，若 $X \rightarrow Y$（$Y \nsubseteq X$），$Y \nrightarrow X$，$Y \rightarrow Z$（$Z \nsubseteq Y$），则称 Z 对 X **传递函数依赖**。

加上条件 $Y \nrightarrow X$，是因为如果 $Y \rightarrow X$，则有 $X \longleftrightarrow Y$，那么 Z 对 X 就是直接函数依赖，而

非传递函数依赖。

加上条件 $Y \not\subseteq X$ 和 $Z \not\subseteq Y$，说明 Y 对 X 和 Z 对 Y 都是非平凡函数依赖。如果 $Y \subseteq X$，那么 Z 对 X 就是部分函数依赖，而非传递函数依赖；如果 $Z \subseteq Y$，那么 Z 对 X 就是直接函数依赖（根据函数依赖的分解性），而非传递函数依赖。

例如，在关系 student (sno, sname, mno, mname, mman, cno, cname, grade) 中有 sno→mno 和 mno→mman，根据函数依赖的传递性有 sno→mman，因为 mno↛sno，所以 mman 对 sno 是传递函数依赖。

除了以上几种函数依赖，关系模式规范程度的判定还需要找出关系模式中所有的候选码，并区分主属性和非主属性。

2．候选码

下面用函数依赖对候选码进行形式化定义。

在关系模式 $R(U, F)$ 中，若存在属性（或属性组）K，使 $K \xrightarrow{F} U$ 成立，则称 K 是 R 的**候选码**。

这一定义和前面的定义是一致的，即 U 对 K 的完全函数依赖说明 K 是能唯一标识一个元组的属性的最小组合（关系不允许出现重复元组）。

包含在任一候选码中的属性称为**主属性**，如 score 关系中的 sno 和 cno；不包含在任何候选码中的属性称为**非主属性**或**非码属性**，如 score 关系中的 grade。

3．范式

满足最基本规范性条件（即所有属性都不可再分）的关系模式的集合称为第 1 范式（1NF）。属于 1NF 的关系模式可能会存在上述异常问题，为了减少这些问题，在 1NF 的基础上再增加一些规范性条件，从而形成 2NF。由于 2NF 的规范性条件更加苛刻，从而使属于 2NF 的关系模式的集合（即 2NF）只是 1NF 的一个真子集。在 2NF 的基础上再增加规范性条件可形成 3NF，以此类推。它们之间的关系为：

$$5NF \subset 4NF \subset BCNF \subset 3NF \subset 2NF \subset 1NF。$$

范式级别较低的关系模式可以通过分解转换为等价的具有较高范式级别的若干个关系模式，从而达到消除上述异常问题的目的，这一过程就称为**规范化**。

4．2NF

若 $R \in 1NF$，且每一个非主属性都完全函数依赖于候选码，则 $R \in 2NF$。也就是说，2NF 不允许非主属性对候选码部分函数依赖。

例如，在关系 score (sno, cno, grade) 中，候选码只有一个，即 (sno, cno)。因此，只有 grade 是非主属性。因为 (sno, cno) $\xrightarrow{F}$ grade，所以 score $\in$ 2NF。

再如，在关系 student (sno, sname, mno, mname, mman, cno, cname, grade) 中，候选码也只有一个，即 (sno, cno)。因此，它的非主属性有 sname、mno、mname、mman、cname 和 grade。除了 grade 外的其他非主属性都部分函数依赖于候选码 (sno, cno)，因此，student $\notin$ 2NF。

正因为关系 student (sno, sname, mno, mname, mman, cno, cname, grade) 不属于 2NF（最高只达到 1NF），所以存在上述异常问题。解决的办法就是对该关系模式进行分解，以消除其中存在的非主属性对候选码的部分函数依赖，使之成为 2NF 关系模式。

（1）列出候选码的每一个非空子集

sno，

cno，

sno, cno。

（2）对于候选码的每一个非空子集，将它和完全函数依赖于它的非主属性分别放在一起

sno, sname, mno, mname, mman,

cno, cname,

sno, cno, grade。

（3）从而得到了 3 个新的关系模式

student (sno, sname, mno, mname, mman),

course (cno, cname),

score (sno, cno, grade)。

可以证明，student∈2NF，course∈2NF，score∈2NF。

通过分解，上述异常问题就可以得到部分解决。

首先，如果一名学生尚未选修任何课程或一门课程尚无学生选修，该学生或该课程的信息可以插入 student 或 course 关系中。然而，一个专业刚刚成立，尚无学生，该专业的信息仍然无法存入数据库中。因此，插入异常问题只是部分得到了解决。

其次，如果选修同一门课程的所有学生全部毕业（或退选）了，在删除这些学生（或选课记录）的同时并不会把该课程的信息一并删除；一名学生退选了他之前选修的全部课程，在删除这些选课记录的同时也不会把该学生的信息一并删除。然而，如果一个专业的学生全部毕业了，在删除这些学生的同时，仍然会把该专业的信息也一并删除。因此，删除异常问题也只是部分得到了解决。

最后，无论一名学生选修了多少门课程，或一门课程由多少名学生选修，该学生或该课程的信息也只会在 student 或 course 关系中存储一次；如果一名学生更换了专业，也只需修改 student 关系中该学生所在的这一个元组。然而，每个专业的信息仍然被多次重复存储（虽然冗余度有所下降），由此带来的更新异常问题依然存在。因此，数据冗余度大和更新异常问题也只是部分得到了解决。

5．3NF

若 R∈2NF，且每一个非主属性都不传递函数依赖于候选码，则 R∈3NF。也就是说，属于 3NF 的关系模式中不存在任何非主属性对候选码的部分或传递函数依赖。

例如，在关系 student (sno, sname, mno, mname, mman)中，非主属性 mname 和 mman 对候选码 sno 传递函数依赖，因此，student∉3NF。

从上面的讨论可知，2NF 关系模式仍然存在上述异常问题，解决的办法就是将其分解，以进一步消除非主属性对候选码的传递函数依赖，使之成为 3NF 关系模式。

（1）从 student 关系中删除传递函数依赖于候选码的所有非主属性，即 mname 和 mman，得到一个新的关系模式

$$student\ (sno, sname, mno)。$$

（2）将决定因子非候选码的那些非主属性（即之前删除的传递函数依赖于候选码的非主属性 mname 和 mman）和相应的决定因子（即 mno）分别放在一起，组成新的关系模式

$$major\ (mno, mname, mman)。$$

（3）从而得到了 2 个新的关系模式

$$student\ (sno, sname, mno),$$

$$major\ (mno, mname, mman)。$$

可以证明，student∈3NF，major∈3NF，并且可以圆满地解决上述异常问题。

对于一般的数据库应用系统来说，设计出属于 3NF 的关系模式就够了，已经能够消除大多数情况下的数据冗余和各种异常问题，获得比较满意的结果，这就是人们常用的基于 3NF 的数据库设计方法。但是，2NF 和 3NF 都没有涉及主属性对候选码的依赖关系，所以有时还会产生一些异常问题，解决这些异常问题就要进一步消除主属性对不包含它的候选码的部分或传递函数依赖，这就是 BCNF（修正的 3NF）。在函数依赖的范畴内，BCNF 是规范程度最高的范式，能实现信息的彻底分离，从而彻底消除了由函数依赖带来的异常问题。有时人们还会讨论多值依赖和 4NF 以及连接依赖和 5NF，函数依赖是多值依赖的特殊情况，多值依赖又是连接依赖的特殊情况，这里不再予以讨论。

需要指出的是，规范化理论为数据库逻辑结构设计提供了理论的指南和工具，但也仅仅是指南和工具。并不是规范程度越高越好，规范程度越高，潜在的异常问题也就越少，但随之而来的连接代价也是相当大的，因此，必须结合具体的应用环境和应用需求合理地选择数据库模式的范式级别。一般情况下，设计到 3NF 就够了。

前面我们用基于 E-R 图的数据库设计方法得到了学生信息管理系统的关系模型，我们同样可以用基于 3NF 的数据库设计方法通过不断的规范化（模式分解）过程来设计学生信息管理系统的关系模型，两者的结果是一样的。

2.4 本章小结

关系模型是关系数据库系统的核心和基础，本章介绍了关系模型的三要素，大家从中可以进一步领会关系数据库的优点：单一的数据结构带来了数据操作的统一性，关系数据操作的非过程化提高了数据的独立性和保密性、减轻了程序员的负担，关系的 3 种完整性约束条件能够保证数据的正确性、有效性和相容性。

关系代数是关系数据库管理系统查询语言以及查询优化的理论基础，本章介绍了关系代数的 8 种运算，包括 4 种传统的集合运算和 4 种专门的关系运算。

按照规范设计法，数据库设计可划分为需求分析、概念结构设计、逻辑结构设计、物理结构设计、数据库实施、数据库运行和维护 6 个阶段，常用方法有基于 E-R 图的数据库设计方法和基于 3NF 的数据库设计方法等。

概念结构设计是整个数据库设计的关键，根据用户需求设计独立于任何数据库管理系统的概念模型，通常用 E-R 图表达。概念模型设计通常采用自底向上策略，先为每一个局部应用设计分 E-R 图，然后将这些分 E-R 图集成为总 E-R 图，即全局概念模型。

逻辑结构设计将全局概念模型转换为数据库赖以计算机实现的、某一数据库管理系统支持的逻辑模型（如关系模型），重点是 E-R 图向关系模型转换应遵循的原则。逻辑结构设计阶段还要为不同的用户建立必要的视图，即外模式。

关系数据库的规范化理论是数据库逻辑结构设计的有力工具，可用来衡量关系模式的好坏，以及通过模式分解提升关系模式的范式级别。

习 题 2

1. 关系模型由哪三要素组成？

2. 什么是关系？什么是关系模式？

3. 关系数据操作有哪些主要特点？

4. 关系的完整性约束条件有哪几种？

5. 解释以下术语：候选码、主码、主属性、非主属性、外码。

6. 试述实体完整性的主要内容和作用。

7. 试述参照完整性的主要内容和作用。

8. 关系代数有哪几种基本运算？

9. 根据表 2.13～表 2.15 所示的学生选课数据库，试用关系代数完成以下查询：

（1）查询 0101 号专业男生的基本信息。

（2）查询选修了"C 语言程序设计"的学生姓名。

（3）查询没有选修 202 号课程的学生姓名。

（4）查询既选修了 101 号课程又选修了 201 号课程的学生姓名。

（5）查询选修了 101 号课程或选修了 201 号课程的学生姓名。

10. 什么是数据库设计？

11. 数据库设计可分为哪几个阶段？每一个阶段的主要任务是什么？

12. 在数据库设计过程中，数据库的三级模式是如何形成的？

13. 在数据库设计开始之前是否需要确定采用哪一种数据库管理系统？为什么？

14. 试述概念结构设计的方法和步骤。

15. 分 E-R 图之间存在哪几类冲突？如何解决？

16. E-R 图向关系模型转换包括哪些基本内容？应遵循哪些原则？

17. 为什么不能将二元联系中的多对多联系和某一端实体转换得到的关系模式合并？举例说明。

18. 举例说明一个"不好"的关系模式会存在哪些问题。

19. 解释以下术语：函数依赖、非平凡的函数依赖、完全函数依赖、部分函数依赖、传递函数依赖。

20. 假设存在以下关系模式：

学生（学号，姓名，出生年月，班号，专业号，系号，宿舍区），

班级（班号，专业号，系号，人数，入校年份），

专业（专业号，专业名，专业负责人），

系（系号，系名，系办公室地点）。

有关语义如下：一个系有若干个专业，一个专业只属于一个系；一个专业有若干个班级，一个班级只属于一个专业，一个专业一年只招收一个班；一个班级有若干名学生，一名学生只属于一个班；同一个系的学生居住在同一个宿舍区。

（1）是否存在对候选码的传递函数依赖？是否存在对候选码的部分函数依赖？

（2）判断各关系模式的范式级别。

21. 假设存在关系模式 $R(A, B, C, D, (A, B) \to C, (A,D) \to B)$，找出该关系模式中所有的候选码，判断该关系模式最高属于第几范式，如果不属于 3NF，将其分解为 3NF 关系模式集。

第 2 部分 | MySQL 基本应用

　　MySQL 基本应用部分主要介绍 MySQL 的基本管理功能，包括服务器的启动和停止、连接和断开服务器、数据库管理、表结构管理、数据操作、视图和索引等内容，其中表结构管理和数据操作是需要读者重点学习的内容。通过本部分的学习，读者将掌握 MySQL 的基本使用方法，能够利用 MySQL 进行数据存储，有效地访问及管理数据。

第3章 MySQL 概述

学习目标

- 了解 MySQL 的特点和新特性
- 掌握 MySQL 的安装和配置方法
- 掌握启动和停止 MySQL 服务的方法
- 掌握连接和断开 MySQL 服务器的方法

3.1 MySQL 简介

MySQL 是目前最流行的关系数据库管理系统之一，由瑞典的 MySQL AB 公司于 1995 年开发。2008 年 1 月 MySQL 被美国的 Sun 公司收购，2009 年 4 月 Sun 公司被 Oracle 公司收购，MySQL 成为 Oracle 旗下的一款数据库产品。

3.1.1 MySQL 的特点

MySQL 是一个多用户、多线程、基于客户机/服务器（Client/Server，C/S）的关系型数据库管理系统，具有体积小、运行速度快、总体拥有成本低、开放源码等特点，得到了广泛的应用，成为许多企业首选的关系型数据库管理系统。

MySQL 数据库管理系统具有以下特点。

（1）跨平台支持。MySQL 支持多种操作系统平台，包括 Linux、Windows、Mac OS、Solaris、AIX、FreeBSD，这使编写的程序可以进行跨平台移植，而不需要对程序做任何的修改。

（2）性能卓越。MySQL 是一个单进程多线程的数据库管理系统，可以使用较少的系统资源（CPU、内存）为用户提供高效的服务。MySQL 使用优化的 SQL 查询算法，可有效提高查询速度，运行速度快是 MySQL 的显著特性。

（3）功能强大。MySQL 提供了多种数据库存储引擎，各种存储引擎各有所长，可以适用于不同的应用场合，用户可以选择最合适的引擎以得到最高性能。MySQL 支持多种开发语言，提供了丰富的 API 函数，提供 TCP/IP、ODBC 和 JDBC 等多种数据库连接方式。

（4）存储容量大。MySQL 数据库的最大有效表尺寸通常是由操作系统对文件大小的限制决定的，而不是由 MySQL 内部限制决定。InnoDB 存储引擎将 InnoDB 表保存在一个表空间内，该表空间可由数个文件创建，表空间的最大容量为 64TB，可以轻松处理拥有上千万条记录的大型数据库。

（5）简单易用。MySQL 数据库体积小、易于部署、简单易用。MySQL 的管理和维护简单，初学者比较容易上手。

（6）成本低廉。MySQL Community Server 和 MySQL Cluster 开源免费，用户可以直接通过网络下载。MySQL Enterprise Edition 和 MySQL Cluster CGE 需要支付一定的费用。

（7）开源。MySQL 开放源代码，开发人员可以根据需要量身定制。MySQL 是目前世界上最受欢迎的开源数据库。

3.1.2　MySQL 8.0 的新特性

当前 MySQL 的版本已经更新到了 MySQL 8.0，对比之前的版本，MySQL 8.0 具有以下新的特性。

（1）默认字符集。在 MySQL 8.0 之前的版本中，默认字符集为 latin1，utf8 指向的是 utf8mb3，MySQL 8.0 版本默认字符集为 utf8mb4，utf8 默认指向的也是 utf8mb4。

（2）默认存储引擎。MySQL 5.6 之后，除系统数据库之外，默认存储引擎由 MyISAM 改为 InnoDB。MySQL 8.0 在此基础上将系统数据库存储引擎也改为 InnoDB。

（3）事务数据字典。在以前的版本中，字典数据以元数据文件、非事务表等来存储，MySQL 8.0 中这些元数据文件被删除了，以 InnoDB 表存储字典数据，位于 mysql 数据库下，对外不可见，但是可以通过 information_schema 下面的一些表来查询字典数据。

（4）原子 DDL。MySQL 8.0 支持原子数据定义语言（DDL）语句。此功能称为原子 DDL。原子 DDL 语句将与 DDL 操作关联的数据字典更新，存储引擎操作和二进制日志写入组合到单个原子事务中。即使服务器在操作期间停止，也会提交事务，并将适用的更改保留到数据字典、存储引擎和二进制日志中，或者回滚事务。

（5）安全和账户管理。MySQL 8.0 版本中 mysql 系统数据库中的授权表为 InnoDB（事务性）表，使用新的 caching_sha2_password 身份验证插件提供更安全的密码加密，支持角色功能，方便权限的管理。MySQL 8.0 提供了更完整的密码管理控制，维护有关密码历史的信息，从而限制了以前密码的重用，允许账户具有双密码，从而可以在复杂的多服务器系统中无缝地执行分阶段密码更改，而无须停机。

（6）InnoDB 增强功能。主要包括自增列持久化、交错锁定模式、死锁检查控制、锁定语句选项、表空间加密、重做日志记录优化等功能。

（7）查询优化器增强。MySQL 8.0 支持隐形索引，方便索引的维护和性能调试，支持降序索引，提高了特定场景的查询性能，用于 IN 子查询的半连接优化也可以应用于 EXISTS 子查询。

（8）公用表表达式。MySQL 8.0 支持非递归和递归的公用表表达式。公用表表达式允许使用命名的临时结果集，通过允许在 SELECT 子句和某些其他语句前面使用 WITH 语句来实现。

（9）窗口函数。MySQL 8.0 支持窗口函数，实现较复杂的数据分析功能。对于查询中的每一行，使用与该行相关的行执行计算。窗口函数包括 RANK( )，LAG ( )，和 NTILE( )，还可以将几个现有的聚合函数用作窗口函数（如 SUM( )和 AVG( )）。

（10）JSON 增强。MySQL 8.0 大幅改进了对 JSON 的支持，添加了基于路径查询参数从 JSON 字段中抽取数据的 JSON_EXTRACT( )函数，以及用于将数据分别组合到 JSON 数组和对象中的 JSON_ARRAYAGG( )和 JSON_OBJECTAGG( )聚合函数。

MySQL 8.0 版本的新增特性还包括横向派生表、内部临时表、正则表达式支持、连接、MySQL 复制增强、备份锁、插件、资源管理等。

3.2 MySQL 的安装和配置

MySQL 支持多种操作系统平台，不同平台下的安装和配置过程也不相同，本章主要介绍 Windows 平台下的安装和配置过程。

Windows 平台下安装 MySQL 可以使用图形化的安装包（.msi 安装文件），也可以使用免安装的软件包（.zip 压缩文件）进行安装。图形化安装包提供了图形化安装向导，通过向导一步步完成 MySQL 的安装和配置，比较简单，适合初学者。本书只介绍使用图形化安装包安装和配置 MySQL。

3.2.1 下载 MySQL

MySQL 图形化安装软件可以在 MySQL 官方网站下载，具体的下载步骤如下。

（1）打开浏览器，通过 MySQL 官方网站访问 MySQL Installer 的下载页面，如图 3.1 所示。

这里有两个版本：在线安装版本 mysql-installer-web-community 和离线安装版本 mysql-installer-community，这里选择离线安装版本。

（2）单击离线安装版本对应的"Download"按钮，出现图 3.2 所示的页面。

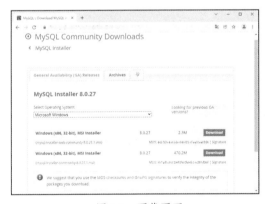

图 3.1　下载页面　　　　图 3.2　登录页面

（3）如果有 Oracle 账号，可以单击"Login"按钮，登录后再下载，没有账号则可以单击"Sign Up"按钮，先注册账号再登录。如果不想登录，也可以直接单击下面的"No thanks, just start my download"链接，直接开始下载。

3.2.2 MySQL 的安装

下面以 Windows 10 操作系统下安装 MySQL 8.0.27 版为例，介绍 MySQL 的安装步骤。

（1）双击下载的"mysql-installer-community-8.0.27.1.msi"文件，出现等待安装进度对

话框，然后启动 MySQL Installer。

（2）然后，打开"Choosing a Setup Type"（选择安装类型）对话框，其中提供了 Developer Default（开发者默认）、Server only（仅服务器）、Client only（仅客户端）、Full（完全）和 Custom（自定义）5 种安装类型，如图 3.3 所示。

（3）选择"Custom"单选按钮，单击"Next"按钮，进入"Select Products"（选择安装产品）对话框，如图 3.4 所示。

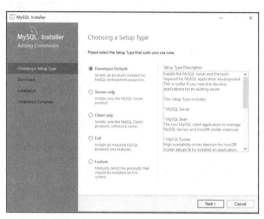

图 3.3　选择安装类型对话框　　　　　　图 3.4　选择安装产品对话框

（4）这里选择"MySQL Server 8.0.27 -X64"（MySQL 服务）"MySQL Workbench 8.0.27- X64"（MySQL 图形化工具）和"MySQL Documentation 8.0.27 -X86"（MySQL 文档），如图 3.5 所示。

（5）单击"Next"按钮，MySQL Installer 将检查系统是否具备安装所选产品必需的组件，如果不满足安装条件，将打开"Check Requirements"（安装需求检查）对话框，如图 3.6 所示。

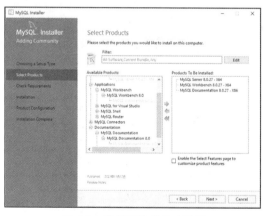
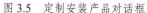
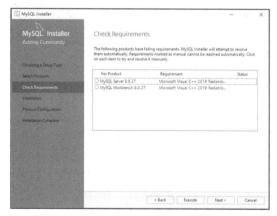

图 3.5　定制安装产品对话框　　　图 3.6　不满足安装需求的"Check Requirements"对话框

（6）单击"Execute"按钮，将在线安装所需组件，安装完成后单击"Next"按钮，进入"Installation"（安装）对话框，如图 3.7 所示。

（7）单击"Execute"按钮，开始安装并显示安装进度。安装完成后，"Status"栏将显示"Complete"，如图 3.8 所示。

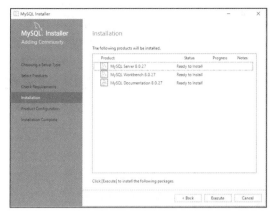
图 3.7　"Installation" 对话框

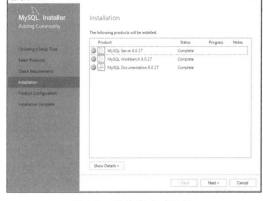
图 3.8　安装完成对话框

3.2.3　MySQL 的配置

安装 MySQL 8 之后需要对 MySQL Server 进行配置，配置 MySQL 的步骤如下。

（1）在安装的最后一步，也就是在图 3.8 所示的对话框中，单击 "Next" 按钮，进入 "Product Configuration"（产品配置）对话框，单击 "Next" 按钮，进入 "Type and Networking"（类型和网络配置）对话框，如图 3.9 所示。"Config Type" 下拉列表中有 3 个选项："Development Computer" "Server Machine" 和 "Dedicated Machine"。初学者建议选择默认的 "Development Computer" 选项。下面的 "Connectivity" 有 3 个选项："TCP/IP" "Named Pipe" 和 "Shared Memory"，默认选中 "TCP/IP"，端口号默认为 "3306"。

（2）单击 "Next" 按钮，进入 "Authentication Method"（授权方式）对话框，如图 3.10 所示。第一个选项 "Use Strong Password Encryption for Authentication（RECOMMENDED）" 为默认选项，是 MySQL 8.0 提供的新的授权方式，基于 SHA256 加密方法。第二个选项为传统的 MySQL 授权方式，兼容 5.x 版本。这里选择默认的第一个选项。

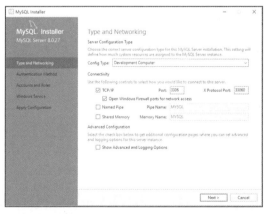

图 3.9　"Type and Networking" 对话框

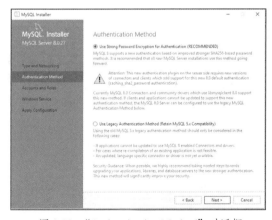
图 3.10　"Authentication Method" 对话框

（3）单击 "Next" 按钮，进入 "Accounts and Roles"（账户和角色）对话框，如图 3.11 所示。

在这一步为 root 账户设置密码，也可以创建新的账户。为 root 账户设置密码之后单击
"Next" 按钮，进入 "Windows Service"（Windows 服务）对话框，如图 3.12 所示。选中
"Configure MySQL Server as a Windows Service" 选项并设置服务名，将 MySQL 服务程序
配置为 Windows 的一个服务，可以使用 Windows 启动和停止服务的命令来运行和停止
MySQL 服务程序。如果勾选 "Start the MySQL Server at System Startup"，则启动操作系统
后 MySQL 服务将自动运行。

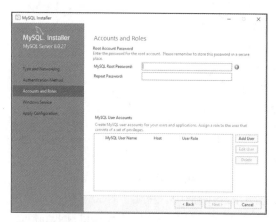

图 3.11　"Accounts and Roles" 对话框　　　　图 3.12　"Windows Service" 对话框

（4）选择默认选项，单击 "Next" 按钮，进入 "Apply Configuration"（应用配置）对
话框，如图 3.13 所示。

（5）单击 "Execute" 按钮，应用前面所进行的配置，配置完成后进入图 3.14 所示的对
话框。

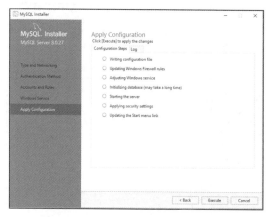

图 3.13　"Apply Configuration" 对话框

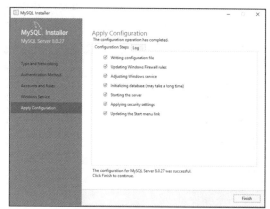

图 3.14　完成配置对话框

（6）单击 "Finish" 按钮，完成配置。

3.3　MySQL 服务的启动和停止

MySQL 安装和配置完成之后，需要先启动 MySQL 服务，客户端才可
以连接服务器进行操作。

微课：MySQL
服务的启动和
停止

3.3.1 启动 MySQL 服务

Windows 操作系统下，如果已经将 MySQL 服务注册为 Windows 操作系统的一个系统服务，则可以使用操作系统的服务管理工具或"net start"命令启动 MySQL 服务。

1. 使用服务管理工具启动 MySQL 服务

使用服务管理工具启动 MySQL 服务的步骤如下。

（1）通过以下几种方法打开 Windows 的服务管理工具。

方法一：使用组合键<Win+R>，打开 Windows 的"运行"对话框，输入"services.msc"，如图 3.15 所示，单击"确定"按钮。

方法二：在桌面的"此电脑"图标上单击鼠标右键，在弹出的菜单中单击"管理"，打开"计算机管理"窗口，在窗口左侧的树形导航栏中展开"服务和应用程序"节点，单击"服务"。

方法三：选择 Windows 开始菜单的"Windows 管理工具"下的"服务"菜单。

图 3.15　Windows 的"运行"对话框

（2）在服务管理工具窗口的右侧找到 MySQL 服务，单击鼠标右键，在弹出的菜单中单击"启动"，如图 3.16 所示。

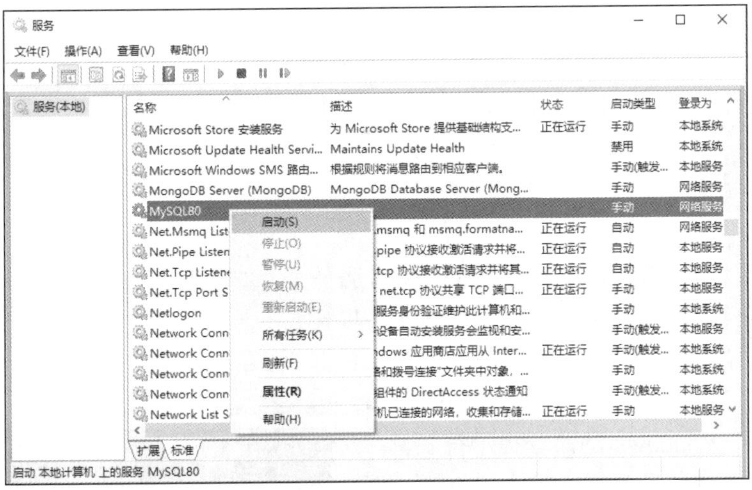

图 3.16　使用服务管理工具启动 MySQL 服务

2. 使用"net start"命令启动 MySQL 服务

使用"net start"命令启动 MySQL 服务的步骤如下。

（1）在开始菜单中找到"Windows 系统"下的"命令提示符"，单击鼠标右键，在弹出的菜单中单击"更多"，然后单击"以管理员身份运行"，打开 Windows 的命令提示符工具。

（2）输入命令"net start mysql80"，启动 MySQL 服务，如图 3.17 所示。这里的 mysql80 为 MySQL 服务在 Windows 操作系统中注册的

图 3.17　使用命令启动 MySQL 服务

服务名。

3.3.2 停止 MySQL 服务

Windows 操作系统下，可以使用操作系统的服务管理工具或"net stop"命令停止 MySQL 服务。

1．使用服务管理工具停止 MySQL 服务

使用服务管理工具停止 MySQL 服务的步骤如下。

（1）通过 3.3.1 小节中提到的几种方法打开 Windows 的服务管理工具。

（2）在服务管理工具窗口的右侧找到 MySQL 服务，单击鼠标右键，在弹出的菜单中单击"停止"，如图 3.18 所示。

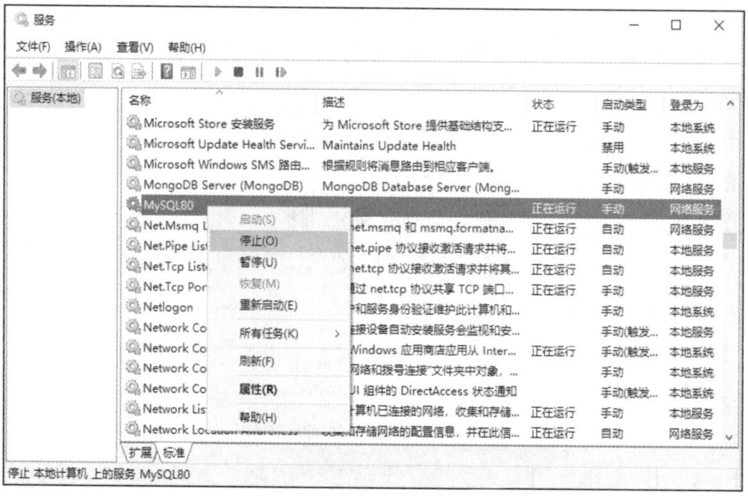

图 3.18　使用服务管理工具停止 MySQL 服务

2．使用"net stop"命令停止 MySQL 服务

使用"net stop"命令停止 MySQL 服务的步骤如下。

（1）在开始菜单中找到"Windows 系统"下的"命令提示符"，单击鼠标右键，在弹出的菜单中单击"更多"，然后单击"以管理员身份运行"，打开 Windows 的命令提示符工具。或者，在开始菜单的搜索框中输入"cmd"，匹配到命令提示符，单击"以管理员身份运行"，打开命令提示符工具。

（2）输入命令"net stop mysql80"，停止 MySQL 服务，如图 3.19 所示。这里的 mysql80 为 MySQL 服务在 Windows 操作系统中注册的服务名。

图 3.19　使用命令停止 MySQL 服务

3.4 连接和断开 MySQL 服务器

微课：连接和断开 MySQL 服务器

MySQL 服务启动之后，用户可以通过客户端工具连接 MySQL 服务器，然后才可以访问服务器上数据库中的数据。下面介绍在 Windows 操作系统中，使用 MySQL 客户端工具连接和断开 MySQL 服务器的方法。

3.4.1　使用 Windows 命令提示符工具

使用 Windows 命令提示符工具连接和断开 MySQL 服务器的步骤如下。

（1）单击开始菜单中的"Windows 系统"下的"命令提示符"，或者在开始菜单的搜索框中输入"cmd"，打开 Windows 的命令提示符工具。

（2）在命令提示符工具下可以通过命令连接 MySQL 服务器，具体的命令格式如下。

```
mysql -h hostname -u username -P port -p
```

说明

（1）-h 后的 hostname 代表 MySQL 服务器的主机名或 IP 地址，如果服务器和客户端在同一台机器，则可以用 localhost 或 127.0.0.1 代表本机，或者省略此选项。

（2）-u 后的 username 表示用户名，如果没有创建其他用户，可以使用 root。

（3）-P 后的 port 表示端口号，输入配置 MySQL 服务器时设置的端口号，默认为 3306。

（4）-p 后面可以直接输入密码（不加空格），但是一般不推荐使用明文方式给出密码。

这里输入"mysql -u root -p"，按<Enter>键，提示"Enter password:"，输入密码，按<Enter>键，如果密码正确，出现"mysql>"提示符，表示已经成功连接 MySQL 服务器，如图 3.20 所示。

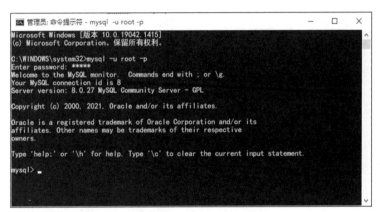

图 3.20　使用 Windows 命令提示符工具连接 MySQL 服务器

（3）输入"exit"，即可断开与 MySQL 服务器的连接。

3.4.2　配置环境变量

上一小节中连接 MySQL 服务器使用的 mysql 其实是 MySQL 的客户端程序，位于"C:\Program Files\MySQL\MySQL Server 8.0\bin"路径下，如果当前路径不是"C:\Program Files\MySQL\MySQL Server 8.0\bin"并且没有配置环境变量，则在使用 mysql 客户端程序连接 MySQL 服务器的时候会出现错误，这时需要输入""C:\Program Files\MySQL\MySQL Server 8.0\bin\mysql.exe" -u root -p"才可以连接 MySQL 服务器，如图 3.21 所示。

为了避免每次使用 mysql 连接服务器都需要包含路径"C:\Program Files\MySQL\MySQL Server 8.0\bin\"的麻烦，我们可以对系统环境变量 Path 进行配置，具体的步骤如下。

（1）在桌面的"此电脑"图标上单击鼠标右键，在弹出的菜单中选择"属性"，弹出"设置"窗口，单击"高级系统设置"，弹出"系统属性"对话框，选择"高级"选项卡，如图 3.22 所示。

图 3.21　使用 Windows 命令提示符工具连接 MySQL 服务器　　　　图 3.22　"系统属性"对话框

（2）单击"环境变量"按钮，打开"环境变量"对话框，如图 3.23 所示。

（3）在"系统变量"列表中选择"Path"，单击"编辑"按钮，打开"编辑环境变量"对话框，单击"新建"按钮，将路径"C:\Program Files\MySQL\MySQL Server 8.0\bin"添加到文本框中，如图 3.24 所示。

图 3.23　"环境变量"对话框　　　　　　　　　图 3.24　添加路径

（4）单击"确定"按钮，完成 Path 变量的配置，以后使用 mysql 客户端程序连接 MySQL 服务器时就不需要包含"C:\Program Files\MySQL\MySQL Server 8.0\bin\"路径信息。

3.4.3 使用 MySQL Command Line Client

使用 MySQL Command Line Client（MySQL 命令行客户端）连接和断开 MySQL 服务器的步骤如下。

（1）单击开始菜单中的"MySQL"下的"MySQL 8.0 Command Line Client"，打开 MySQL 8.0 Command Line Client 窗口。

（2）输入 root 账户的密码，按<Enter>键，如果密码正确，出现"mysql>"提示符，表示已经成功连接 MySQL 服务器，如图 3.25 所示。

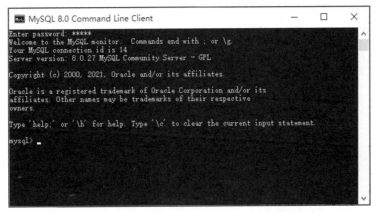

图 3.25　MySQL 8.0 Command Line Client 窗口

之所以输入 root 账户的密码，是因为这种连接服务器的方式其实也是执行"C:\Program Files\MySQL\MySQL Server 8.0\bin"目录下的 mysql.exe 并且以 root 账户登录 MySQL 服务器。在开始菜单中的"MySQL"下的"MySQL 8.0 Command Line Client"菜单上单击鼠标右键，在"更多"下选择"打开文件位置"，打开图 3.26 所示的窗口。

图 3.26　"MySQL 8.0 Command Line Client"菜单所在位置

在 MySQL 8.0 Command Line Client 上单击鼠标右键，在弹出的菜单中选择"属性"，打开 "MySQL 8.0 Command Line Client 属性"对话框，如图 3.27 所示。

其中，"目标"文本框中的内容是""C:\Program Files\MySQL\MySQL Server 8.0\bin\mysql.exe" "--defaults-file=C:\ProgramData\MySQL\MySQL Server 8.0\my.ini" "-uroot" "-p""，可以发现"MySQL 8.0 Command Line Client"菜单对应执行的就是"C:\Program Files\MySQL\MySQL Server 8.0\bin"目录下的 mysql.exe，登录用户名为 root。

图 3.27 "MySQL 8.0 Command Line Client 属性"对话框

3.4.4 使用 MySQL Workbench

除了使用命令行工具连接 MySQL 服务器，还可以使用图形化管理工具连接服务器来管理和操作数据库。常用的图形化工具有 MySQL 官方提供的工具 MySQL Administrator 和 MySQL Workbench，还有一些第三方开发的管理工具，如 PHPMyAdmin 和 Navicat 等。本小节主要介绍使用 MySQL Workbench 连接 MySQL 服务器的方法，具体步骤如下。

（1）安装 MySQL 时如果选择了安装 MySQL Workbench，则安装完成后可以在开始菜单找到对应的"MySQL Workbench 8.0 CE"菜单。单击该菜单，打开 MySQL Workbench 欢迎界面，如图 3.28 所示。

图 3.28 MySQL Workbench 欢迎界面

（2）单击"MySQL Connections"下的"localhost_3306"连接，打开"Connect to MySQL Server"对话框，如图 3.29 所示。

图 3.29 "Connect to MySQL Server"对话框

（3）输入密码，单击"OK"按钮，如果密码正确则成功连接 MySQL 服务器，如图 3.30 所示。接下来可以以图形化方式对数据库进行管理和操作。

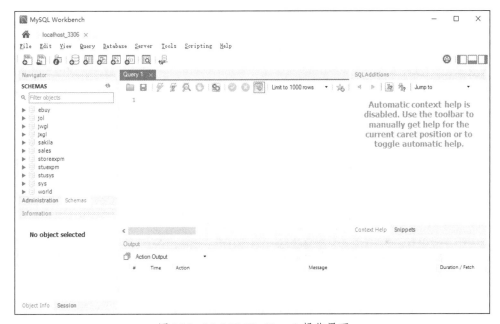

图 3.30 MySQL Workbench 操作界面

3.5 本章小结

本章主要介绍了 MySQL 数据库的基础知识以及 MySQL 的安装和配置过程。通过本章的学习，读者可以了解 MySQL 的发展历史、特点和 MySQL 8.0 的新特性，并且能够安装和配置 MySQL，可以使用客户端工具连接 MySQL 服务器，为以后的学习打下坚实的基础。

习 题 3

1. MySQL 有哪些特点？

2. MySQL 服务器配置主要配置哪些内容？

3. 端口号有什么作用？MySQL 的默认端口号是什么？

4. 如何启动 MySQL 服务？

5. 如何停止 MySQL 服务？

6. 连接 MySQL 服务器时需要提供哪些信息？

7. 使用 Windows 命令行工具连接 MySQL 服务器的步骤是什么？

8. 使用 MySQL Command Line Client 连接 MySQL 服务器的步骤是什么？

第 4 章

MySQL 数据库管理

学习目标
- 理解 MySQL 数据库的概念和组成
- 掌握数据库的创建、修改和删除等基本操作
- 理解 MySQL 存储引擎的概念

4.1 MySQL 系统数据库

数据库是存储表、视图、索引、存储过程、触发器等数据库对象的容器。一个 MySQL 服务器可以包含多个数据库。安装 MySQL 时会自动创建几个系统数据库，存储 MySQL 运行和管理需要用到的系统信息。

可以使用 SHOW DATABASES 命令查看 MySQL 服务器当前已有的数据库。

【例 4.1】查看 MySQL 服务器所有的数据库。

在 MySQL 命令行客户端输入命令：

```
SHOW DATABASES;
```

执行结果如图 4.1 所示。

图 4.1　查看所有的数据库

这 4 个系统数据库的主要内容如下。

（1）information_schema：元数据，保存了 MySQL 服务器所有数据库的信息，比如数据库名、数据库的表、访问权限、数据库表的数据类型、数据库索引的信息等。

（2）mysql：主要存储数据库的用户、权限设置、关键字等 MySQL 自己需要使用的控

制和管理信息。

（3）performance_schema：存储数据库服务器的性能参数，可用于监控服务器在运行过程中的资源消耗、资源等待等情况。

（4）sys：库中所有的数据源来自 performance_schema，目标是把 performance_schema 的复杂度降低，使 DBA 能更好地阅读这个数据库里的内容，更快地了解 DB 的运行情况。

4.2 创建数据库

微课：使用命令创建数据库

4.2.1 使用命令创建数据库

可以使用 CREATE DATABASE 或 CREATE SCHEMA 语句创建数据库，语法格式如下：

```
CREATE {DATABASE | SCHEMA} [IF NOT EXISTS] db_name
[[DEFAULT] CHARACTER SET [=] charset_name]
[[DEFAULT] COLLATE [=] collation_name]
[[DEFAULT] ENCRYPTION [=] {'Y' | 'N'}]
```

📄 说明

（1）语句中的"[ ]"是可选项，"{}"是必选项，"|"表示只能选择其中的一项。

（2）db_name：要创建的数据库的名称，要遵守 MySQL 中对象名称的命名规则，主要有：

① 长度不能超过 64 个字符；

② 名称中可以包含 0~9、a~z、A~Z、$和_；

③ Windows 操作系统中名称不区分大小写；

④ 名称中不能包含空格，不能全为数字，不能和系统的保留字和关键字相同；

⑤ 如果要使用不符合命名规则的名称，可以使用反引号（`）将名称引起来，合法的名称可以引也可以不引。

（3）IF NOT EXISTS：在创建数据库前判断数据库是否已存在，不存在时才创建数据库。

（4）CHARACTER SET：指定数据库的字符集。

（5）COLLATE：指定字符集的校对规则。

（6）ENCRYPTION：数据库的加密设置。

（7）MySQL 不区分大小写，为了理解方便，本书中所有的语法格式和示例代码中的固定的关键字用大写字母，对象名称和属性等用户自己设置的内容用小写字母。

【例 4.2】创建 jwgl 数据库。

在 MySQL 命令行客户端输入命令：

```
CREATE DATABASE jwgl;
```

执行结果如图 4.2 所示。

图 4.2 创建 jwgl 数据库

【例 4.3】 创建 xsgl 数据库，指定字符集为 gbk。

在 MySQL 命令行客户端输入命令：

```
CREATE DATABASE xsgl DEFAULT CHARACTER SET gbk;
```

执行结果如图 4.3 所示。

图 4.3　创建 xsgl 数据库

CREATE DATABASE 语句仅在 MySQL 数据库目录下创建了一个以数据库的名称命名的目录。该数据库中的对象所对应的文件将存储在这个目录下。可以通过修改 MySQL 的参数文件"my.ini"中的"datadir"的值来修改 MySQL 的数据库目录，如图 4.4 所示。

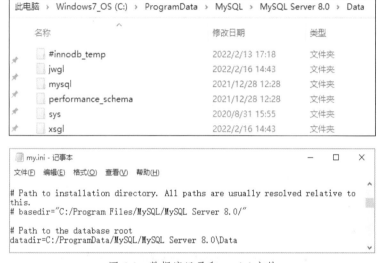

图 4.4　数据库目录和 my.ini 文件

4.2.2　使用图形化工具创建数据库

微课：使用 Workbench 创建数据库

如果安装了 MySQL 的 Workbench 图形化工具，可以使用 Workbench 创建数据库，该工具使用 CREATE SCHEMA 创建数据库。

（1）打开 Workbench 工具，连接到 MySQL 服务器。

（2）在左侧的"SCHEMAS"导航栏单击鼠标右键，在弹出的菜单中选择"Create Schema…"。

（3）在中间的"schema"区域，输入要创建的数据库的名称"jwgl1"，选择数据库的字符集和校对规则，如图 4.5 所示。

（4）单击右下角的"Apply"按钮，可以查看创建数据库的 SQL 语句，如图 4.6 所示。单击"Apply"按钮，完成数据库的创建。

图 4.5　使用 Workbench 工具创建数据库

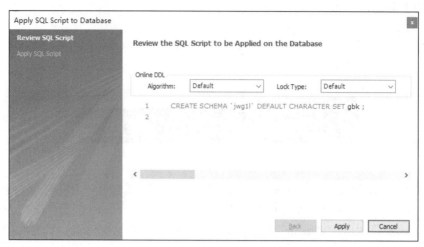

图 4.6　查看创建数据库的 SQL 语句

4.3　选择数据库

可以使用 USE 语句选择数据库使其成为当前数据库，然后在数据库中对数据库对象进行操作，语法格式如下：

```
USE db_name
```

【例 4.4】选择 jwgl 数据库。

在 MySQL 命令行客户端输入命令：

```
USE jwgl
```

执行结果如图 4.7 所示。

图 4.7　选择 jwgl 数据库

4.4　查看数据库

可以使用 SHOW DATABASES 语句查看 MySQL 服务器中所有的数据库的名称。另外，还可以使用 SHOW CREATE DATABASE 语句查看一个数据库的创建语句，语法格式如下：

```
SHOW CREATE DATABASE db_name
```

【例 4.5】查看 jwgl 数据库的创建语句。

在 MySQL 命令行客户端输入命令：

```
SHOW CREATE DATABASE jwgl \G
```

执行结果如图 4.8 所示。

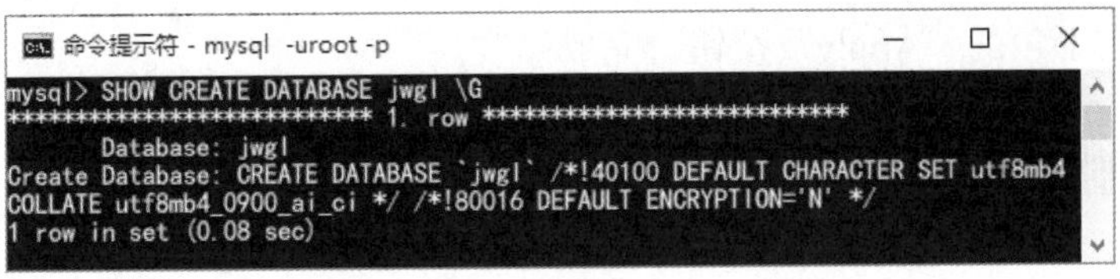

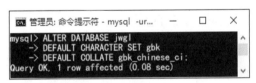

图 4.8　查看 jwgl 数据库的创建语句

本例中,"\G"表示将查询结果进行按列打印,可以使每个字段显示为单独的行。

4.5 修改数据库

数据库创建之后可以修改数据库的相关参数,比如默认字符集、校对规则和加密方式。

4.5.1 使用命令修改数据库

可以使用 ALTER DATABASE 或 ALTER SCHEMA 语句修改数据库,语法格式如下:

```
ALTER {DATABASE | SCHEMA} db_name
[[DEFAULT] CHARACTER SET [=] charset_name]
[[DEFAULT] COLLATE [=] collation_name]
[[DEFAULT] ENCRYPTION [=] {'Y' | 'N'}]
```

【例 4.6】修改 jwgl 数据库的字符集为 gbk,校对规则为 gbk_chinese_ci。

在 MySQL 命令行客户端输入命令:

```
ALTER DATABASE jwgl
DEFAULT CHARACTER SET gbk
DEFAULT COLLATE gbk_chinese_ci;
```

执行结果如图 4.9 所示。

图 4.9　修改 jwgl 数据库的默认字符集和校对规则

4.5.2 使用图形化工具修改数据库

可以使用 Workbench 修改数据库,该工具使用 ALTER SCHEMA 修改数据库。

(1)打开 Workbench 工具,连接到 MySQL 服务器。

(2)在左侧的"SCHEMAS"导航栏中选中要修改的数据库名称,单击鼠标右键,在弹出的菜单中选择"Alter Schema…"。

(3)在中间的"schema"区域,选择数据库的字符集和校对规则,如图 4.10 所示。

图 4.10　使用 Workbench 工具修改数据库

（4）单击右下角的"Apply"按钮，完成修改。

4.6 删除数据库

4.6.1 使用命令删除数据库

可以使用 DROP DATABASE 或 DROP SCHEMA 语句删除数据库，语法格式如下：

```
DROP {DATABASE | SCHEMA} [IF EXISTS] db_name
```

📍 说明

（1）DROP DATABASE 将删除数据库中的所有数据库对象并删除该数据库，并且从 MySQL 数据库目录中删除该数据库对应的文件和目录。

（2）IF EXISTS 用于防止要删除的数据库不存在时发生错误。

【例 4.7】删除 xsgl 数据库。

在 MySQL 命令行客户端输入命令：

```
DROP DATABASE xsgl;
```

执行结果如图 4.11 所示。

图 4.11　删除 xsgl 数据库

4.6.2 使用图形化工具删除数据库

可以使用 Workbench 删除数据库。

（1）打开 Workbench 工具，连接到 MySQL 服务器。

（2）在左侧的"SCHEMAS"导航栏中选中要删除的数据库名称，单击鼠标右键，在弹出的菜单中选择"Drop Schema…"。

（3）在弹出的窗口中，选择"Review SQL"可以查看对应的 SQL 语句，如图 4.12 所示，或者选择"Drop Now"直接删除数据库。

（4）单击右下角的"Execute"按钮，完成删除。

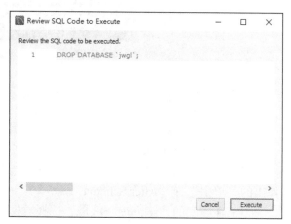

图 4.12　使用 Workbench 工具删除数据库

4.7 数据库存储引擎

存储引擎是处理不同表类型的 SQL 操作的 MySQL 组件，决定了数据的存储、索引的建立和更新、查询数据等技术的实现方法。因为在 MySQL 数据库中数据是以表的形式存储的，所以简单来说存储引擎指的就是表的类型。

4.7.1　MySQL 支持的存储引擎

MySQL 提供了多种存储引擎，用户可以根据需要为表选择不同的存储引擎。我们可以使用 SHOW ENGINES 查看 MySQL 支持的存储引擎。

【例 4.8】查看 MySQL 的存储引擎。

在 MySQL 命令行客户端输入命令：

```
SHOW ENGINES;
```

执行结果如图 4.13 所示。

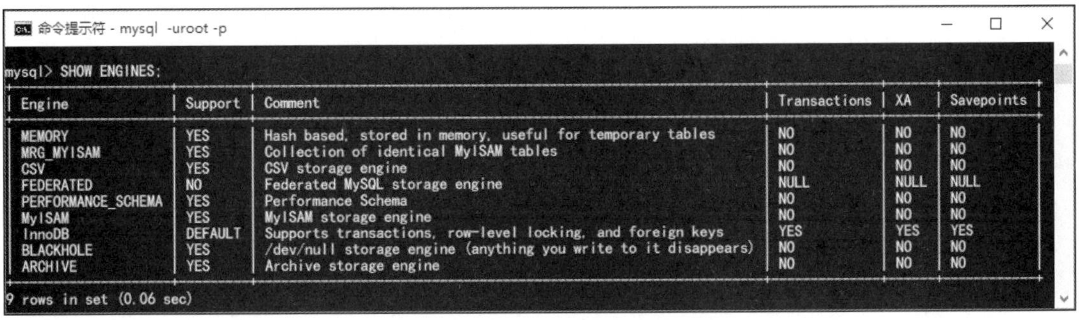

Engine	Support	Comment	Transactions	XA	Savepoints
MEMORY	YES	Hash based, stored in memory, useful for temporary tables	NO	NO	NO
MRG_MYISAM	YES	Collection of identical MyISAM tables	NO	NO	NO
CSV	YES	CSV storage engine	NO	NO	NO
FEDERATED	NO	Federated MySQL storage engine	NULL	NULL	NULL
PERFORMANCE_SCHEMA	YES	Performance Schema	NO	NO	NO
MyISAM	YES	MyISAM storage engine	NO	NO	NO
InnoDB	DEFAULT	Supports transactions, row-level locking, and foreign keys	YES	YES	YES
BLACKHOLE	YES	/dev/null storage engine (anything you write to it disappears)	NO	NO	NO
ARCHIVE	YES	Archive storage engine	NO	NO	NO

图 4.13　MySQL 的存储引擎

下面介绍几种常用的存储引擎。

1．InnoDB

在 MySQL 8.0 中，InnoDB 是默认的存储引擎。使用 CREATE TABLE 语句创建表时，如果没有指定存储引擎，MySQL 将使用 InnoDB 存储引擎创建表。

InnoDB 存储引擎提供了良好的事务处理功能，其 DML 操作遵循 ACID 模型，具有提交、回滚和崩溃恢复功能。

InnoDB 存储引擎支持外键约束，可以保证相关表之间数据的一致性。

InnoDB 存储引擎支持自动增长 AUTO_INCREMENT 列。

InnoDB 存储引擎提供行级锁，可提高多用户并发性和性能。

2．MyISAM

在 MySQL 5.6 之前的版本中，MyISAM 是默认的存储引擎。

MyISAM 存储引擎的优点是表占用的空间小，读取速度快，但是 MyISAM 仅提供表级锁，限制了读/写工作负载的性能，并且它不支持事务处理和外键约束，因此它通常用于 Web 和数据仓库配置中的只读或主要操作为读取数据的场景。

3．MEMORY

MEMORY 存储引擎用于创建在内存中存储数据的特殊用途表。由于数据容易受到崩溃、硬件问题或断电的影响，只能将这些表用作临时工作区或从其他表中提取的数据的只读缓存。

使用 MEMORY 存储引擎的表不会在磁盘上创建任何文件，表的定义存储在 MySQL 数据字典中。当服务器关闭时，存储在表中的所有行都将丢失，表本身仍然存在。

MEMORY 类型的表的大小受 max_heap_table_size 系统变量的限制，该变量的默认值为 16MB。

4．CSV

使用 CSV 存储引擎创建表时，服务器将创建一个纯文本数据文件，其名称以表名称开头并具有扩展名 CSV，存储引擎会以逗号分隔值格式将数据保存到数据文件中。这种格式可以被 Microsoft Excel、记事本等应用程序读取或修改。

4.7.2 选择存储引擎

不同的存储引擎都有各自的特点，提供不同的存储机制以适应不同的需求。在实际的应用场景中，需要根据不同的应用需求结合各个存储引擎的特点进行选择。下面对 InnoDB、MyISAM、MEMORY 存储引擎从事务处理、外键约束、空间使用、内存使用、插入数据速度、锁机制、数据压缩等方面进行比较，比较结果如表 4.1 所示。

表 4.1　存储引擎比较

特性	InnoDB	MyISAM	MEMORY
事务处理	支持	不支持	不支持
外键约束	支持	不支持	不支持
存储限制	64TB	256TB	RAM
访问速度	低	高	高
锁机制	表级、行级	表级	表级
数据压缩	不支持	支持	不支持

通过表 4.1 对几种存储引擎的特性比较，可以发现 InnoDB、MyISAM 和 MEMORY 存储引擎适合不同的应用场景。

1．InnoDB 适用场景

InnoDB 存储引擎支持事务处理、外键、崩溃恢复和并发控制，因此对于需要事务处理的业务场景、数据更新、删除比较频繁的应用场景、对数据一致性要求较高的应用场景以及对并发控制要求较高的应用场景，可以选择 InnoDB 存储引擎。

2．MyISAM 适用场景

MyISAM 存储引擎不支持事务处理、不支持外键、仅支持表级锁，但是空间和内存占用低、处理速度快，因此对于不需要事务处理的业务场景、数据更新比较少的应用场景、对数据一致性要求不高的应用场景、并发访问相对较少的应用场景、单方面读取或写入数据比较多的业务可以选择 MyISAM 存储引擎。

3．MEMORY 适用场景

MEMORY 存储引擎将所有数据保存在 RAM 中，访问速度快，但是对表的大小有限制，太大的表无法缓存在内存中，另外服务器关闭或重启时会丢失数据，要确保表的数据可以恢复。因此，MEMORY 存储引擎通常用于对数据安全性要求较低、需要快速访问的小表。

4.8　本章小结

本章主要介绍了 MySQL 数据库管理操作，包括创建数据库、查看数据库、修改数据库和删除数据库，并对 MySQL 的存储引擎以及常用的存储引擎的特性进行了介绍和比较，给出了选择存储引擎的建议。

习 题 4

1. MySQL 8.0 自带的系统数据库有哪些？作用是什么？
2. 如何查看服务器有哪些数据库？
3. 如何创建数据库？
4. 选择数据库的语句是什么？
5. 如何查看一个数据库的定义语句？
6. 如何修改数据库的默认字符集和校对规则？
7. 如何删除数据库？
8. 什么是存储引擎？MySQL 都有哪些存储引擎？
9. 简述 MyISAM 存储引擎和 InnoDB 存储引擎的特点。

第 **5** 章 MySQL 表结构管理

学习目标

- 理解 MySQL 的数据类型
- 掌握创建表、修改表和删除表的方法
- 理解数据完整性的概念
- 掌握约束的定义方法

5.1 表的概念

表（Table）是关系数据库中最重要的数据库对象，用来存储数据库中的数据。一个数据库包含一个或多个表，表由行（Row）和列（Column）组成。表中的一行称为一个记录（Record），每个表包含若干行数据。列又称为字段（Field），由数据类型、长度、是否允许空值、默认值等组成，每个列表示记录的一个属性。

一个完整的表包含表结构和表数据两部分内容，表的结构主要包括表的列名、数据类型、长度、是否允许空值、默认值以及约束等，表数据就是表中的记录。例如，"教务管理系统"数据库中的学生表 student 的结构和部分数据如表 5.1 和表 5.2 所示。

表 5.1 学生表 student 的结构

列名	数据类型	长度	是否允许空值	默认值	约束	说明
sno	char	11	否		主键	学生编号
sname	varchar	10	否			学生姓名
ssex	char	1	否	男	只能取"男"或"女"	性别
sbirthday	date		是			出生日期
snation	varchar	10	是			民族
mno	char	4	是		外键，参照 major 表的 mno 列	专业编号

表 5.2 学生表 student 的数据

sno	sname	ssex	sbirthday	snation	mno
20190101001	刘丽	女	2001-3-2	汉族	0101
20190101002	张林	男	2000-9-12	汉族	0101
20190102001	李宏	男	2001-8-29	回族	0102
20200102001	孙明	男	2001-10-18	汉族	0102
20200102002	赵均	男	2000-12-19	汉族	0102

sno	sname	ssex	sbirthday	snation	mno
20200101001	张莉	女	2001-6-20	汉族	0101
20210201001	牛伟	男	2003-9-18	回族	0201

表管理操作包括表结构管理和表数据操作，本章主要介绍表结构管理，包括创建表、修改表结构、删除表和查看表结构等内容。

5.2 MySQL 的数据类型

定义表时需要对表中的列进行属性设置，包括列的名称、数据类型、长度、默认值等，其中最重要的属性就是数据类型。数据类型是指存储在数据库中的数据的类型，决定了数据的存储格式和取值范围。

MySQL 中的数据类型主要包括数值类型、字符串类型、日期和时间类型、空间类型和 JSON 类型。本书主要介绍数值类型、字符串类型、日期和时间类型。

5.2.1 数值类型

数值类型包括整数类型、定点数类型、浮点数类型和位值类型。

1．整数类型

整数类型包括 TINYINT、SMALLINT、MEDIUMINT、INTEGER（或 INT）和 BIGINT，各类型的存储字节和取值范围如表 5.3 所示。

表 5.3　整数类型

数据类型	存储字节数	无符号数取值范围	有符号数取值范围
TINYINT	1	$0 \sim 255$	$-128 \sim 127$
SMALLINT	2	$0 \sim 65535$	$-32768 \sim 32767$
MEDIUMINT	3	$0 \sim 16777215$	$-8388608 \sim 8388607$
INTEGER（或 INT）	4	$0 \sim 4294967295$	$-2147483648 \sim 2147483647$
BIGINT	8	$0 \sim 2^{64}-1$	$-2^{63} \sim 2^{63}-1$

MySQL 允许在数据类型关键字后面的括号中选择性地指定整数数据类型的显示宽度。例如，INT(4)指定 INT 显示宽度为 4 位数。但是，从 MySQL 8.0.17 开始，不推荐使用整数数据类型的显示宽度属性，在未来版本的 MySQL 中可能会不再支持显示宽度属性。

2．定点数类型

定点数类型包括 DECIMAL 和 NUMERIC，用于存储精确的数值数据。在 MySQL 中，NUMERIC 被实现为 DECIMAL。

定点数类型的定义语法为 DECIMAL(M,D)或 NUMERIC(M,D)，其中 M 是最大位数（精度），范围是 1 到 65，D 是小数点后的位数（小数位数），它的范围是 0 到 30，并且不能大于 M。如果 D 省略，则默认为 0，如果 M 省略，则默认为 10。

例如，定义 salary 列的数据类型为 DECIMAL(5,2)，则该列能够存储具有 5 位数字和 2 位小数的任何值，因此 salary 列的取值范围为$-999.99 \sim 999.99$。

3．浮点数类型

浮点数类型包括单精度 FLOAT 类型和双精度 DOUBLE 类型，代表近似的数据值。MySQL 对单精度值使用 4 字节存储，对双精度值使用 8 字节存储。

对于 FLOAT，MySQL 支持在关键字 FLOAT 之后指定可选的精度，但是 FLOAT(p)中的精度值 p 仅用于确定存储大小，0 到 23 之间的精度将产生一个 4 字节的单精度浮点列。从 24 到 53 的精度将产生一个 8 字节的双精度浮点列。

由于浮点值是近似值，而不是存储为精确值，因此在比较中尝试将其视为精确值可能会出现问题。

4．位值类型

位数据类型用于存储位值，BIT(M)允许存储一个长度为 M 的位值，M 的范围从 1 到 64。要指定位值，可以使用 b'值'表示法。值是使用 0 和 1 组成的二进制值。例如，b'111' 和 b'10000000'分别表示 7 和 128。

如果给一个 BIT(M)列赋值一个长度小于 M 的位值，则该值在左侧用零填充。例如，将 b'101'赋值给类型为 BIT(6)的列实际上与 b'000101'相同。

5.2.2　字符串类型

字符串数据类型包括 CHAR、VARCHAR、BINARY、VARBINARY、BLOB、TEXT、ENUM 和 SET，各类型的存储字节数如表 5.4 所示，表中 M 代表非二进制字符串类型的声明长度（字符数）和二进制字符串类型的字节数。L 表示给定字符串值的实际长度（以字节为单位）。

表 5.4　字符串类型

数据类型	存储字节
CHAR(M)	M×w 字节，0≤ M ≤ 255，其中 w 是字符集中最大长度字符所需的字节数
BINARY(M)	M 字节，0 ≤ M ≤ 255
VARCHAR(M), VARBINARY(M)	如果列值需要 0～255 字节，则为 L+1 字节，如果列值可能需要超过 255 字节，则为 L+2 字节
TINYBLOB, TINYTEXT	L+ 1 字节，其中 L< 2^8
BLOB, TEXT	L+ 2 字节，其中 L< 2^{16}
MEDIUMBLOB, MEDIUMTEXT	L+ 3 字节，其中 L< 2^{24}
LONGBLOB, LONGTEXT	L+ 4 字节，其中 L< 2^{32}
ENUM('value1','value2',...)	1 或 2 字节，取决于枚举值的数量（最多 65535 个值）
SET('value1','value2',...)	1、2、3、4 或 8 字节，取决于集合成员的数量（最多 64 个成员）

1．CHAR 和 VARCHAR 类型

使用 CHAR 和 VARCHAR 定义列时需要声明长度，该长度表示要存储的最大字符数。例如，CHAR(30)最多可以容纳 30 个字符。

CHAR 和 VARCHAR 的区别如下。

（1）CHAR 列的长度固定为声明的长度。长度可以是 0 到 255 之间的任意值。存储时，会使用空格右填充到指定的长度。检索时，除非启用"PAD_CHAR_TO_FULL_LENGTH SQL"模式，否则将删除尾随空格。

（2）VARCHAR 列中的值是可变长度字符串。长度可以指定为 0 到 65535 之间的值。VARCHAR 的有效最大长度取决于最大行大小（65535 字节）和使用的字符集。VARCHAR 值在存储时不进行填充，在存储和检索值时保留尾随空格。

（3）与 CHAR 不同，VARCHAR 值存储为 1 字节或 2 字节长度前缀加数据。长度前缀表示值中的字节数。如果值不超过 255 字节，则使用一个长度字节；如果值超过 255 字节，则使用两个长度字节。

（4）对于 VARCHAR 列，超出列长度的尾随空格在插入之前会被截断并生成警告。对于 CHAR 列，都会从插入的值中截断多余的尾随空格。

2．BINARY 和 VARBINARY 类型

BINARY 和 VARBINARY 类型与 CHAR 和 VARCHAR 类似，只是它们存储字节字符串而不是字符串，这意味着它们具有二进制字符集和排序规则，比较和排序基于值中字节的数值。BINARY 和 VARBINARY 的允许最大长度与 CHAR 和 VARCHAR 的相同，只是 BINARY 和 VARBINARY 的长度是以字节为单位而不是字符。

存储 BINARY 值时，将使用 0x00（零字节）将其值右填充到指定的长度，检索时，不会删除任何尾随字节。比较时 0x00 和空格是不同的，0x00 排序在空格之前。对于 VARBINARY，插入时不进行填充，检索时也不删除字节。

3．BLOB 和 TEXT 类型

BLOB 是一个二进制大对象，可以容纳可变数量的数据。有 4 种 BLOB 类型：TINYBLOB、BLOB、MEDIUMBLOB 和 LONGBLOB。它们的区别仅在于它们可以保存的值的最大长度不同。BLOB 值被视为二进制字符串（字节字符串），具有二进制字符集和排序规则，比较和排序是基于列值中字节的数值。

有 4 种 TEXT 类型：TINYTEXT、TEXT、MEDIUMTEXT 和 LONGTEXT。它们对应于 4 种 BLOB 类型并且具有相同的最大长度和存储要求。TEXT 值被视为非二进制字符串（字符串）。它们具有除 binary 之外的字符集，并且根据字符集的排序规则对值进行排序和比较。

对于 TEXT 和 BLOB 列，插入时不进行填充，检索时也不删除字节。另外，BLOB 和 TEXT 列不能有 DEFAULT 值。

4．ENUM 类型

ENUM 类型又称为枚举类型，在创建表时，使用 ENUM('值 1','值 2',…,'值 n') 的形式定义一个列，则该列的取值范围就以列表('值 1','值 2',…,'值 n') 的形式指定了，该列的值只能取列表中的某一个元素。ENUM 类型的取值列表中最多只能包含 65535 个值。例如，性别列的定义为：ssex ENUM('男','女') NOT NULL，那么该列的值可以为"男"或者"女"。

使用 ENUM 类型定义列时，会自动删除成员值中的尾随空格。如果将 ENUM 列声明为允许空值，则 NULL 值被认为是该列的有效值，该列的默认值为 NULL。如果将 ENUM 列声明为不允许取空值（NOT NULL），则其默认值是列表中的第一个元素。

5．SET 类型

在创建表时，使用 SET('值 1','值 2',…,'值 n') 的形式定义的列的值可以取列表中的一个元素或者多个元素的组合。取多个元素时，不同元素之间用逗号隔开。SET 类型的取值列表最多只能有 64 个元素。

使用 SET 类型定义列时，会自动删除成员值中的尾随空格。插入记录时，SET 列中的元素顺序无关紧要，存入 MySQL 数据库后，数据库系统会自动按照定义时的顺序显示。

例如，使用 SET('a', 'b') NOT NULL 定义的列，其值可以为以下几种情况："a""b""a,b"。

5.2.3 日期和时间类型

日期和时间数据类型包括 YEAR、DATE、TIME、DATETIME 和 TIMESTAMP，各类型的存储字节数和取值范围如表 5.5 所示。

表 5.5　日期和时间类型

数据类型	存储字节	格式	取值范围
YEAR	1 字节	YYYY	1901 ~ 2155
DATE	3 字节	YYYY-MM-DD	1000-01-01 ~ 9999-12-31
TIME	3 字节+小数秒部分存储	hh:mm:ss	-838:59:59 ~ 838:59:59
DATETIME	5 字节+小数秒部分存储	YYYY-MM-DD hh:mm:ss	1000-01-01 00:00:00 ~ 9999-12-31 23:59:59
TIMESTAMP	4 字节+小数秒部分存储	YYYY-MM-DD hh:mm:ss	1970-01-01 00:00:01 ~ 2038-01-19 03:14:07

1．YEAR 类型

YEAR 类型用于存储年份值，接受 4 位字符串、4 位数字、1 位或 2 位字符串、1 位或 2 位数字等几种形式的输入值。如果输入值为 4 位字符串或 4 位数字，有效范围为 1901 ~ 2155。如果输入值为 1 位或 2 位字符串，有效范围为 0 ~ 99，MySQL 将 0 ~ 69 转换为 2000 ~ 2069，将 70 ~ 99 转换为 1970 ~ 1999。如果输入值为 1 位或 2 位数字，有效范围为 0 ~ 99，MySQL 将 0 ~ 69 转换为 2000 ~ 2069，将 70 ~ 99 转换为 1970 ~ 1999。

2．DATE 类型

DATE 类型用于存储包含日期部分但不包含时间部分的值。MySQL 以'YYYY-MM-DD'格式检索并显示日期值，支持的范围为 1000-01-01 ~ 9999-12-31。

3．TIME 类型

TIME 类型用于存储时间值，格式为 hh:mm:ss 或 hhh:mm:ss。其中的小时部分不仅可以表示一天中的某个时间（必须小于 24 小时），还可以表示经过的时间或两个事件之间的时间间隔（可能远远大于 24 小时，甚至为负值）。

MySQL 可以识别多种格式的时间值，其中一些格式可以包含精度高达微秒（6 位）的尾随小数秒部分。使用 TIME 类型定义列时如果指定小数位数，则存储小数秒部分需要额外的存储空间。TIME 和 TIME(0)等效，使用 3 个字节存储，TIME(1)和 TIME(2)使用 4 字节存储，TIME(3)和 TIME(4)使用 5 字节存储，TIME(5)和 TIME(6)使用 6 字节存储。

4．DATETIME 和 TIMESTAMP 类型

DATETIME 类型和 TIMESTAMP 类型用于存储同时包含日期和时间部分的值。MySQL 以'YYYY-MM-DD hh:mm:ss'格式检索并显示日期时间值。DATETIME 类型支持的范围为 1000-01-01 00:00:00 到 9999-12-31 23:59:59，TIMESTAMP 类型支持的范围为 1970-01-01 00:00:01 到 2038-01-19 03:14:07。MySQL 将 TIMESTAMP 类型值从当前时区转换为 UTC 进行存储，并从 UTC 转换回当前时区进行检索。

DATETIME 和 TIMESTAMP 值可以包含精度高达微秒（6 位）的尾部小数秒部分。DATETIME 类型值的范围为 1000-01-01 00:00:00.000000 到 9999-12-31 23:59:59.999999，TIMESTAMP 类型值的范围为 1970-01-01 00:00:01.000000 到 2038-01-19 03:14:07.999999。DATETIME 和 TIMESTAMP 类型的小数秒部分的存储要求与 TIME 类型相同。

5.3 使用命令创建表

创建表之前首先需要先定义表的结构，包括表的名称、表中每一列的名称、数据类型、长度、列是否允许空值以及为了保证表中数据的正确性和一致性设置的约束等，表的设计在第 2 章中已经介绍，本章不再赘述。表的设计工作完成之后，就可以进行表的创建。

微课：使用 CREATE TABLE 语句 创建表

5.3.1 使用 CREATE TABLE 语句创建表

MySQL 中可以使用 CREATE TABLE 语句创建表，语法格式如下：

```
CREATE [TEMPORARY] TABLE [IF NOT EXISTS] tbl_name
( col_name data_type[(n[,m])] [NOT NULL | NULL] [DEFAULT {literal | (expr)} ]
    [AUTO_INCREMENT] [COMMENT 'string'],
    …,
    [index_definition],
    [constraint_definition]
)[table_options]
```

📖 说明

（1）TEMPORARY：如果使用该关键字，则创建的表为临时表。临时表只在当前连接可见，当关闭连接时，MySQL 会自动删除表并释放所有空间。

（2）IF NOT EXISTS：该选项用于防止表存在时发生错误。

（3）tbl_name：要创建的表的名称，可以使用 db_name.tbl_name 的方式在指定的数据库中创建表。如果只有表的名称，则在当前数据库中创建表。

（4）col_name：列的名称。

（5）data_type：列的数据类型，参见 5.2 节中的内容。

（6）NOT NULL | NULL：指定该列是否允许空值，默认为 NULL。

（7）DEFAULT {literal | (expr)}：指定列的默认值，默认值可以是常量，也可以是表达式。

（8）AUTO_INCREMENT：用于定义自增列，每个表只能有一个自增列，该列的数据类型必须是整型或浮点型，并且必须被索引，不能有默认值。自增列从 1 开始。在自增列中插入 NULL（建议）或 0 值时，该列的值将设置为当前列的最大值+1。

（9）COMMENT 'string'：该选项指定列的注释，最长可达 1024 个字符。

（10）index_definition：定义索引，有关索引的内容在本书的第 9 章进行介绍。

（11）constraint_definition：定义约束，有关约束的内容在本书的 5.4 节进行介绍。

（12）table_options：表的选项。常用的选项如下。

① AUTO_INCREMENT [=] value：表的初始自动增量值。

② [DEFAULT] CHARACTER SET [=] charset_name：指定表的默认字符集。

③ ENGINE [=] engine_name：指定表的存储引擎。

④ ENCRYPTION [=] {'Y' | 'N'}：启用或禁用 InnoDB 表的页面级数据加密。

【例 5.1】在 jwgl 数据库中创建学生表 student，表结构如表 5.1 所示。

在 MySQL 命令行客户端输入命令（本例先不考虑约束）：

```
USE jwgl;
CREATE TABLE student
(
   sno CHAR(11)NOT NULL,
   sname VARCHAR(10)NOT NULL,
   ssex CHAR(1)NOT NULL DEFAULT '男',
   sbirthday DATE,
   snation VARCHAR(10),
   mno CHAR(4)
);
```

执行结果如图 5.1 所示。

图 5.1　创建学生表 student

【例 5.2】在 jwgl 数据库中创建课程表 course，表结构如表 5.6 所示。

表 5.6　课程表 course

列名	数据类型	长度	精度	允许空	约束	说明
cno	char	3		否	主键	课程编号
cname	varchar	10		否		课程名称
ctype	varchar	5		是		课程类型
cclasshour	tinyint			是		课时
ccredit	decimal	2	1	是		学分
cterm	tinyint			是	1～8	开设学期

在 MySQL 命令行客户端输入命令（本例先不考虑约束）：

```
CREATE TABLE course
(
   cno CHAR(3),
   cname VARCHAR(10),
   ctype VARCHAR(5),
   cclasshour TINYINT,
   ccredit DECIMAL(2,1),
   cterm TINYINT
);
```

5.3.2　通过复制创建表

在 MySQL 中，可以通过复制数据库中已有的表的方式创建表，通过复制创建表的方法有两种。

1. 使用 CREATE TABLE...LIKE 语句

CREATE TABLE...LIKE 语句基于另一个表的定义创建一个新表，语法格式如下：

```
CREATE TABLE new_tbl LIKE orig_tbl;
```

> 📝 **说明**
>
> （1）该语句可以将源表的结构复制到新表中，new_tbl 为要创建的新表的名称，orig_tbl 为源表的名称。
>
> （2）新表包括源表中的列、列的属性、默认值、主键约束、唯一性约束、CHECK 约束和索引的定义，外键约束定义不会复制到新表中（约束相关的内容在 5.4 节介绍）。
>
> （3）创建的新表为空表，不包含源表中的数据。

【例 5.3】在 jwgl 数据库中通过复制 student 表结构的方式创建表 student_bak。

在 MySQL 命令行客户端输入命令：

```
CREATE TABLE student_bak LIKE student;
```

执行结果如图 5.2 所示。

图 5.2　使用 CREATE TABLE…LIKE 语句创建表 student_bak

2. 使用 CREATE TABLE…SELECT 语句

通过在 CREATE TABLE 语句末尾添加 SELECT 语句，可以从一个表创建另一个表，语法格式如下：

```
CREATE TABLE new_tbl
[( column_definition,
   [index_definition],
   [constraint_definition]
)[table_options]]
[AS] SELECT * FROM orig_tbl;
```

> 📝 **说明**
>
> （1）该语句可以将源表的表结构和记录复制到新表中，但默认值、约束、索引不会复制。
>
> （2）如果 CREATE TABLE 语句中定义了列的信息，则在生成的表中 SELECT 语句产生的列附加在这些列之后。
>
> （3）SELECT 语句可以是任意合法的查询语句，MySQL 将基于查询结果创建新表。有关 SELECT 语句的内容将在第 7 章详细介绍。

【例 5.4】在 jwgl 数据库中通过复制 student 表中"0101"专业的学生数据创建表 student_computer。

在 MySQL 命令行客户端输入命令：

```
CREATE TABLE student_computer
AS
SELECT * FROM student WHERE mno='0101';
```

执行结果如图 5.3 所示。

图 5.3　使用 CREATE TABLE…SELECT 语句创建表 student_computer

5.4 定义约束

通过前面的方法我们已经可以在数据库中创建表了。但是现在创建的表还存在一些问题，比如，向 student 表中添加数据时，性别只有两种取值，我们可以用"男"和"女"来表示两种性别，也可以用"M"和"F"表示。我们在例 5.1 创建的 student 表中，性别字段 ssex 的值可以输入任意的值，只要满足该字段的数据类型和长度定义 CHAR(1)即可，如果不加限制数据库中就会存储很多无效或者无意义的数据，给操作带来很多不便。数据库中的数据是现实世界的抽象，必须保证数据库中的数据能够正确地反映现实世界，符合现实世界的业务规则。

5.4.1 数据完整性与约束

数据完整性是指数据库中数据的正确性、有效性和一致性。例如，学生的学号必须是唯一的，性别只能是"男"或"女"，专业必须是学校开设的专业等。数据完整性是为了防止错误信息的输入使数据库中存储不符合语义规则的数据而造成无效操作或者产生错误输出，因此维护数据完整性是非常重要的。

数据完整性一般包括实体完整性、参照完整性和用户定义的完整性。在数据库管理系统中，约束是实现数据完整性的一种重要手段。

1．实体完整性

实体完整性要求表中每一行数据必须有唯一的标识，不能重复。实体完整性可以通过定义主键约束或唯一性约束加非空约束实现。

例如，在 jwgl 数据库的 student 表中，将 sno 列定义为主键，sno 列不能取空值并且每一个 sno 值都是唯一的，每一个 sno 值可以唯一地标识表中的一行数据，从而保证 student 表的实体完整性。score 表中，将 sno 列和 cno 列的组合定义为主键，两列不能取空值且 sno 值和 cno 值的组合不允许重复，保证 score 表的实体完整性。

2．参照完整性

参照完整性用于保证参照表和被参照表之间的数据一致性，可以在被参照表中定义主键，在参照表中定义外键，通过主键和外键之间的对应关系来实现参照完整性。参照完整性要求参照表中外键的值或者为空值，或者必须是被参照表中主键的值。

例如，将 major 表作为被参照表，表中的 mno 列定义为主键，student 表作为参照表，表中的 mno 列定义为外键，major 表和 student 表通过主键和外键之间的对应关系实现参照完整性，student 表中 mno 列的值只能取 major 表中 mno 列的值或空值，从而保证两个表之间的数据一致性，如图 5.4 所示。

3．用户定义的完整性

用户定义的完整性是指针对具体的应用，用户根据需要自己定义的数据必须满足的语义要求。用户定义的完整性可以通过定义默认值、非空约束和 CHECK 约束来实现。

例如，对于 student 表中的 ssex 列，规定其取值只能是"男"或"女"，score 表中的 grade 列，规定其取值在 0 到 100 之间。

下面介绍 MySQL 中通过定义约束来实现数据完整性的方法。

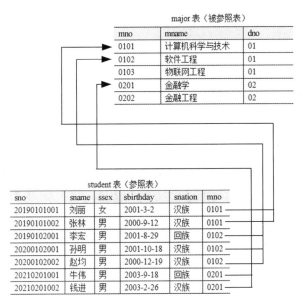

图 5.4 参照完整性示例

5.4.2 主键约束

主键约束可以用来实现实体完整性。主键可以是表中的一列，也可以是多个列的组合。由多个列组成的主键称为复合主键。

微课：主键约束

MySQL 中主键必须遵守以下规则：

- 一个表只能定义一个主键；
- 主键列不能取空值，表中的两行在主键上不能具有相同的值，即主键值必须唯一，这就是唯一性原则；
- 复合主键不能包含多余的列，如果从一个复合主键中删除一列后，剩余的列构成的主键仍满足唯一性原则，那么这个复合主键是不正确的，这称为最小化原则；
- 复合主键的列表中每个列名只能出现一次。

1．创建表时定义主键约束

可以在用 CREATE TABLE 语句创建表时定义主键约束，有两种方法。

（1）定义为列级完整性约束

在 CREATE TABLE 语句中，在要定义为主键的列的属性定义中加上 PRIMARY KEY，语法格式如下：

```
col_name data_type[(n[,m])] [DEFAULT {literal | (expr)} ] PRIMARY KEY
```

【例 5.5】创建 student 表，将 sno 列定义为主键，以列级完整性约束定义。

在 MySQL 命令行客户端输入命令：

```
CREATE TABLE student
(
  sno CHAR(11) PRIMARY KEY,
  sname VARCHAR(10) NOT NULL,
  ssex CHAR(1) NOT NULL DEFAULT '男',
  sbirthday DATE,
  snation VARCHAR(10),
```

```
    mno CHAR(4)
);
```

注意，执行本例中的命令时，因为在例 5.1 中已经创建了 student 表，会提示 "Table 'student' already exists" 的错误，如图 5.5 所示。这时需要先执行 DROP TABLE student 删除之前创建的 student 表，再重新创建。后面的一些示例如果也出现 "Table already exists" 的错误，处理方法相同。

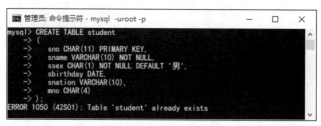

图 5.5　创建表出错

（2）定义为表级完整性约束

在 CREATE TABLE 语句中，在表中所有列的定义之后，加上主键约束的定义，语法格式如下：

```
[CONSTRAINT constraint_name] PRIMARY KEY(col_name[, col_name…])
```

💡 **说明**

（1）constraint_name：约束的名称，如果省略 CONSTRAINT constraint_name，则 MySQL 会自动给约束命名。

（2）复合主键必须定义为表级完整性约束，PRIAMRY KEY 关键字后的括号中给出多个列的名称，以逗号分隔。

【例 5.6】创建学院表 dept，将 dno 列定义为主键，以表级完整性约束定义。dept 表的结构如表 5.7 所示（唯一性约束在 5.4.3 小节介绍）。

表 5.7　学院表 dept

列名	数据类型	长度	允许空值	约束	说明
dno	char	2	否	主键	学院编号
dname	varchar	20	否	唯一	学院名称
dloc	varchar	20	是		办公地址
dphone	char	8	是		办公电话

在 MySQL 命令行客户端输入命令：

```
CREATE TABLE dept
(
  dno CHAR(2) NOT NULL,
  dname VARCHAR(20) NOT NULL,
  dloc VARCHAR(20),
  dphone CHAR(8),
  CONSTRAINT pk_dno PRIMARY KEY(dno)
);
```

【例 5.7】创建成绩表 score，score 表的结构如表 5.8 所示，sno 列和 cno 列的组合为主键，以表级完整性约束定义（外键约束在 5.4.5 小节介绍）。

表 5.8　成绩表 score

列名	数据类型	长度	允许空	约束	说明
sno	char	11	否	外键，参照 student 表的 sno 列 (sno,cno)组合作为主键	学生编号
cno	char	3	否	外键，参照 course 表的 cno 列 (sno,cno)组合作为主键	课程编号
grade	tinyint		是		成绩

在 MySQL 命令行客户端输入命令：

```
CREATE TABLE score
(
  sno CHAR(11),
  cno CHAR(3),
  grade TINYINT,
  CONSTRAINT pk_sno_cno PRIMARY KEY(sno,cno)
);
```

2．修改表时定义主键约束

如果表已经存在并且需要创建主键约束，可以用 ALTER TABLE 语句对表结构进行修改增加主键约束，语法格式如下：

```
ALTER TABLE tbl_name
ADD [CONSTRAINT constraint_name] PRIMARY KEY(col_name[, col_name…]);
```

【例 5.8】修改 course 表，将 cno 设置为主键。

在 MySQL 命令行客户端输入命令：

```
ALTER TABLE course
ADD CONSTRAINT pk_cno PRIMARY KEY(cno);
```

执行结果如图 5.6 所示。

图 5.6　修改 course 表定义主键约束

5.4.3　唯一性约束

如果表中某一列或者一些列的组合不允许有重复值，可以定义唯一性约束。唯一性约束和主键约束的区别如下：

微课：唯一性约束

- 一个表只能定义一个主键约束，但是可以定义多个唯一性约束；
- 设置为主键的列不允许空值，即使列的定义中没有 NOT NULL，而定义唯一性约束的列如果没有 NOT NULL，则可以有空值。

1．创建表时定义唯一性约束

可以在用 CREATE TABLE 语句创建表时定义唯一性约束，有两种方法。

（1）定义为列级完整性约束

在 CREATE TABLE 语句中，在要定义唯一性约束的列的属性定义中加上 UNIQUE，语法格式如下：

```
col_name data_type[(n[,m])] [NULL|NOT NULL][DEFAULT {literal | (expr)} ] UNIQUE
```

【例 5.9】创建 dept 表，为 dname 列设置唯一性约束，以列级完整性约束定义。

在 MySQL 命令行客户端输入命令：

```
CREATE TABLE dept
(
  dno CHAR(2) NOT NULL,
  dname VARCHAR(20) NOT NULL UNIQUE,
  dloc VARCHAR(20),
  dphone CHAR(8),
  CONSTRAINT pk_dno PRIMARY KEY(dno)
);
```

（2）定义为表级完整性约束

在 CREATE TABLE 语句中，在表中所有列的定义之后，加上唯一性约束的定义，语法格式如下：

```
[CONSTRAINT constraint_name] UNIQUE(col_name[, col_name…])
```

🖊️ 说明

（1）constraint_name：约束的名称，如果省略 CONSTRAINT constraint_name，则 MySQL 会自动给约束命名。

（2）如果要为多个列的组合设置唯一性约束，则必须定义为表级完整性约束，UNIQUE 关键字后的括号中给出多个列的名称，以逗号分隔。

【例 5.10】创建 dept 表，为 dname 设置唯一性约束，以表级完整性约束定义。

在 MySQL 命令行客户端输入命令：

```
CREATE TABLE dept
(
  dno CHAR(2) NOT NULL,
  dname VARCHAR(20) NOT NULL,
  dloc VARCHAR(20),
  dphone CHAR(8),
  CONSTRAINT pk_dno PRIMARY KEY(dno),
  CONSTRAINT un_dname UNIQUE(dname)
);
```

2．修改表时定义唯一性约束

如果表已经存在并且需要创建唯一性约束，可以用 ALTER TABLE 语句对表结构进行修改增加唯一性约束，语法格式如下：

```
ALTER TABLE tbl_name
ADD [CONSTRAINT constraint_name] UNIQUE(col_name[, col_name…])
```

【例 5.11】修改 course 表，为 cname 设置唯一性约束。

在 MySQL 命令行客户端输入命令：

```
ALTER TABLE course
ADD CONSTRAINT un_cname UNIQUE(cname);
```

5.4.4　CHECK 约束

MySQL 从 8.0.16 版本开始允许定义检查（CHECK）约束。CHECK 约束用于对某一列或者多个列的值设置检查条件，限制输入的数据必须满足检查条件。CHECK 约束一般用于实现用户定义的完整性。

微课：CHECK 约束

1. 创建表时定义 CHECK 约束

可以在用 CREATE TABLE 语句创建表时定义 CHECK 约束，有两种方法。

（1）定义为列级完整性约束

在 CREATE TABLE 语句中，在要定义 CHECK 约束的列的属性定义中加上 CHECK 约束的定义，语法格式如下：

```
col_name data_type[(n[,m])] [NULL|NOT NULL][DEFAULT {literal | (expr)} ] CHECK (expr)
```

> 💡 **说明**
>
> expr：约束条件，布尔表达式。对于表的每一行，该表达式的计算结果必须为 TRUE 或 UNKNOWN（对于 NULL 值）。如果条件的计算结果为 FALSE，则发生约束冲突。

【例 5.12】创建 student 表，定义检查约束限制 ssex 列的值只能取 "男" 或 "女"，以列级完整性约束定义。

在 MySQL 命令行客户端输入命令：

```
CREATE TABLE student
(
    sno CHAR(11) PRIMARY KEY,
    sname VARCHAR(10) NOT NULL UNIQUE,
    ssex CHAR(1) NOT NULL DEFAULT '男' CHECK (ssex='男' or ssex='女'),
    sbirthday DATE,
    snation VARCHAR(10),
    mno CHAR(4)
);
```

注意，如果某一个列的数据类型为字符型并且只能取某几个值，也可以使用 ENUM 类型来定义。例如，student 表中的 ssex 列可以定义为：ssex ENUM('男','女') DEFAULT '男'。

（2）定义为表级完整性约束

在 CREATE TABLE 语句中，在表中所有列的定义之后，加上检查约束的定义，语法格式如下：

```
[CONSTRAINT constraint_name] CHECK (expr)
```

> 💡 **说明**
>
> （1）constraint_name：约束的名称，如果省略 CONSTRAINT constraint_name，则 MySQL 会自动给约束命名。
>
> （2）如果约束条件表达式 expr 涉及多个列，则必须定义为表级完整性约束。

【例 5.13】创建 student 表，定义检查约束限制 ssex 列的值，以表级完整性约束定义。

在 MySQL 命令行客户端输入命令：

```
CREATE TABLE student
(
    sno CHAR(11) PRIMARY KEY,
    sname VARCHAR(10) NOT NULL UNIQUE,
    ssex CHAR(1) NOT NULL DEFAULT '男',
    sbirthday DATE,
    snation VARCHAR(10),
    mno CHAR(4),
```

```
    CONSTRAINT ch_ssex CHECK (ssex='男' or ssex='女')
);
```

2. 修改表时定义 CHECK 约束

如果表已经存在并且需要创建 CHECK 约束，可以用 ALTER TABLE 语句对表结构进行修改增加 CHECK 约束，语法格式如下：

```
ALTER TABLE tbl_name
ADD [CONSTRAINT constraint_name] CHECK (expr)
```

【例 5.14】修改 course 表，为 cterm 列设置检查约束限制输入的值必须在 1 到 8 之间。在 MySQL 命令行客户端输入命令：

```
ALTER TABLE course
ADD CONSTRAINT ch_cterm CHECK(cterm>=1 and cterm<=8);
```

5.4.5 外键约束

外键约束在两个表的列之间建立参照关系，用来实现参照完整性。一个表可以有一个或多个外键，外键可以是一列也可以是多列，外键的值可以为空值，如果不为空则必须是它所参照的另一个表的主键的一个值。

微课：外键约束

外键约束通常涉及两个表，根据表之间的参照关系分为：

* 主表（父表），即被参照表，在两个表的参照关系中主键所在的表；
* 从表（子表），即参照表，在两个表的参照关系中外键所在的表。

1. 创建表时定义外键约束

在 CREATE TABLE 语句中，在表中所有列的定义之后，加上外键约束的定义，语法格式如下：

```
[CONSTRAINT [constraint_name]] FOREIGN KEY(col_name, …)
 REFERENCES tbl_name (col_name, …)
 [ON DELETE RESTRICT | CASCADE | SET NULL | NO ACTION]
 [ON UPDATE RESTRICT | CASCADE | SET NULL | NO ACTION]
```

📝 说明

（1）constraint_name：约束的名称，如果省略 CONSTRAINT constraint_name，则 MySQL 会自动给约束命名。

（2）REFERENCES tbl_name (col_name,...)：指定外键所参照的主表的名称和主键列。

（3）ON DELETE：指定当删除父表中具有子表中匹配行的记录时采取的行动。

① RESTRICT：拒绝父表的删除操作，指定 RESTRICT 选项与省略 ON DELETE 子句相同。

② CASCADE：从父表中删除行时，自动删除子表中匹配的行。

③ SET NULL：删除父表中的行时，将子表中的匹配行的外键列的值设置为 NULL。

④ NO ACTION：相当于 RESTRICT。如果子表中存在相关的外键值，MySQL 服务器将拒绝父表的删除操作。

（4）ON UPDATE：指定当更改父表中具有子表中匹配行的主键值时采取的行动。

① RESTRICT：拒绝父表的更新操作，指定 RESTRICT 选项与省略 ON UPDATE 子句相同。

② CASCADE：更新父表中的行的主键值时，自动更新子表中匹配行的外键值。

③ SET NULL：更新父表中的行的主键值时，将子表中匹配行的外键列的值设置为 NULL。

④ NO ACTION：相当于 RESTRICT。如果子表中存在相关的外键值，MySQL 服务器将拒绝父表的更新操作。

【例5.15】创建 score 表，将 sno 列设置为外键，参照 student 表的 sno 列。

在 MySQL 命令行客户端输入命令：

```
CREATE TABLE score
(
    sno CHAR(11) NOT NULL,
    cno CHAR(3) NOT NULL,
    grade TINYINT,
    CONSTRAINT pk_sno_cno PRIMARY KEY(sno,cno),
    CONSTRAINT fk_sno FOREIGN KEY(sno) REFERENCES student(sno)
);
```

💡 说明

（1）创建外键约束时，父表必须已经创建并且被参照的列必须已经定义主键、唯一性约束或者键（KEY）。

（2）子表中的外键列和父表中被参照的列名称可以不同，但是数据类型、长度必须相同。

2．修改表时定义外键约束

如果表已经存在并且需要创建外键约束，可以用 ALTER TABLE 语句对表结构进行修改增加外键约束，语法格式如下：

```
ALTER TABLE tbl_name
ADD [CONSTRAINT [constraint_name]] FOREIGN KEY(col_name, …)
    REFERENCES tbl_name (col_name, …)
    [ON DELETE RESTRICT | CASCADE | SET NULL | NO ACTION]
    [ON UPDATE RESTRICT | CASCADE | SET NULL | NO ACTION]
```

【例5.16】修改 score 表，将 cno 列设置为外键，参照 course 表的 cno 列。

在 MySQL 命令行客户端输入命令：

```
ALTER TABLE score
ADD CONSTRAINT fk_cno FOREIGN KEY(cno) REFERENCES course(cno);
```

5.5 使用图形化工具创建表

可以使用 MySQL Workbench 图形化工具创建表，下面通过在 jwgl 数据库中创建专业表 major 来介绍具体的创建过程，major 表结构如表 5.9 所示。

表5.9　major 表结构

列名	数据类型	长度	允许空	约束	说明
mno	char	4	否	主键	专业编号
mname	varchar	20	否	唯一	专业名称
dno	char	2	是	外键，参照 dept 表的 dno 列	所属学院编号

（1）打开 Workbench 工具，连接到 MySQL 服务器。

（2）在左侧的"SCHEMAS"导航栏中找到 jwgl 数据库，单击左边的箭头，在下面的"Tables"节点上单击鼠标右键，在弹出的菜单中选择"Create Table…"，右侧将打开"new_table-Table"窗口的"Columns"选项卡，如图 5.7 所示。

图 5.7　新建表"Columns"选项卡

（3）在"Table Name"文本框中输入要创建的表名"major"，在"Charset/Collation""Engine"下拉列表中选择表的默认字符集、字符集的排序规则、存储引擎，这里采用默认值，如图 5.8 所示。

- 依次输入每个列的名称、数据类型、长度；
- mno 列为主键，不允许空值，勾选该列后的"PK"和"NN"复选框；
- mname 列不允许空值，要求唯一，勾选该列后的"NN"和"UQ"复选框。

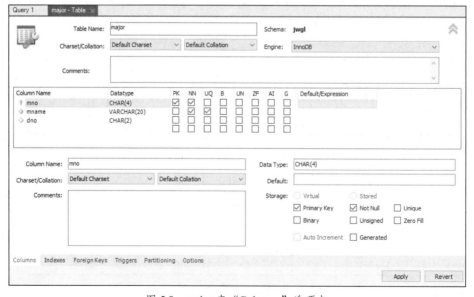

图 5.8　major 表"Columns"选项卡

（4）选择"Foreign Keys"选项卡，在左侧列表框的"Foreign Key Name"处输入外键约束的名称"fk_dno"，在"Referenced Table"下拉列表中选择 dept 表。右侧列表框中的

"Column"处出现 major 表中的列,勾选 dno 列,在对应的"Referenced Column"处选择 dept 表中的 dno 列,如图 5.9 所示。

图 5.9　major 表"Foreign Keys"选项卡

(5)单击"Apply"按钮,完成表的创建。

5.6 查看表

查看表包括查看当前数据库中的表、查看表结构和查看表的定义语句。

5.6.1 查看当前数据库中的表

可以使用 SHOW TABLES 命令查看当前数据库中已有的表。

【例 5.17】查看 jwgl 数据库中已有的表。

在 MySQL 命令行客户端输入命令:

```
USE jwgl
SHOW TABLES;
```

执行结果如图 5.10 所示。

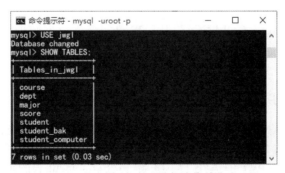

图 5.10　查看 jwgl 数据库中的表

5.6.2 查看表结构

在 MySQL 中可以使用 DESCRIBE 语句或 SHOW COLUMNS|FIELDS 语句查看某个表的基本结构，包括列名、数据类型、键、是否允许空值、默认值等信息。

1．DESCRIBE 语句

DESCRIBE 语句的语法格式如下：

```
DESC[RIBE] [db_name.]tbl_name
```

💿 说明

（1）DESCRIBE 可以简写为 DESC。
（2）db_name：要查看的表所在的数据库的名称，如果省略则默认为当前数据库。
（3）tbl_name：要查看的表的名称。

【例 5.18】使用 DESCRIBE 语句查看 jwgl 数据库中 student 表的结构。

在 MySQL 命令行客户端输入命令：

```
DESC student;
```

执行结果如图 5.11 所示。

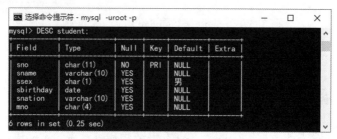

图 5.11　查看 student 表的结构

2．SHOW COLUMNS|FIELDS 语句

SHOW COLUMNS|FIELDS 语句的语法格式如下：

```
SHOW {COLUMNS | FIELDS} {FROM | IN} tbl_name [{FROM | IN} db_name]
```

💿 说明

（1）SHOW COLUMNS 和 SHOW FIELDS 作用一样，FROM 和 IN 作用一样。
（2）db_name：要查看的表所在的数据库的名称，如果省略则默认为当前数据库。
（3）tbl_name：要查看的表的名称。

【例 5.19】使用 SHOW COLUMNS|FIELDS 语句查看 jwgl 数据库中 course 表的结构。
在 MySQL 命令行客户端输入命令：

```
SHOW COLUMNS FROM course;
```

5.6.3 查看表的定义语句

SHOW CREATE TABLE 语句可以用来查看创建表的 CREATE TABLE 语句，语法格式如下：

```
SHOW CREATE TABLE tbl_name
```

【例 5.20】使用 SHOW CREATE TABLE 语句查看 student 表的定义语句。
在 MySQL 命令行客户端输入命令：

```
SHOW CREATE TABLE student \G
```

执行结果如图 5.12 所示。

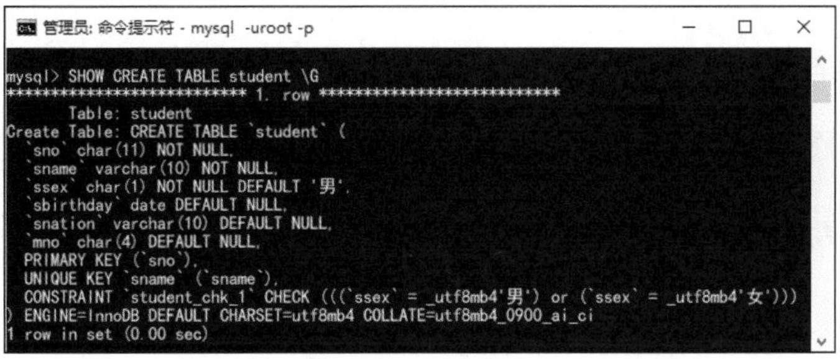

图 5.12 查看 student 表的定义语句

📝 **说明**

（1）语句之后如果用分号结束，显示结果可能会比较混乱，使用\G 可以使结果显示更加整齐美观，便于查看。

（2）返回的表的 CREATE TABLE 语句中，表的名称、列名、约束名、索引名等标识符均加上了反引号（\`）。

5.7 修改表

数据库应用系统在使用过程中，功能需求可能会发生变化或者需要增加新的功能，从而导致数据库中表的结构发生改变，需要对表进行修改。在 MySQL 中，可以使用 ALTER TABLE 语句修改表，包括列的修改、约束的修改、修改表名和表的选项。

5.7.1 列的添加、修改与删除

随着系统需求的变化或者功能的改进，可能需要对已经存在的表中的列进行修改。列的修改包括添加列、修改列名、修改列的定义以及删除列等操作。

1．添加列

MySQL 中添加列的语句的语法格式如下：

```
ALTER TABLE tbl_name
ADD [COLUMN] col_name column_definition [FIRST | AFTER col_name]
```

📝 **说明**

（1）tbl_name：要修改的表的名称。

（2）column_definition：要添加的新列的定义，语法格式为 data_type[(n[,m])] [NOT NULL | NULL] [DEFAULT {literal | (expr)}] [AUTO_INCREMENT] [COMMENT 'string']，其中各项的含义参见 5.3.1 小节中的介绍。

（3）FIRST：可选项，将新添加的列作为表的第一列。

（4）AFTER col_name：和 FIRST 二选其一，将新列添加到指定的列之后。

【例 5.21】在 student 表中添加学生电话 stelephone 字段，数据类型为 VARCHAR，长度为 8，允许空值。

在 MySQL 命令行客户端输入命令：

```
ALTER TABLE student ADD stelephone VARCHAR(8);
```
执行结果如图 5.13 所示。

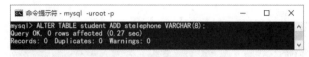

图 5.13 添加 stelephone 列

使用 DESC 查看 student 表的结构，会发现 student 表的最后增加了 stelephone 列，如图 5.14 所示。

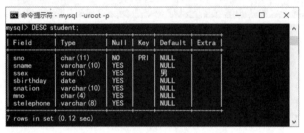

图 5.14 查看 student 表的结构

2．修改列的定义

MySQL 中修改列的定义的语句的语法格式如下：

```
ALTER TABLE tbl_name
MODIFY [COLUMN] col_name column_definition [FIRST | AFTER col_name]
```

💿 说明

（1）各选项的含义参见添加列中的介绍。

（2）该语句可以修改列的定义，包括数据类型、长度、是否允许空值、默认值等，不能修改列的名称。

（3）使用 FIRST 或 AFTER col_name 可以对列重新排序。

【例 5.22】将 student 表中的 stelephone 字段的数据类型改为 CHAR，长度为 8。

在 MySQL 命令行客户端输入命令：

```
ALTER TABLE student MODIFY stelephone CHAR(8);
```

3．修改列名

MySQL 中修改列名的语句的语法格式如下：

```
ALTER TABLE tbl_name
RENAME COLUMN old_col_name TO new_col_name
```

💿 说明

（1）old_col_name：原列名。

（2）new_col_name：修改后的列名。

【例 5.23】将 student 表中的 stelephone 字段的名称改为 sphone。

在 MySQL 命令行客户端输入命令：

```
ALTER TABLE student RENAME COLUMN stelephone TO sphone;
```

4．修改列名和列定义

在 MySQL 中，可以使用 CHANGE COLUMN 修改列名和列的定义，语法格式如下：

```
ALTER TABLE tbl_name
CHANGE [COLUMN] old_col_name new_col_name column_definition [FIRST | AFTER col_name]
```

📝 **说明**

（1）各选项的含义参见前面的介绍。

（2）该语句可以修改列名和列的定义，或者同时修改列名和列定义。

（3）该语句具有比 MODIFY 或 RENAME COLUMN 更大的功能，但以牺牲操作的便利性为代价。如果不重命名列，则需要对其命名两次；如果仅重命名列，则需要重新指定列定义。

【例 5.24】将 student 表中的 sphone 字段的名称改为 smobilephone，数据类型为 VARCHAR，长度为 11，允许空值。

在 MySQL 命令行客户端输入命令：

```
ALTER TABLE student
CHANGE sphone smobilephone VARCHAR(11);
```

5．修改列的默认值

在 MySQL 中，可以使用 ALTER COLUMN 修改列的默认值、是否可见，语法格式如下：

```
ALTER TABLE tbl_name
ALTER [COLUMN] col_name { SET DEFAULT {literal | (expr)}
                        | SET {VISIBLE | INVISIBLE}
                        | DROP DEFAULT}
```

📝 **说明**

（1）SET DEFAULT {literal | (expr)}：为该列设置默认值。

（2）DROP DEFAULT：删除该列之前设置的默认值。

（3）SET {VISIBLE | INVISIBLE}：设置该列可见或不可见。

【例 5.25】修改 student 表，为 snation 列设置默认值"汉族"。

在 MySQL 命令行客户端输入命令：

```
ALTER TABLE student
ALTER COLUMN snation SET DEFAULT '汉族';
```

CHANGE、MODIFY、RENAME COLUMN 和 ALTER 子句允许对表中现有列进行更改，它们的区别如下。

- MODIFY [COLUMN]子句只能改列的定义，不能改列的名称。
- RENAME COLUMN 子句只能改列的名称，不能改列的定义。
- CHANGE [COLUMN]子句可以重命名列，也可以更改列定义，一般用于同时更改列名和列定义。如果只改列名，使用 RENAME COLUMN 子句更简单。如果只改列的定义，使用 MODIFY [COLUMN]子句更方便。
- ALTER [COLUMN]子句仅用于更改列的默认值和可见性。

6．删除列

MySQL 中删除列的语句的语法格式如下：

```
ALTER TABLE tbl_name
DROP [COLUMN] col_name
```

【例 5.26】修改 student 表，删除 smobilephone 列。

在 MySQL 命令行客户端输入命令：

```
ALTER TABLE student
DROP COLUMN smobilephone;
```

5.7.2 约束的添加与删除

添加约束的方法在 5.4 节已经介绍，本节只介绍删除约束的方法。

1．删除主键约束

在 MySQL 中，可以用下面的语句删除主键：

```
ALTER TABLE tbl_name DROP PRIMARY KEY
```

需要注意的是，如果要删除的主键被其他表中的外键引用，会删除失败，如例 5.27 所示。

【例 5.27】使用 DROP PRIMARY KEY 删除 student 表的主键。

在 MySQL 命令行客户端输入命令：

```
ALTER TABLE student DROP PRIMARY KEY;
```

执行结果如图 5.15 所示。

图 5.15　删除 student 表的主键

出现这个错误的原因是 student 表的主键被 score 表的外键引用，如果确定要删除该主键，需要先删除相关的外键约束（删除外键约束的方法在下面介绍）。

2．删除唯一性约束

MySQL 中唯一性约束实际上是通过唯一索引实现的，创建唯一性约束时会自动创建一个唯一索引（有关索引的内容将在第 9 章介绍）。要删除唯一性约束，只需删除对应的唯一索引即可。删除唯一性约束的语法格式如下：

```
ALTER TABLE tbl_name DROP {INDEX | KEY} index_name
```

如果不清楚唯一索引名，可以使用 SHOW CREATE TABLE 语句查看表的定义，从中获取名称。

【例 5.28】在 major 表中，删除 mname 列设置的唯一性约束。

使用 DROP {INDEX | KEY}需要知道索引的名称，如果不清楚唯一索引名，可以使用 SHOW CREATE TABLE 语句查看表的定义，从中获取索引名。

（1）在 MySQL 命令行客户端输入命令：

```
SHOW CREATE TABLE major \G
```

执行结果如图 5.16 所示。

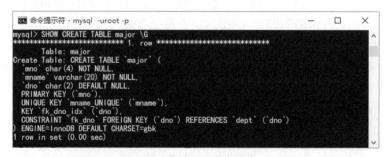

图 5.16　查看 major 表的定义

可以看到，major 表中唯一索引的名称是 mname_UNIQUE。

（2）输入命令：

```
ALTER TABLE major DROP INDEX mname_UNIQUE;
```

执行结果如图 5.17 所示。

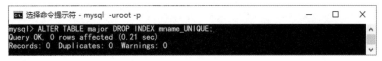

图 5.17　删除 major 表的唯一性约束

3．删除 CHECK 约束

MySQL 中删除 CHECK 约束的语句的语法格式如下：

```
ALTER TABLE tbl_name DROP {CHECK | CONSTRAINT} constraint_name
```

如果不清楚 CHECK 约束名，可以使用 SHOW CREATE TABLE 语句查看表的定义，从中获取名称。

【例 5.29】在 course 表中，删除 cterm 列设置的 CHECK 约束。

在 MySQL 命令行客户端输入命令：

```
ALTER TABLE course DROP CONSTRAINT ch_cterm;
```

4．删除外键约束

MySQL 中删除外键约束的语句的语法格式如下：

```
ALTER TABLE tbl_name DROP FOREIGN KEY constraint_name
```

如果不清楚外键约束名，可以使用 SHOW CREATE TABLE 语句查看表的定义，从中获取名称。

【例 5.30】在 score 表中，删除 sno 列设置的外键约束。

在 MySQL 命令行客户端输入命令：

```
ALTER TABLE score DROP FOREIGN KEY fk_sno;
```

5.7.3　修改表名

在 MySQL 中，可以通过两种方法修改表名：

（1）RENAME TABLE old_tbl_name TO new_tbl_name;

（2）ALTER TABLE tbl_name RENAME [TO | AS] new_tbl_name。

【例 5.31】将 student_bak 重命名为 student_backup。

在 MySQL 命令行客户端输入命令：

```
ALTER TABLE student_bak RENAME TO student_backup;
```

5.7.4　修改表的选项

MySQL 中表的选项较多，本小节介绍几种常用的选项的修改方法，主要包括存储引擎、默认字符集、自增列的初始值，语法格式如下。

（1）修改表的存储引擎：

```
ALTER TABLE tbl_name ENGINE [=] engine_name
```

（2）修改表的默认字符集：

```
ALTER TABLE tbl_name [DEFAULT] CHARACTER SET [=] charset_name
```

（3）修改表的自增列的初始值：

```
ALTER TABLE tbl_name AUTO_INCREMENT [=] value
```

例如，将 student_backup 表的存储引擎改为 MyISAM，默认字符集改为 gbk，使用的语句如下：

```
ALTER TABLE student_backup ENGINE=MyISAM;
ALTER TABLE student_backup DEFAULT CHARACTER SET =gbk;
```

5.7.5 使用图形化工具修改表

可以使用 MySQL Workbench 图形化工具修改表，以修改 jwgl 数据库中的 major 表为例，具体的步骤如下。

（1）打开 Workbench 工具，连接到 MySQL 服务器。

（2）在左侧的"SCHEMAS"导航栏中找到 jwgl 数据库，单击左边的箭头，在下面的"Tables"节点下找到 major 表，单击鼠标右键，在弹出的菜单中选择"Alter Table…"，右侧将打开"major-Table"窗口的"Columns"选项卡，如图 5.18 所示。这里可以添加列、删除列、修改现有列的名称，以及定义、添加、删除主键和唯一性约束。

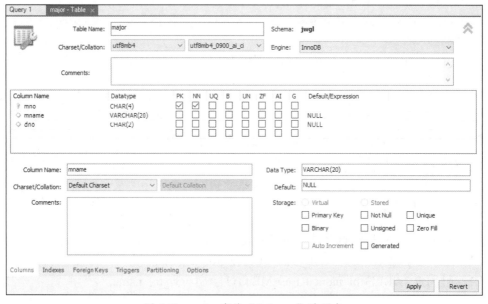

图 5.18　major 表的"Columns"选项卡

（3）选择"Indexes"选项卡，如图 5.19 所示，可以对索引和键进行添加、修改和删除。在例 5.28 中删除了 mname 列设置的唯一性约束，这里可以再添加。在左侧列表框的"Index Name"处输入唯一性约束的名称"un_mname"，在"Type"下拉列表中选择"UNIQUE"。在右侧列表框中的"Column"处勾选 mname 列。

（4）选择"Foreign Keys"选项卡，如图 5.20 所示，可以添加和删除外键约束，具体的方法在 5.5 节已经介绍，这里不再赘述。

（5）单击"Apply"按钮，完成修改。

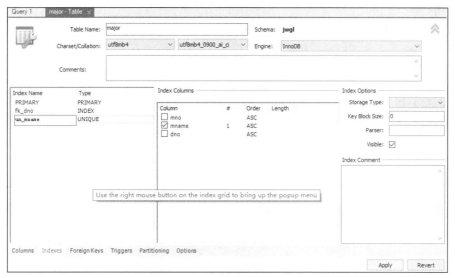

图 5.19 major 表的 "Indexes" 选项卡

图 5.20 major 表的 "Foreign Keys" 选项卡

5.8 删除表

如果表不再使用可以将其删除。删除表时，该表的结构、表中的数据以及表的索引、约束等都将被删除。如果表之间有参照关系，需要注意删除表的顺序，需要先删除子表或者删除子表中的外键约束，才可以删除父表。

5.8.1 使用命令删除表

MySQL 中删除表的语句的语法格式如下：

```
DROP [TEMPORARY] TABLE [IF EXISTS] tbl_name [, tbl_name]
```

> **说明**
> （1）TEMPORARY：删除的表为临时表。
> （2）tbl_name：要删除的表的名称，一条语句可以删除多个表，表名之间用逗号分隔。
> （3）IF EXISTS：防止由于表不存在时发生错误。

【例 5.32】删除 student_backup 表。

在 MySQL 命令行客户端输入命令：

```
DROP TABLE student_backup;
```

执行结果如图 5.21 所示。

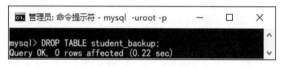

图 5.21　删除表

5.8.2　使用图形化工具删除表

可以使用 Workbench 删除表，具体的步骤如下。

（1）打开 Workbench 工具，连接到 MySQL 服务器。

（2）在左侧的"SCHEMAS"导航栏中找到要删除的表，单击鼠标右键，在弹出的菜单中选择"Drop Table..."，如图 5.22 所示。

（3）在弹出的窗口中，选择"Drop Now"直接删除表，如图 5.23 所示。

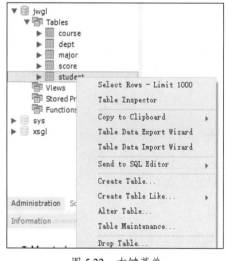

图 5.22　右键菜单

图 5.23　确认删除表

5.9　本章小结

表是关系数据库中最基本的对象，本章主要介绍了表的基础知识以及在 MySQL 中对表结构进行管理的相关内容，主要包括创建表、修改表、删除表以及查看表。通过本章的学习，读者可以了解表的概念、表的结构、约束和数据完整性的概念，并且能够使用命令或图形化工具实现表结构的管理操作，为以后的学习打下良好的基础。

习 题 5

1. MySQL 提供了哪几种字符数据类型？它们的区别是什么？
2. MySQL 提供了哪几种数值数据类型？它们的区别是什么？
3. MySQL 提供了哪几种日期时间数据类型？它们的区别是什么？
4. MySQL 中创建表的方法有哪些？
5. 什么是约束？MySQL 有哪几种约束？
6. 什么是主键约束？什么是唯一性约束？两者的区别是什么？
7. 如何定义主键约束？
8. 如何定义唯一性约束？
9. 如何定义 CHECK 约束？
10. 外键约束的作用是什么？如何定义外键约束？
11. 如何查看表的结构？
12. 如何查看表的定义语句？
13. 如何为已创建的表添加列？
14. 修改列的几种方法 ALTER COLUMN、CHANGE COLUMN 和 MODIFY COLUMN 的区别是什么？
15. 如何删除表？

第6章 MySQL 表数据操作

学习目标
- 掌握向表中插入数据的方法
- 掌握修改表数据的方法
- 掌握删除表数据的方法
- 理解约束对表数据操作的影响

6.1 插入数据

创建表之后需要向表中插入数据，没有数据的表是没有实际意义的。在 MySQL 中，可以使用 INSERT 语句向表中插入数据，也可以使用 REPLACE 语句插入数据。

6.1.1 使用 INSERT…VALUES 语句插入一行数据

使用 INSERT…VALUES 语句插入一行数据的语法格式如下：

```
INSERT [INTO] tbl_name[(col_name [, col_name] …)]
VALUES (value_list)
```

📝 **说明**

（1）tbl_name：要插入数据的表的名称。

（2）col_name：表中的列的名称。

（3）value_list：要插入的数据对应各列的值，用逗号分隔。

根据表名的后面是否有列名，INSERT…VALUES 语句可以分为两种形式。

1．不指定列名

语法格式如下：

```
INSERT [INTO] tbl_name VALUES (value1, value2,…)
```

📝 **说明**

（1）这种语法格式在表名的后面不指定列名。

（2）VALUES 子句中给定的值的个数要和表中列的个数相同，值的顺序和列的顺序要一致，数据类型和长度要满足列的定义。

（3）如果某个列要取空值，VALUES 子句中对应该列的值用 NULL 表示。

（4）如果某个列要取默认值，VALUES 子句中对应该列的值用 DEFAULT 表示。

微课：使用
INSERT…
VALUES 语句
插入数据

【例6.1】向student表插入一行数据('20190101001','刘丽','女','2001-03-02','汉族','0101')。

在MySQL命令行客户端输入命令：

```
INSERT INTO student VALUES('20190101001','刘丽','女','2001-03-02','汉族','0101');
```

执行结果如图6.1所示。

图6.1　通过不指定列名的方式插入一行数据

使用SELECT语句查询student表中数据（SELECT语句详见第7章），可以看到这条记录成功添加到student表中，如图6.2所示。

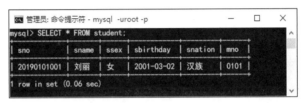

图6.2　查看插入的数据

2.指定列名

语法格式如下：

```
INSERT [INTO] tbl_name (col_name1, col_name2,…)
VALUES (value1, value2,…)
```

📝 **说明**

（1）这种语法格式在表名的后面指定要对其赋值的列的名称。

（2）VALUES子句中给定的值的个数要和给定的列的个数相同，顺序要一致，数据类型和长度要满足列的定义。

（3）没有赋值的列或者允许空值，或者定义了默认值。

【例6.2】向student表插入一行数据，学号为'20190101002'，姓名为'张林'，出生日期为'2000-09-12'。

在MySQL命令行客户端输入命令：

```
INSERT INTO student(sno,sname,sbirthday)
VALUES('20190101002','张林','2000-09-12');
```

执行结果如图6.3所示。

图6.3　通过指定列名的方式插入一行数据

使用SELECT语句查询student表中数据，可以看到这条记录成功添加到student表中，性别ssex列取默认值'男'，民族snation列、专业mno列的值为NULL，如图6.4所示。

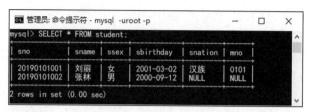

图 6.4 查看插入的数据

6.1.2 使用 INSERT…VALUES 语句插入多行数据

使用 INSERT…VALUES 语句插入多行数据的语法格式如下：

```
INSERT [INTO] tbl_name[(col_name [, col_name] …)]
VALUES (value_list), (value_list)…
```

💡 **说明**

（1）可以指定列名，也可以不指定列名，对应的语法要求参见 6.1.1 小节；
（2）VALUES 后跟多个以逗号分隔的列值列表，列表用括号括起来并用逗号分隔。

【例 6.3】向 student 表插入 3 行数据。
在 MySQL 命令行客户端输入命令：

```
INSERT INTO student
VALUES('20190102001','李宏','男','2001-08-29','回族','0102'),
      ('20200102001','孙明','男','2001-10-18','汉族','0102'),
      ('20200102002','赵均','男','2000-12-19','汉族','0102');
```

执行结果如图 6.5 所示。

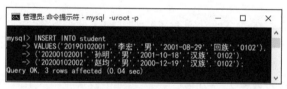

图 6.5 插入多行数据

使用 SELECT 语句查询 student 表中数据，可以看到这 3 条记录成功添加到 student 表中，如图 6.6 所示。

图 6.6 查看插入的多行数据

6.1.3 使用 INSERT…SET 语句插入数据

在 MySQL 中，也可以用 INSERT…SET 语句插入一行数据，语法格式如下：

```
INSERT [INTO] tbl_name
SET col_name1=value1, col_name2=value2…
```

> 说明
> （1）tbl_name：要插入数据的表的名称。
> （2）col_name1,col_name2…：表中列的名称。
> （3）value1,value2…：要插入的数据对应各列的值。
> （4）SET 子句通过赋值的方式显式指定列名以及要分配给该列的值。

【例 6.4】向 student 表插入一行数据，学号为'20200101001'，姓名为'张莉'，性别为'女'，民族为'汉族'，专业为'0101'。

在 MySQL 命令行客户端输入命令：

```
INSERT INTO student
SET sno='20200101001', sname='张莉', ssex='女', snation='汉族', mno='0101';
```

6.1.4 使用 INSERT…SELECT 语句插入数据

可以使用 INSERT…SELECT 语句将 SELECT 语句的结果插入表中，SELECT 语句可以从一个或多个表中选择数据，语法格式如下：

```
INSERT [INTO] tbl_name [(col_name [, col_name] …)]
SELECT …
```

> 说明
> （1）表名后可以指定列名，也可以不指定列名，对应的语法要求参见 6.1.1 小节。
> （2）SELECT 子句中挑选的列的个数、顺序要和 INSERT INTO 表名后面的列的个数、顺序一致，如果表名后没有指定列名，则和表中的列的个数、顺序一致。

【例 6.5】向 student_computer 表插入 student 表中专业为'0101'的学生数据。

在 MySQL 命令行客户端输入命令：

```
INSERT INTO student_computer
SELECT * FROM student WHERE mno='0101';
```

执行结果如图 6.7 所示。

图 6.7 通过 INSERT…SELECT 语句插入数据

使用 SELECT 语句查询 student_computer 表中数据，可以看到表中插入了两个从 student 表中查询获得的'0101'专业的学生数据，如图 6.8 所示。

图 6.8 查看 student_computer 表中插入的数据

6.1.5 使用 REPLACE 语句插入数据

REPLACE 语句的语法格式如下：

```
REPLACE [INTO] tbl_name[(col_name [, col_name] …)]
VALUES (value_list)[, (value_list)…]
|SET col_name1=value1, col_name2=value2…
|SELECT …
```

> 📝 **说明**
>
> （1）REPLACE 语句是 MySQL 对 SQL 标准的扩展，或者插入数据，或者先删除再插入数据。
> （2）REPLACE 语句的语法格式和工作原理与 INSERT 完全相同，只是如果表中的一个旧行与新行在主键或唯一索引上具有相同的值，则在插入新行之前会删除旧行。
> （3）只有当表具有主键或唯一索引时，REPLACE 才有意义。否则，它将等效于 INSERT，因为没有用于确定新行是否与另一行重复的索引。

【**例 6.6**】使用 REPLACE 语句向 student 表插入 2 行数据。

（1）先执行 SELECT 语句查看 student 表中现有的数据，以便对比 REPLACE 语句执行前后的数据。在 MySQL 命令行客户端输入命令：

```
SELECT * FROM student;
```

执行结果如图 6.9 所示。

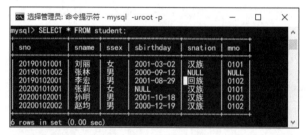

图 6.9　执行 REPLACE 语句前 student 表中的数据

（2）输入命令：

```
REPLACE INTO student
VALUES('20190101002','张林','男','2000-09-12','汉族','0101'),
      ('20210201001','牛伟','男','2003-09-18','汉族','0201');
```

执行结果如图 6.10 所示。

图 6.10　使用 REPLACE 语句插入多行数据

（3）再执行 SELECT 语句查看 student 表中现有的数据，输入命令：

```
SELECT * FROM student;
```

执行结果如图 6.11 所示。

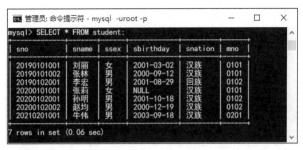

图 6.11 执行 REPLACE 语句后 student 表中的数据

从结果中可以看到，学号为'20190101002'的学生之前在表中已经存在，所以执行的是REPLACE 操作，MySQL 先删除原来的行又插入新的行；学号为'20210201001'的学生不存在，所以执行的是 INSERT 操作，插入新的行。

6.2 更新数据

在 MySQL 中，通过 UPDATE 语句修改表中的数据，根据操作涉及一个表还是多个表，可以分为单表更新和多表更新。

6.2.1 单表更新语句

单表更新语句的语法格式如下：

```
UPDATE tbl_name
SET col_name1=value1[, col_name2=value2…]
[WHERE where_condition]
```

> 📝 **说明**
>
> （1）UPDATE 子句指定要修改数据的表的名称。
> （2）SET 子句指定要修改的列以及列的新值，每个值都可以是常量、表达式或关键字 DEFAULT（将列显式设置为其默认值）。
> （3）WHERE 子句指定要更新的行须满足的条件（条件的语法格式将在第 7 章详细介绍）。如果没有 WHERE 子句，则更新所有行。

【例 6.7】在 student 表中将学生'20190101002'的专业改为'0102'。

在 MySQL 命令行客户端输入命令：

```
UPDATE student
SET mno='0102'
WHERE sno='20190101002';
```

执行结果如图 6.12 所示。

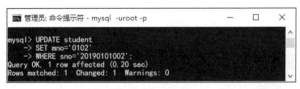

图 6.12 修改特定行的数据

使用 SELECT 语句查询 student 表中数据，可以看到学生'20190101002'的专业已经修改为'0102', 如图 6.13 所示。

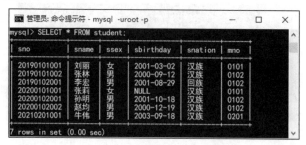

图 6.13　查看修改后的数据

【例 6.8】在 student_computer 表中将所有学生的专业编号 mno 修改为 NULL。

在 MySQL 命令行客户端输入命令：

```
UPDATE student_computer
SET mno=NULL;
```

执行结果如图 6.14 所示。

图 6.14　修改所有行数据

使用 SELECT 语句查询 student_computer 表中的数据，可以看到表中所有学生的专业编号都被修改为 NULL，如图 6.15 所示。

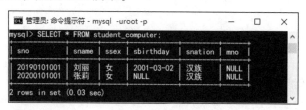

图 6.15　查看修改结果

6.2.2　多表更新语句

多表更新语句的语法格式如下：

```
UPDATE tbl_name1, tbl_name2[, tbl_name3…]
SET col_name1=value1[, col_name2=value2…]
[WHERE where_condition]
```

💿 说明

（1）多表更新语句执行覆盖多个表的更新操作，UPDATE 子句列出操作涉及的所有的表的名称。

（2）WHERE 子句需要指定表之间的连接条件（参见 7.3 节），用于在多个表之间匹配行。

【例 6.9】在 student_computer 表中将学生的专业改为 student 表中对应学生的专业。

在 MySQL 命令行客户端输入命令：

```
UPDATE student, student_computer
SET student_computer.mno=student.mno
WHERE student_computer.sno=student.sno;
```

执行结果如图 6.16 所示。

图 6.16　多表更新

使用 SELECT 语句查询 student_computer 表中的数据，可以看到表中所有学生的专业编号已经修改为 student 表中对应的学生的专业编号，如图 6.17 所示。

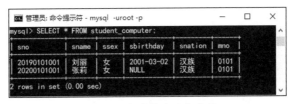

图 6.17　查看修改后的数据

6.3　删除数据

微课：使用
DELETE 语句
删除数据

删除表中的数据可以使用 DELETE 语句，如果要清空一个表的数据，可以使用 TRUNCATE TABLE 语句。

6.3.1　使用 DELETE 语句删除数据

根据操作涉及一个表还是多个表，DELETE 语句可以分为单表删除语句和多表删除语句。

1．单表删除语句

单表删除语句的语法格式如下：

```
DELETE FROM tbl_name
[WHERE where_condition]
```

> 💡 说明
>
> （1）DELETE 子句指定要删除数据的表的名称。
>
> （2）WHERE 子句指定要删除的行须满足的条件，如果没有 WHERE 子句，则删除表中所有行。

【例 6.10】删除 student 表中专业编号为'0101'的学生记录。

在 MySQL 命令行客户端输入命令：

```
DELETE FROM student WHERE mno='0101';
```

执行结果如图 6.18 所示。

图 6.18　删除特定行的数据

使用 SELECT 语句查询 student 表中专业编号为'0101'的学生记录，可以看到已经没有满足条件的数据，如图 6.19 所示。

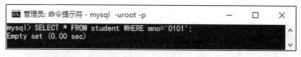

图 6.19　查询专业编号为'0101'的学生记录

2．多表删除语句

多表删除语句的语法格式如下：

```
DELETE tbl_name1[.*] [, tbl_name2[.*]] …
FROM tbl_name1, tbl_name2[, tbl_name3…]
[WHERE where_condition]
```

或者：

```
DELETE FROM tbl_name1[.*] [, tbl_name2[.*]] …
USING tbl_name1, tbl_name2[, tbl_name3…]
[WHERE where_condition]
```

💿 说明

（1）第一种格式中的 DELETE 后和第二种格式中的 DELETE FROM 后指定要删除数据的表的名称。

（2）第一种格式中的 FROM 后和第二种格式中的 USING 后指定操作涉及的所有表的名称。

（3）WHERE 子句需要指定表之间的连接条件（参见 7.3 节），用于在多个表之间匹配行。

【例 6.11】删除 student 表中专业名称为'软件工程'的学生记录。

在 MySQL 命令行客户端输入命令：

```
DELETE student
FROM student, major
WHERE student.mno=major.mno AND major.mname='软件工程';
```

或者：

```
DELETE FROM student
USING student, major
WHERE student.mno=major.mno AND major.mname='软件工程';
```

执行结果如图 6.20 所示。

图 6.20　多表删除

使用 SELECT 语句查询 student 表中专业编号为'0102'（软件工程专业的编号）的学生记录，可以看到已经没有满足条件的数据，如图 6.21 所示。

图 6.21　查询专业编号为'0102'的学生记录

6.3.2　使用 TRUNCATE TABLE 语句清空数据

TRUNCATE TABLE 语句用于清空表中的数据，语法格式如下：

```
TRUNCATE TABLE tbl_name
```

【例 6.12】清空 student_computer 表中的学生记录。

在 MySQL 命令行客户端输入命令：

```
TRUNCATE TABLE student_computer;
```

尽管 TRUNCATE TABLE 类似于没有 WHERE 子句的 DELETE，但它被视为 DDL 语句，而不是 DML 语句。TRUNCATE TABLE 与 DELETE 的不同之处在于：

（1）TRUNCATE 操作删除并重新创建表，这比 DELETE 逐个删除行快得多，特别是对于大型表；

（2）TRUNCATE 操作会导致隐式提交，因此无法回滚；

（3）TRUNCATE TABLE 语句不会引起 DELETE 触发器调用（触发器的内容参见第 12 章）；

（4）对于 InnoDB 表或 NDB 表，如果存在来自引用该表的其他表的任何外键约束，则 TRUNCATE TABLE 失败；

（5）因为 TRUNCATE 操作删除并重新创建表，所以清空表数据后任何自动增量值都将重置为其起始值。

6.4　约束对表数据操作的限制

约束是对表中数据的限制，用于保证数据库中数据的正确性、有效性和一致性。当我们对表中的数据进行 INSERT、UPDATE 和 DELETE 等 DML 操作时，数据一定要满足该表上定义的约束条件，否则将导致数据操作失败。

6.4.1　主键约束和唯一性约束对 DML 的限制

主键约束和唯一性约束要求字段的值必须唯一，此外，主键约束还要求字段不能取空值。因此，当向表中插入（INSERT）数据、更新（UPDATE）数据的时候，所插入的行或更新后的行在主键列或者唯一性约束所在列的值不能重复，否则操作将不能执行。

【例 6.13】向 student 表添加一个学生记录，该学生的学号与表中某一行重复。

在 MySQL 命令行客户端输入命令：

```
INSERT INTO student VALUES('20190101001','张三','男','2002-04-02','汉族','0101');
```

执行结果如图 6.22 所示。

图 6.22　插入学号重复的学生数据

从结果中可以看出，因为学号'20190101001'已经存在，违反了主键约束，所以添加失败。

6.4.2 CHECK 约束对 DML 的限制

CHECK 约束要求字段的值必须满足检查条件。向表中插入（INSERT）数据、更新（UPDATE）数据的时候，如果插入的数据或更新后的数据不满足条件，则操作将不能执行。

【例 6.14】向 student 表添加一个学生记录，该学生的性别为'M'。

在 MySQL 命令行客户端输入命令：

```
INSERT INTO student VALUES('20190101010','张三','M','2002-04-02','汉族','0101');
```

执行结果如图 6.23 所示。

图 6.23　插入性别错误的学生数据

从结果中可以看出，因为插入的学生数据的性别为'M'，不满足 CHECK 约束定义的条件（ssex='男' or ssex='女'），违反了 ssex 列定义的 CHECK 约束，所以添加失败。

6.4.3 外键约束对 DML 的限制

外键约束通常在两个表的字段之间建立参照关系，创建外键约束后不仅外键约束所在的子表的 DML 操作受到外键约束的限制，被参照的父表执行 DML 操作时也要遵守外键约束的限制。

（1）对子表执行 INSERT 和 UPDATE 操作时，插入或更新的行在外键列上的值要么为 NULL，要么必须是父表中主键已有的值。

（2）对父表执行 UPDATE 修改主键的值和 DELETE 操作时，如果操作的行在子表中有匹配的子记录，则根据当初创建外键约束时所设置的操作方式执行不同的处理：

- 如果没有指定 ON DELETE 或 ON UPDATE 选项，或者指定了 RESTRICT 或 NO ACTION 选项，因为违反了外键约束，所以对父表的 UPDATE 和 DELETE 操作失败；
- 如果指定了 SET NULL 选项，则执行对父表的 UPDATE 和 DELETE 操作，并且将子表中对应的子记录在外键上的值设置为 NULL；
- 如果指定了 CASCADE 选项，则执行对父表的 UPDATE 和 DELETE 操作，并且将级联修改子表中对应的子记录在外键上的值，或级联删除子表中对应的子记录。

【例 6.15】删除 major 表中编号为'0101'的专业。

在 MySQL 命令行客户端输入命令：

```
DELETE FROM major WHERE mno='0101';
```

执行结果如图 6.24 所示。

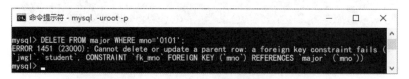

图 6.24　删除编号为'0101'的专业

因为 student 表的 mno 列定义了外键约束，参照 major 表的主键 mno 列，并且当前 student 表中存在 mno 为'0101'的学生数据，所以对 major 表的删除操作失败。

6.5 本章小结

本章主要介绍了 MySQL 中的表数据操作，包括添加数据（INSERT 语句、REPLACE 语句）、更新数据（UPDATE 语句）和删除数据（DELETE 语句、TRUNCATE TABLE 语句），最后强调了约束对表数据操作的限制。通过本章的学习，读者将掌握在 MySQL 中如何管理表数据，并深刻理解完整性约束对数据的影响。

习 题 6

1. MySQL 中 INSERT 语句有哪几种语法格式？
2. INSERT 语句和 REPLACE 语句的区别是什么？
3. 如何修改表中指定记录的字段的取值？
4. DELETE 语句和 TRUNCATE TABLE 语句的区别是什么？
5. DELETE 语句和 DROP TABLE 语句的区别是什么？
6. 主键约束对表中数据的 DML 操作有哪些限制？
7. 唯一性约束对表中数据的 DML 操作有哪些限制？
8. 检查约束对表中数据的 DML 操作有哪些限制？
9. 外键约束对表中数据的 DML 操作有哪些限制？

数据查询

学习目标

- 理解 SELECT 语句的基本语法
- 掌握 SELECT 语句中各子句的功能
- 能够使用 SELECT 语句进行简单查询、分组统计、连接查询
- 掌握子查询的概念和使用方法

7.1 SELECT 语句

数据查询是指从数据库中获取所需的数据，是数据库中最常用也是最重要的操作。用户根据不同的功能需求，在客户端使用不同的查询方式从数据库服务器检索所需要的数据，服务器将查询结果按照指定格式返回给客户端。

关系数据库管理系统使用 SELECT 语句从一个或多个表中查询数据。SELECT 语句是使用频率最高的 SQL 语句，由一系列子句组成，这些子句可以灵活组合共同决定检索哪些数据。

MySQL 中 SELECT 语句的基本语法格式如下：

```
SELECT [ALL | DISTINCT ] select_expr [, select_expr] …
[FROM tbl_name[, tbl_name,…]
[WHERE where_condition]
[GROUP BY {col_name | expr | position}, … [WITH ROLLUP]]
[HAVING having_condition]
[ORDER BY {col_name | expr | position} [ASC | DESC], …]
[LIMIT {[offset,] row_count | row_count OFFSET offset}]]
```

各子句的含义如下。

- SELECT 子句：指定查询语句返回的列或表达式。
- FROM 子句：指定查询数据的来源，可以是表、视图、查询结果。
- WHERE 子句：限定选择行必须满足的一个或多个条件。where_condition 是一个表达式，对于要选择的每一行，该表达式的计算结果为 true。如果没有 WHERE 子句，将选择所有行。
- GROUP BY 子句：指定用于分组的列或表达式。
- HAVING 子句：指定返回的分组结果必须满足的条件。
- ORDER BY 子句：指定查询结果的排序方式。
- LIMIT 子句：限定查询结果包含的行数。

SELECT 语句的语法比较复杂，可选的子句和选项比较多，下面将通过具体的例子从简单查询开始一步步深入介绍 SELECT 语句的用法。

7.2 单表查询

单表查询是指从数据库的一个表中检索数据，FROM 子句中指定要从中检索数据的表名。本节主要介绍单表查询的基本方法，包括挑选列、选择行、分组与统计、对查询结果排序以及限制返回的行数。

7.2.1 挑选列

SELECT 子句指定从表中检索哪些列，关键字 SELECT 后可以是*、字段列表、计算表达式。

1. 查询表中指定列

一个表中有多个列，通常只需要查看某一些列的值。在 SELECT 子句中指定要查看的一个或多个列的名称，如果查看多个列，列名之间用逗号分隔。查询结果中列的显示顺序由 SELECT 子句指定，与表中的存储顺序无关。

【例 7.1】查询所有学生的学号、姓名和性别。

在 MySQL 命令行客户端输入命令：

```
USE jwgl
SELECT sno, sname, ssex FROM student;
```

执行结果如图 7.1 所示。

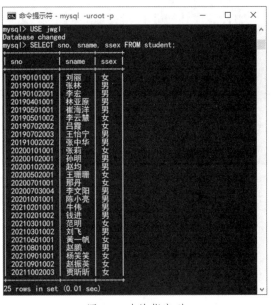

图 7.1　查询指定列

2. 查询表中所有列

SELECT 子句中使用*可以获取表中所有列的值，而不需要指明各列的名称，通常在用户不清楚表中各列的名称时使用。查询结果中各列按照创建表时列的顺序显示。

数据查询 / 第 7 章

【例7.2】查询所有学生的基本信息。

在 MySQL 命令行客户端输入命令:

```
SELECT * FROM student;
```

执行结果如图 7.2 所示。

本例中的 SELECT 语句等价于 SELECT sno, sname, ssex, sbirthday, snation, mno FROM student。

在不需要查询表中所有列的时候,尽量不用 SELECT *,而使用前面介绍的查询指定列的方式,以免过多占用系统资源。

3. 使用计算表达式

实际应用中用户所需要的结果需要对表中的列进行计算才能获得,这时可以在 SELECT 子句中使用各种运算符、函数对表中的列进行计算获取所需结果。

【例7.3】查询所有学生的学号、姓名和年龄。

在 MySQL 命令行客户端输入命令:

```
SELECT sno, sname, YEAR(SYSDATE())-YEAR(sbirthday)
FROM student;
```

执行结果如图 7.3 所示。

图 7.2　查询所有列　　　　图 7.3　使用计算表达式

本例中,SYSDATE( )为系统函数,获取当前系统日期和时间;YEAR( )为系统函数,获取一个日期中的年份。

4. 改变列标题

查询结果中显示的各列的标题就是创建时定义的列名或者 SELECT 子句中使用的计算表达式。一般用户往往不清楚列名或者计算表达式代表的含义,从而造成一些不便。在 SELECT 子句中,可以给列或计算表达式指定别名作为查询结果中显示的标题。

【例7.4】查询所有学生的学号、姓名和年龄,改变列的标题。

在 MySQL 命令行客户端输入命令:

```
SELECT sno AS 学号, sname AS 姓名, YEAR(SYSDATE())-YEAR(sbirthday) AS 年龄
FROM student;
```

执行结果如图 7.4 所示。

图 7.4　改变列标题

💡 **说明**

（1）AS 可以省略，但是建议在指定列别名时养成显式使用 AS 的习惯。

（2）不允许在 WHERE 子句中使用列别名，因为在执行 WHERE 子句时可能尚未确定列的值。

（3）别名可以在 GROUP BY、ORDER BY 或 HAVING 子句中使用。

5．消除重复行

查询数据有时会获得重复的数据，尤其是在挑选表中的部分列的时候。可以在 SELECT 子句中使用 DISTINCT 从查询结果中删除重复的行，使查询结果更加简洁。

【例 7.5】查询所有学生所属的专业。

在 MySQL 命令行客户端输入命令：

```
SELECT DISTINCT mno FROM student;
```

如果 DISTINCT 后面有多个列，则只有所有列的值都相同的行才被认为是重复行。

7.2.2　选择行

前面的例子都是从表中获取所有的行，而在实际应用中大部分查询并不是针对表中所有的数据的，而是要找出表中满足条件的记录。WHERE 子句用于过滤表中的数据，对 FROM 子句中指定的表中的行进行判断，只有满足 WHERE 子句中的筛选条件的行才会返回，不满足条件的行不会出现在查询结果中。WHERE 子句的语法格式如下：

微课：WHERE 子句

```
WHERE where_condition
```

其中，where_condition 指定从表中选择行的筛选条件，是由比较运算符、范围比较运算符、IN 运算符、空值判断运算符、模式匹配运算符以及逻辑运算符构成的表达式，表达式的运算结果为逻辑值真或假。

1．比较运算符

比较运算符用于比较两个表达式的值，WHERE 子句中常用的比较运算符有=（等于）、

<>（不等于）、!=（不等于）、<（小于）、!<（不小于）、<=（小于等于）、>（大于）、!>（不大于）和>=（大于等于）。

【例7.6】查询所有男生的基本信息。

在 MySQL 命令行客户端输入命令：

```
SELECT * FROM student WHERE ssex='男';
```

【例7.7】查询'2003-1-1'之后出生的学生。

在 MySQL 命令行客户端输入命令：

```
SELECT * FROM student WHERE sbirthday>'2003-1-1';
```

2．范围比较运算符

范围比较运算符BETWEEN…AND…用于判断字段或表达式的值是否在BETWEEN和AND设定的范围内，该范围是一个连续的闭区间。如果表达式的值在指定的范围内，则返回该行；否则不返回。语法格式如下：

```
col_name | expr [NOT] BETWEEN value1 AND value2
```

【例7.8】查询年龄在18岁到20岁之间的学生的学号、姓名、性别和年龄。

在 MySQL 命令行客户端输入命令：

```
SELECT sno, sname, ssex, YEAR(SYSDATE())-YEAR(sbirthday) FROM student
WHERE YEAR(SYSDATE())-YEAR(sbirthday) BETWEEN 18 AND 20;
```

3．IN 运算符

IN 运算符用于判断字段或表达式的值是否在指定的集合中，该集合是由逗号分隔的一些离散值构成，不是连续的范围。如果表达式的值在指定的集合中，则返回该行；否则不返回。语法格式如下：

```
col_name | expr [NOT] IN (value1, value2,…)
```

【例7.9】查询年龄为18岁或20岁的学生的学号、姓名、性别和年龄。

在 MySQL 命令行客户端输入命令：

```
SELECT sno, sname, ssex, YEAR(SYSDATE())-YEAR(sbirthday) FROM student
WHERE YEAR(SYSDATE())-YEAR(sbirthday) IN (18, 20);
```

执行结果如图 7.5 所示。

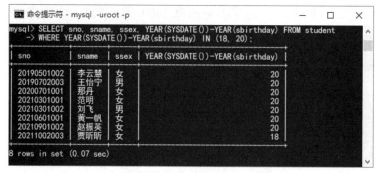

图 7.5　查询年龄为 18 岁或 20 岁的学生

IN 后也可以使用子查询，参见 7.4 节。

4．空值判断运算符

NULL 表示"缺少的未知值"，它的处理方式与其他值有所不同，不能使用诸如=、<、<>、!=之类的比较运算符来测试空值，因为使用 NULL 进行任何算术比较的结果也是

NULL。判断字段或表达式的值是否为空值使用 IS NULL 或 IS NOT NULL，语法格式如下：

```
col_name | expr IS [NOT] NULL
```

【例7.10】查询未确定专业的学生。

在 MySQL 命令行客户端输入命令：

```
SELECT * FROM student
WHERE mno IS NULL;
```

5．模式匹配运算符

查询时如果无法确定字段或表达式的精确值，可以使用模式匹配运算符进行模糊查询。MySQL 提供了标准的 SQL 模式匹配，以及一种基于扩展正则表达式的模式匹配形式，分别使用 LIKE、REGEXP（或 RLIKE）模式匹配运算符。

（1）LIKE。

使用 LIKE 进行模糊查询的语法格式如下：

```
col_name | expr [NOT] LIKE pat_string [ESCAPE 'escape_char']
```

其中，pat_string 是一个字符串，可以包含普通字符和通配符。escape_char 表示自定义的转义字符。

MySQL 中常用的通配符有以下两种：

- %，匹配零个或多个任意字符构成的字符串；
- _（下画线），匹配任意的单个字符。

【例7.11】查询学号以'2021'开头的学生。

在 MySQL 命令行客户端输入命令：

```
SELECT * FROM student
WHERE sno LIKE '2021%';
```

【例7.12】查询姓名的第二个字为'明'的学生。

在 MySQL 命令行客户端输入命令：

```
SELECT * FROM student
WHERE sname LIKE '_明%';
```

如果要匹配的内容包含%或_时，需要使用转义字符将%或_作为普通字符而不再作为通配符。MySQL 中默认的转义字符是\，可以在模式中直接使用，或者使用 ESCAPE 'escape_char'定义转义字符。

【例7.13】查询姓名以'_'结尾的学生。

在 MySQL 命令行客户端输入命令：

```
SELECT * FROM student
WHERE sname LIKE '%\_';
```

或者：

```
SELECT * FROM student
WHERE sname LIKE '%$_' ESCAPE '$';
```

执行本例可以先向表中添加一个姓名以'_'结尾的学生，然后输入例 7.13 中的语句查看查询结果。

（2）REGEXP 或 RLIKE。

MySQL 中可以使用 REGEXP 或 RLIKE 关键字指定正则表达式的字符匹配模式，实现复杂搜索的模式匹配，语法格式如下：

```
col_name | expr [NOT] REGEXP|RLIKE pat_string
```

其中，pat_string 是一个正则表达式，可以包含普通字符和特殊字符。表 7.1 列出了正则表达式中常用的特殊字符。

表 7.1 正则表达式中常用的特殊字符

字　符	说　明	示　例	匹配值示例
^	匹配文本的开始字符	'^a'匹配以字母 a 开头的字符串	apple、ant、answer
$	匹配文本的结束字符	'gh$'匹配以 gh 结尾的字符串	laugh、cough、heigh
.	匹配任何单个字符	's.t'匹配任何 s 和 t 之间有一个字符的字符串	sit、sat、set
*	匹配零个或多个在它前面的字符	'a*t'匹配字符 t 前面有任意个字符 a	at、aat
+	匹配前面的字符 1 次或多次	'fe+'匹配以 f 开头，后面至少跟一个 e	fe、fee、feee
字符串	匹配包含指定字符的文本	'ou'	soul、thought、about
[字符集合]	匹配字符集合中的任何一个字符	'[ab]'匹配 a 或 b	fat、bit、bet、abs
[^]	匹配不在括号中的任何字符	'[^abc]'匹配任何不包含 a、b 或 c 的字符串	duck、egg、fly
字符串{n,}	匹配前面的字符串至少 n 次	a{2}匹配 2 个或更多的 a	aa、aaaa、aaaaaaa
字符串{n,m}	匹配前面的字符串至少 n 次，至多 m 次	a{2,4}匹配最少 2 个、最多 4 个 a	aa、 aaa、aaaa

【例 7.14】查询姓'张'或姓'李'的学生。

在 MySQL 命令行客户端输入命令：

```
SELECT * FROM student
WHERE sname REGEXP '^[张李]';
```

执行结果如图 7.6 所示。

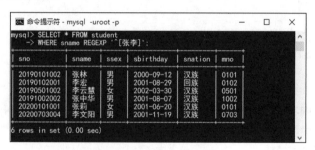

图 7.6 查询姓'张'或姓'李'的学生

【例 7.15】查询姓名的第二个字为'明'的学生。

在 MySQL 命令行客户端输入命令：

```
SELECT * FROM student
WHERE sname REGEXP '^.明';
```

执行结果如图 7.7 所示。

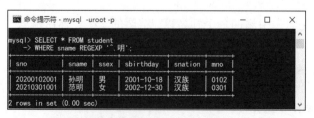

图 7.7 查询姓名的第二个字为'明'的学生

6．逻辑运算符

WHERE 子句中可以使用逻辑运算符将多个查询条件组合起来实现复杂的筛选条件。常用的逻辑运算符有 AND（与）、OR（或）和 NOT（非），其中 NOT 的优先级最高，AND 次之，OR 的优先级最低。

【例 7.16】查询'0101'专业的男生的信息。

在 MySQL 命令行客户端输入命令：

```
SELECT * FROM student
WHERE ssex= '男' AND mno='0101';
```

【例 7.17】查询'0101'专业或'0102'专业的学生信息。

在 MySQL 命令行客户端输入命令：

```
SELECT * FROM student
WHERE mno='0101' OR mno='0102';
```

7.2.3 分组与统计

实际应用中尤其是对数据库中的数据进行分析的时候，经常需要对数据进行分组、统计与汇总，比如统计不及格的人数、课程的平均分等。MySQL 中可以使用聚合函数、GROUP BY 子句和 HAVING 子句进行分组统计，本小节以一个表中数据的分组与统计为例进行介绍，多个表中数据的分组与统计方法类似。

1．聚合函数

聚合函数用于对一组数据进行计数或统计，获得一个计算结果。常用的聚合函数如表 7.2 所示。

表 7.2　常用的聚合函数

函　数　名	语　法　格　式	功　能　描　述
COUNT	COUNT(*)	返回 SELECT 语句检索到的行的个数
	COUNT([DISTINCT] col_name|expression)	返回 SELECT 语句检索到的行中指定列或表达式的非空值的个数，如果使用 DISTINCT，则只对不重复的值计数
SUM	SUM([DISTINCT] col_name|expression)	返回 SELECT 语句检索到的行中指定列或表达式的值的和，忽略空值，如果使用 DISTINCT，则只对不重复的求和
AVG	AVG([DISTINCT] col_name|expression)	返回 SELECT 语句检索到的行中指定列或表达式的值的平均值，忽略空值，如果使用 DISTINCT，则去除重复值后再求平均值
MAX	MAX(col_name|expression)	返回 SELECT 语句检索到的行中指定列或表达式的最大值，忽略空值
MIN	MIN(col_name|expression)	返回 SELECT 语句检索到的行中指定列或表达式的最小值，忽略空值

【例 7.18】查询'0101'专业的学生个数。

在 MySQL 命令行客户端输入命令：

```
SELECT COUNT(*) FROM student WHERE mno='0101';
```

执行结果如图 7.8 所示。

图 7.8　查询'0101'专业的学生个数

数据查询／第 7 章

【例 7.19】查询 student 表中的学生的民族个数。

在 MySQL 命令行客户端输入命令：

```
SELECT COUNT(DISTINCT snation) FROM student;
```

【例 7.20】查询 score 表中学号为'20190101001'的学生所选课程的总分、平均分、最高分和最低分。

在 MySQL 命令行客户端输入命令：

```
SELECT SUM(grade) AS 总分, AVG(grade) AS 平均分, MAX(grade) AS 最高分, MIN(grade) AS 最低分
FROM score
WHERE sno='20190101001';
```

执行结果如图 7.9 所示。

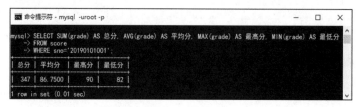

图 7.9　查询学生的课程总分、平均分、最高分和最低分

2. GROUP BY 子句

前面的例子都是对表中所有行或满足条件的行进行一次统计和计算，返回一个汇总的结果。实际应用中有时需要将表中的数据或满足条件的数据按照某些字段的值进行分组，然后对每组中的数据分别进行统计，得到多个组的汇总结果。可以使用 GROUP BY 子句创建分组数据，语法格式如下：

微课：GROUP BY 子句

```
GROUP BY {col_name | expr | position}, … [WITH ROLLUP]
```

GROUP BY 后的列或表达式称为分组列或分组表达式，可以是一个，也可以是多个。使用 GROUP BY 子句时，将分组列或分组表达式取值相同的行作为一组，对每组数据执行聚合函数，每组产生一行统计结果。

【例 7.21】查询各专业的学生人数。

在 MySQL 命令行客户端输入命令：

```
SELECT mno, COUNT(*) AS 人数
FROM student
GROUP BY mno;
```

执行结果如图 7.10 所示。

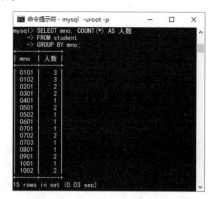

图 7.10　查询各专业的学生人数

【例7.22】查询各专业的男生和女生人数。

在MySQL命令行客户端输入命令：

```
SELECT mno, ssex, COUNT(*) AS 人数
FROM student
GROUP BY mno, ssex;
```

关于GROUP BY子句需要注意以下几点。

（1）GROUP BY子句中可以出现多个分组列或表达式，用逗号分隔，在所有分组列或表达式上取值相同的数据被认为是一组。

（2）如果查询语句中使用了WHERE子句，先在表中筛选出满足WHERE子句中条件的记录，然后将这些记录按照GROUP BY子句进行分组。

（3）SQL-92及更早版本不允许SELECT列表、HAVING条件或ORDER BY列表出现不属于GROUP BY分组列或分组表达式的内容。例如，下面的查询在标准SQL-92中是非法的，因为SELECT子句中的sname列未出现在GROUP BY子句的分组依据中。

```
SELECT mno, sname, COUNT(*) AS 人数
FROM student
GROUP BY mno;
```

SQL:1999及更高版本允许根据字段之间的函数依赖关系决定此类查询是否合法，如果SELECT子句中的非分组列或表达式在功能上依赖于GROUP BY子句中的分组列，则查询是合法的。例如下面的查询语句是合法的，因为mno列为主键，mname列依赖于mno列。

```
SELECT major.mno, mname, COUNT(*) AS 人数
FROM student, major
WHERE student.mno=major.mno
GROUP BY mno;
```

该语句是一个多表连接查询语句，关于连接查询的内容将在7.3节介绍。

（4）MySQL中如果关闭了ONLY_FULL_GROUP_BY模式（MySQL 8.0的默认设置），则MySQL不执行SQL标准，上述的查询是合法的，如图7.11所示。

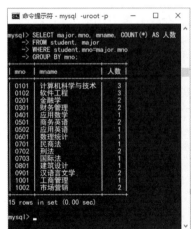

图7.11　关闭ONLY_FULL_GROUP_BY模式的查询情况

通过查看当前会话的sql_mode发现没有启用ONLY_FULL_GROUP_BY模式，所以查询语句合法并成功执行。

　　　数据查询 / 第7章

（5）MySQL 中如果开启 ONLY_FULL_GROUP_BY 模式，则 MySQL 执行 SQL:1999 标准，如图 7.12 所示。

图 7.12　开启 ONLY_FULL_GROUP_BY 模式的查询情况

首先开启 ONLY_FULL_GROUP_BY 模式，然后分别执行两个查询语句，上面的第一个查询因为 sname 不依赖于 mno，所以不合法不能执行，第二个查询则成功执行。

（6）GROUP BY 子句允许 WITH ROLLUP 关键字，对分组统计结果进行更高级别的汇总，从而产生额外的汇总结果。

【例 7.23】查询各专业的男生和女生人数，使用 WITH ROLLUP 关键字。

在 MySQL 命令行客户端输入命令：

```
SELECT mno, ssex, COUNT(*) AS 人数
FROM student
GROUP BY mno, ssex WITH ROLLUP;
```

执行结果如图 7.13 所示。

对比例 7.22 的结果会发现，使用 WITH ROLLUP 的结果除了统计出每个专业的男女生人数，还额外获得了每个专业的人数以及 student 表中的学生总数。

3．HAVING 子句

使用 GROUP BY 子句和聚合函数对记录进行分组和汇总之后，还可以使用 HAVING 子句对分组汇总之后的结果进行筛选，例如查询人数超过 200 的专业、平均分高于 90 的学生等。HAVING 子句的语法格式如下：

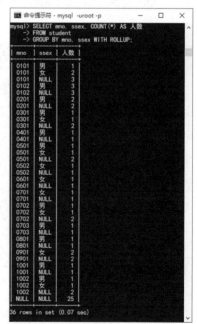

图 7.13　使用 WITH ROLLUP 关键字

```
HAVING having_condition
```

📝 说明

（1）HAVING 子句与 WHERE 子句一样，指定筛选条件。WHERE 子句指定对 FROM 子句中的表或视图中数据的筛选条件，HAVING 子句指定对分组汇总数据筛选的条件，查询结果仅包括满足条件的组。

（2）SELECT 语句中如果同时存在 WHERE 子句、GROUP BY 子句和 HAVING 子句，执行顺序为先执行 WHERE 子句，再执行 GROUP BY 子句，然后执行 HAVING 子句。先用 WHERE 子句从数据源中筛选出满足条件的记录，再用 GROUP BY 子句对筛选出的记录进行分组汇总，然后根据 HAVING 子句的条件筛选出符合条件的组。

（3）HAVING 子句可以使用聚合函数，WHERE 子句中不能使用聚合函数，因为执行 WHERE 子句时还没有分组，没有执行聚合函数。

（4）SQL 标准要求 HAVING 必须只引用 GROUP BY 子句中的列或聚合函数。但是，MySQL 支持对该行为的扩展，并且允许引用 SELECT 子句中的列以及外部子查询中的列。

（5）能出现在 WHERE 子句的条件应该在 WHERE 子句中使用，不应该使用 HAVING。

（6）HAVING 子句中可以使用 SELECT 子句中的列别名。

【例7.24】查询平均成绩高于 85 的学生学号和平均成绩。

在 MySQL 命令行客户端输入命令：

```
SELECT sno, AVG(grade) AS 平均成绩
FROM score
GROUP BY sno
HAVING AVG(grade)>85;
```

或者：

```
SELECT sno, AVG(grade) AS 平均成绩
FROM score
GROUP BY sno
HAVING 平均成绩>85;
```

7.2.4 对查询结果排序

使用 ORDER BY 子句可以对查询结果进行排序，使查询结果按照用户指定的顺序显示，语法格式如下：

```
ORDER BY {col_name | expr | position} [ASC | DESC], …
```

📝 说明

（1）ORDER BY 子句指定对查询结果进行排序的依据，可以是列名、表达式、列的位置序号。

（2）排序依据可以是一个，也可以是多个，如果是多个，只有当待排序数据在第一列上的值相同时才会依据第二列排序，以此类推。

（3）ASC|DESC 指定排序的方式，ASC 表示升序排序，为默认排序方式，DESC 表示降序排序。

（4）ORDER BY 子句中可以使用 SELECT 子句中定义的别名，也可以使用 SELECT 子句中未出现的列或表达式作为排序依据。

【例7.25】查询编号为'101'的课程的成绩信息，按照成绩从高到低排序。

在 MySQL 命令行客户端输入命令：

```
SELECT sno, grade FROM score WHERE cno='101' ORDER BY grade DESC;
```

141　　　　　　　　　　　　　　　　　　　　　　　数据查询 第7章

本例中，查询语句也可以是：

```
SELECT sno, grade FROM score WHERE cno='101' ORDER BY 2 DESC;
```

其中，ORDER BY 后的数字 2 表示按照查询结果中第 2 列的值进行排序。

【例 7.26】查询各专业的学生人数，按照人数从低到高排序。

在 MySQL 命令行客户端输入命令：

```
SELECT mno, COUNT(*) AS 人数
FROM student
GROUP BY mno
ORDER BY COUNT(*);
```

或者：

```
SELECT mno, COUNT(*) AS 人数
FROM student
GROUP BY mno
ORDER BY 人数;
```

7.2.5　限制查询结果的数量

LIMIT 子句可用于限制 SELECT 语句返回的行数，语法格式如下：

```
LIMIT [offset,] row_count
```

或者：

```
LIMIT row_count OFFSET offset
```

💡 说明

（1）offset：指定要返回的第一行的偏移量，初始行的偏移量为 0（不是 1），如果不指定偏移量，从第一行开始显示。

（2）row_count：指定要返回的最大行数。

【例 7.27】查询各专业的学生人数，返回人数最多的 3 个专业。

在 MySQL 命令行客户端输入命令：

```
SELECT mno, COUNT(*) AS 人数
FROM student
GROUP BY mno
ORDER BY COUNT(*) DESC
LIMIT 3;
```

或者：

```
SELECT mno, COUNT(*) AS 人数
FROM student
GROUP BY mno
ORDER BY COUNT(*) DESC
LIMIT 3 OFFSET 0;
```

7.3　连接查询

7.2 节中以单表查询为例介绍了 SELECT 语句的基本使用，然而在实际的数据库系统中，考虑到数据的冗余以及数据库设计的规范化等因素，一个实体的信息经常会存储在多个表中。在查询数据时一个表往往不能提供想要的所有信息，需要从多个表中查询数据，这就需要进行多表连接查询。

所谓的连接是指将多个"小表"中的数据按照给定的条件合并成一张"大表"。例如将 major 表和 student 表按照表中的记录在 mno 列的值相等（major.mno=student.mno）这个条件进行连接生成一个新的结果集，如图 7.14 所示。

student 表

sno	sname	ssex	sbirthday	snation	mno
20190101001	刘丽	女	2001-3-2	汉族	0101
20190101002	张林	男	2000-9-12	汉族	0101
20190102001	李宏	男	2001-8-29	回族	0102
20200102001	孙明	男	2001-10-18	汉族	0102
20200102002	赵均	男	2000-12-19	汉族	0102
20200101001	张莉	女	2001-6-20	汉族	0101
20210201001	牛伟	男	2003-9-18	回族	0201
20210201002	钱进	男	2003-2-26	汉族	0201

major 表

mno	mname	dno
0101	计算机科学与技术	01
0102	软件工程	01
0103	物联网工程	01
0201	金融学	02
0202	金融工程	02

连接后产生的结果集

sno	sname	ssex	sbirthday	snation	mno	mno	mname	dno
20190101001	刘丽	女	2001-3-2	汉族	0101	0101	计算机科学与技术	01
20190101002	张林	男	2000-9-12	汉族	0101	0101	计算机科学与技术	01
20190102001	李宏	男	2001-8-29	回族	0102	0102	软件工程	01
20200102001	孙明	男	2001-10-18	汉族	0102	0102	软件工程	01
20200102002	赵均	男	2000-12-19	汉族	0102	0102	软件工程	01
20200101001	张莉	女	2001-6-20	汉族	0101	0101	计算机科学与技术	01
20210201001	牛伟	男	2003-9-18	回族	0201	0201	金融学	02
20210201002	钱进	男	2003-2-26	汉族	0201	0201	金融学	02

图 7.14　两个表的连接

本节主要介绍交叉连接查询、内连接查询和外连接查询的实现方法。

7.3.1　交叉连接

两个表的交叉连接的结果为两个表的笛卡儿积，即由第一个表的每一行与第二个表的每一行连接得到的结果集。结果集中的行数是两个表的行数的乘积，列数是两个表的列数的和。交叉连接的语法格式如下：

```
SELECT * FROM tbl_name1, tbl_name2[, tbl_name3…]
```

或者：

```
SELECT * FROM tbl_name1 [CROSS] JOIN tbl_name2 [[CROSS] JOIN tbl_name3…]
```

交叉连接查询的结果中有大量无意义的数据，在实际应用中很少用到交叉连接查询，应该尽量避免。

7.3.2　内连接

内连接是最常用的连接查询，通过设置连接条件限制两个表中只有相匹配（满足连接条件）的行才会出现在查询结果中。内连接查询的语法格式如下：

微课：内连接

```
SELECT [ALL | DISTINCT ] select_expr [, select_expr] …
```

```
FROM tbl_name1, tbl_name2[, tbl_name3…]
WHERE join_condition [AND where_conditon]
```

或者：

```
SELECT [ALL | DISTINCT ] select_expr [, select_expr] …
FROM tbl_name1 [INNER] JOIN tbl_name2 ON join_condition [[INNER] JOIN tbl_name3 ON
join_condition…]
[WHERE where_conditon]
```

其中，join_condition 表示连接条件，用于在两表之间匹配记录，通常由两个表的共同字段（或相关字段）和关系运算符（参见 7.2.2 小节）组成。where_condtion 为筛选条件，用于限制要在结果集中包括哪些行。

常用的内连接包括等值连接、非等值连接、自然连接、自连接等。

1．等值连接

等值连接的连接条件中使用的运算符为 "="，条件格式通常为 "表 1.列名=表 2.列名"，查询结果只包含两个表中在指定字段上的值相等的行。

【例 7.28】查询每个学生和其所属的专业的详细信息。

在 MySQL 命令行客户端输入命令：

```
SELECT *
FROM student, major
WHERE student.mno=major.mno;
```

或者：

```
SELECT *
FROM student INNER JOIN major ON student.mno=major.mno;
```

执行结果如图 7.15 所示。

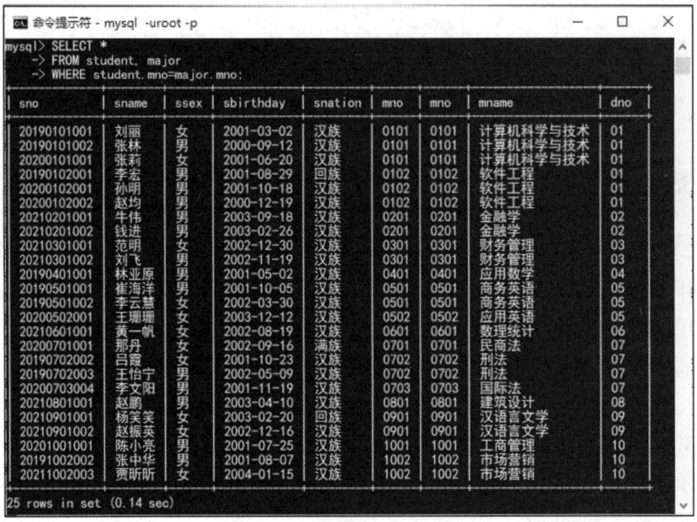

图 7.15　查询每个学生和其所属的专业的详细信息

需要注意的是，连接查询语句中如果用到两个表中的同名字段，必须使用 "表名.列名" 的方式进行限制。例如，查询每个学生的学号、姓名、性别、所属专业的编号、名称，因为 major 表和 student 表都有 mno 字段，SELECT 子句中的 mno 字段如果不加表名限制，系统无法确定从哪个表中提取 mno 的值，就会出现 "Colum 'mno' in field list is ambiguous" 的错误，如图 7.16 所示。

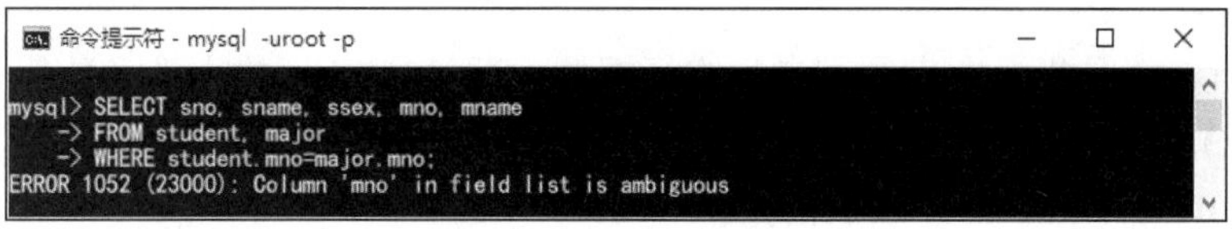

图 7.16　查询多表的同名字段

应该使用 "student.mno" 或 "major.mno" 进行限制，如下面的查询语句：

```
SELECT sno, sname, ssex, student.mno, mname
FROM student, major
WHERE student.mno=major.mno;
```

或者：

```
SELECT sno, sname, ssex, student.mno, mname
FROM student INNER JOIN major ON student.mno=major.mno;
```

2．非等值连接

非等值连接的连接条件中使用的运算符不是 "="，而是其他的关系运算符。实际应用中非等值连接使用得比较少。下面以查询学生的成绩等级为例说明非等值连接的使用方法。

创建一个 grade_level 表：

```
CREATE TABLE grade_level
(
  from_grade TINYINT,
  to_grade TINYINT,
  level ENUM('优秀', '良好', '中等', '及格', '不及格')
);
```

添加数据：

```
INSERT INTO grade_level
VALUES(90, 100, '优秀'), (80, 89, '良好'), (70, 79, '中等'), (60, 69, '及格'), (0, 59,
'不及格');
```

【例 7.29】查询每个学生的学号、所选课程的编号、成绩和成绩等级。

在 MySQL 命令行客户端输入命令：

```
SELECT score.*, level
FROM score INNER JOIN grade_level
WHERE score.grade BETWEEN grade_level.from_grade AND grade_level.to_grade ;
```

或者：

```
SELECT score.*, level
FROM score, grade_level
ON score.grade BETWEEN grade_level.from_grade AND grade_level.to_grade ;
```

3．自然连接

自然连接是一种特殊的等值连接，不需要指定连接条件，由两个表中的同名字段自动进行等值比较。如果使用的是 SELECT *，因为是同名字段的等值比较连接，所以结果集中的同名字段的值是完全一样的，自然连接在结果集中只包含一列同名字段和它的值。自然连接用 NATURAL JOIN 关键字实现。

【例 7.30】使用自然连接查询每个学生和其所属的专业的详细信息。

在 MySQL 命令行客户端输入命令：

```
SELECT *
FROM student NATURAL JOIN major;
```

4．自连接

所谓的自连接是指一个表同其自身进行连接，即 FROM 子句中涉及的表为同一个表。

【例 7.31】查询和'刘丽'同一个专业的学生信息。

在 MySQL 命令行客户端输入命令：

```
SELECT t1.*
FROM student t1, student t2
WHERE t1.mno=t2.mno AND t1.sname<>'刘丽' AND t2.sname='刘丽';
```

执行结果如图 7.17 所示。

图 7.17　查询和'刘丽'同一个专业的学生信息

本例中参与连接的表物理上为同一个表 student，逻辑上为其设置不同的别名 t1 和 t2，作为两个表看待。

为表设置别名的方法是在 FROM 子句中表名的后面加上"AS 别名"，AS 可以省略。除了在自连接中为表设置别名，其他的 SELECT 语句中如果需要，都可以为表设置别名，比如表名比较复杂，为了简化语句、提高可读性，就可以为表起别名。需要注意的是，如果为表指定了别名，则 SELECT 语句中所有使用表名的地方都必须使用别名，不能再用原表名，否则就会提示出错，如图 7.18 所示。

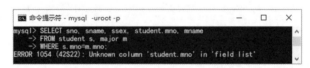

图 7.18　使用表别名常见错误

正确的语句应该是：

```
SELECT sno, sname, ssex, s.mno, mname
FROM student s, major m
WHERE s.mno=m.mno;
```

7.3.3　外连接

内连接查询的结果中仅包含两个表中满足连接条件的行，一个表中的记录如果在另一个表中找不到相匹配的行，就不会出现在查询结果中。有时候需要在查询结果中包含一个表中的所有记录，即使它在另一个表中没有相匹配的行，这时可以使用外连接查询。

MySQL 中外连接查询包括左外连接和右外连接。

左外连接的查询结果中包含两个表连接后满足连接条件的行（内连接的查询结果）和 FROM 子句中指定的左表中不满足条件的行，即左表中的所有的行都会包含在查询结果中。如果左表中的某行记录在右表中没有相匹配的记录，查询结果中该行在右表对应列的值为

NULL。

右外连接的查询结果中包含两个表连接后满足连接条件的行（内连接的查询结果）和 FROM 子句中指定的右表中不满足条件的行，即右表中的所有的行都会包含在查询结果中。如果右表中的某行记录在左表中没有相匹配的记录，查询结果中该行在左表对应列的值为 NULL。

左外连接查询的语法格式如下：

```
SELECT [ALL | DISTINCT ] select_expr [, select_expr] …
FROM tbl_name1 LEFT [OUTER] JOIN tbl_name2 ON join_condition
```

右外连接查询的语法格式如下：

```
SELECT [ALL | DISTINCT ] select_expr [, select_expr] …
FROM tbl_name1 RIGHT [OUTER] JOIN tbl_name2 ON join_condition
```

【例 7.32】使用左外连接查询每个专业的信息和该专业的学生信息。

在 MySQL 命令行客户端输入命令：

```
SELECT *
FROM major LEFT OUTER JOIN student ON major.mno=student.mno;
```

执行结果如图 7.19 所示。

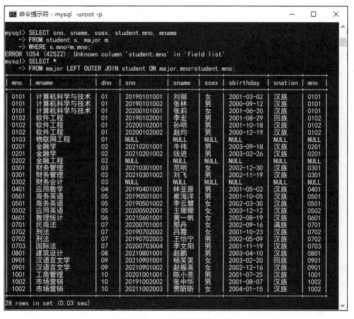

图 7.19　左外连接查询

7.4　子查询

如果一个 SELECT 语句嵌套在另一个 SQL 语句（例如 SELECT 语句、INSERT 语句、UPDATE 语句、DELETE 语句）中，则该 SELECT 语句称为子查询（也称内层查询），包含子查询的 SELECT 语句称为主查询（也称外层查询）。

子查询可以嵌套多层，即一个子查询中可以嵌套其他子查询，每层嵌套都需要用圆括号( )括起来。通过嵌套查询可以用一系列简单查询构成复杂查询，从而增强 SQL 语句的查询能力。

最常见的子查询是在 WHERE 子句和 HAVING 子句中，与 IN 运算符、比较运算符或 EXISTS 关键字一起构成筛选条件。

7.4.1　IN 子查询

IN 子查询是指外层查询和子查询之间使用 IN 进行连接，判断某个列或表达式的值是否在子查询的结果中。IN 子查询的一般语法格式如下：

```
WHERE col_name | expr [NOT] IN (SELECT…)
HAVING col_name | expr [NOT] IN (SELECT…)
```

【例 7.33】查询选修了'101'课程的学生的学号和姓名。

在 MySQL 命令行客户端输入命令：

```
SELECT sno, sname
FROM student
WHERE sno IN (SELECT sno FROM score WHERE cno='101');
```

7.4.2　比较子查询

也可以使用比较运算符将外层查询和子查询进行连接，将某个列或表达式的值和子查询的结果进行比较。比较运算符包括=、<>、!=、>、>=、!>、<、<=、!<。比较子查询的一般语法格式如下：

```
WHERE col_name | expr 比较运算符 [ANY | SOME | ALL] (SELECT…)
HAVING col_name | expr 比较运算符 [ANY | SOME | ALL] (SELECT…)
```

【例 7.34】查询和'刘丽'同一个专业的学生信息。

在 MySQL 命令行客户端输入命令：

```
SELECT *
FROM student
WHERE mno=(SELECT mno FROM student WHERE sname='刘丽') AND sname<>'刘丽';
```

一些查询使用子查询和连接查询都可以实现，比如本例中的查询要求在例 7.31 中用内连接实现了同样的功能。如果 SELECT 子句后返回的列来自多个表，则只能用连接查询。

如果子查询的返回结果多于一行，则必须使用关键字 ANY、SOME 或 ALL，否则会提示"Subquery returns more than 1 row"的错误。例如，查询比'计算机科学与技术'专业学生年龄都小的学生，如图 7.20 所示。

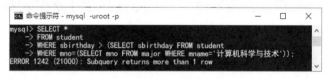

图 7.20　比较子查询常见错误

关键字 ANY 或 SOME 表示字段值或表达式的值和子查询结果中某一个值满足比较关系，结果就为真，比如：

- =ANY 表示等于子查询结果中的某一个，相当于 IN；
- >ANY 表示大于子查询结果中的某一个，大于最小值即可；
- <ANY 表示小于子查询结果中的某一个，小于最大值即可。

ALL 表示字段值或表达式的值和子查询结果中所有的值满足比较关系，结果才为真，比如：

- >ALL 表示大于子查询结果中的所有值，相当于大于最大值；
- <ALL 表示小于子查询结果中的所有值，相当于小于最小值。

因此，图 7.20 中的查询语句应改为：

```
SELECT *
FROM student
WHERE sbirthday > ALL(SELECT sbirthday FROM student
WHERE mno=(SELECT mno FROM major WHERE mname='计算机科学与技术'));
```

7.4.3 EXISTS 子查询

EXISTS 子查询的语法格式如下：

```
WHERE [NOT] EXISTS(SELECT…)
HAVING [NOT] EXISTS(SELECT…)
```

EXISTS 判断子查询是否有返回结果，如果子查询至少返回一行，则 EXISTS 的结果为真，否则为假。NOT EXISTS 的返回值与 EXISTS 相反。

由于 EXISTS 的返回值取决于子查询是否返回行，并不考虑行的内容，因此子查询中通常使用 SELECT *。

【例 7.35】使用 EXISTS 子查询，查询选修了'101'课程的学生的学号和姓名。

在 MySQL 命令行客户端输入命令：

```
SELECT sno, sname
FROM student
WHERE EXISTS (SELECT * FROM score WHERE sno=student.sno AND cno='101');
```

本例的执行过程是：首先查找 student 表的第 1 行，根据该行的 sno 值执行行子查询，如果子查询有返回结果，则外层查询的 WHERE 条件为真，取出该行加入查询结果集；然后依次查找 student 表的第 2 行、第 3 行……重复上述过程，直到 student 表的所有行都查找完毕。

从上述执行过程可以看出，外层查询语句中的每一行数据都要根据子查询来测试，如果 EXISTS 返回值为真，查询结果就包含这一行，否则就不包含这一行。子查询在执行时需要用到外层查询中数据的值，不能独立运行，这种子查询称为相关子查询。

例 7.33 和例 7.34 中的子查询可以独立运行，不需要外层查询表中的数据，称为不相关子查询。

7.4.4 FROM 子句中使用子查询

前面的子查询都是用在 WHERE 子句或 HAVING 子句中，子查询也可以用在 FROM 子句中，也称为派生表，FROM 子句中的子查询必须包含一个别名，以便为子查询结果提供一个表名，语法格式如下：

```
SELECT … FROM (subquery) [AS] tbl_name …
```

【例 7.36】查询课程成绩高于该课程平均成绩的学生的学号、课程号和成绩。

在 MySQL 命令行客户端输入命令：

```
SELECT sno, score.cno, grade
FROM score, (SELECT cno,AVG(grade) AS avggrade FROM score GROUP BY cno) AS t
WHERE score.cno=t.cno AND score.grade>t.avggrade;
```

执行结果如图 7.21 所示。

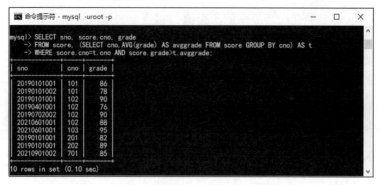

图 7.21 FROM 子句中的子查询

7.5 查询的集合操作

集合操作是指将两个或多个 SELECT 语句的查询结果合并到一起，以完成复杂的查询任务。集合操作主要包括并集、交集和差集，MySQL 目前仅支持并操作，由运算符 UNION 实现，语法格式如下：

```
SELECT …
UNION [ALL | DISTINCT] SELECT …
[UNION [ALL | DISTINCT] SELECT …
…
```

默认情况下，MySQL 将从联合结果中删除重复的行，与使用 DISTINCT 关键字具有相同的效果。使用 ALL 关键字，不会删除重复的行，结果包括所有 SELECT 语句中的所有行。

使用 UNION 操作的 SELECT 语句必须返回相同的列数，列的顺序必须一致，数据类型必须兼容，如果各 SELECT 语句中的列名不同，则查询结果集中的列标题来自第一个 SELECT 语句。

【例 7.37】使用 UNION 操作实现全外连接。

在 MySQL 命令行客户端输入命令：

```
SELECT *
FROM student LEFT OUTER JOIN major ON student.mno=major.mno
UNION
SELECT *
FROM student RIGHT OUTER JOIN major ON student.mno=major.mno;
```

7.6 本章小结

SELECT 语句是 SQL 中功能最强大、使用最频繁的语句之一，用于从数据库中查询符合条件的数据。本章主要介绍了 MySQL 中的数据查询操作，包括 SELECT 语句的语法、简单查询、分组统计、连接查询、子查询以及查询的集合操作。通过本章的学习，读者应该掌握 SELECT 语句的语法，能够灵活应用 SELECT 语句实现具体的查询任务。

习　题　7

1. SELECT 语句主要包含哪些子句？各子句的功能是什么？

2. 空值（NULL）进行算术运算、比较运算和逻辑运算时结果是什么？

3. LIKE 和 REGEXP 的区别是什么？

4. WHERE 子句和 HAVING 子句的区别是什么？

5. MySQL 中如果开启了 ONLY_FULL_GROUP_BY 模式，对 SELECT 子句和 GROUP BY 子句有哪些限制？

6. 聚合函数 COUNT、SUM、AVG、MIN 和 MAX 的功能分别是什么？

7. 聚合函数和其他函数的区别是什么？

8. 什么是交叉连接、内连接、外连接？

9. 内连接和外连接的区别是什么？

10. 使用 JOIN 关键字的连接查询中，如何指定多个表的连接顺序和连接条件？

11. 什么是自然连接？

12. 什么是子查询？

13. 相关子查询和不相关子查询的区别是什么？

14. UNION 的作用是什么？

第 **8** 章 视图

学习目标
- 理解视图的概念和特点
- 掌握视图的创建、修改和删除等基本操作
- 掌握使用视图管理数据的方法

8.1 视图概述

视图是从一个或多个表导出的虚拟表，为用户提供了一种查看数据库中数据的方式。视图就像一个窗口，通过这个窗口可以看到系统专门提供的数据，用户可以不用看到整个数据表中的数据而只关心对自己有用的数据。视图可以方便用户操作数据，还可以保证数据库系统的安全性。

8.1.1 视图的概念

视图是一种数据库对象，视图在数据库中保存的是对一个或多个表（或其他视图）进行查询的 SELECT 语句，因此视图可以看作从一个或多个表（或其他视图）导出的虚拟表，这些表称为视图的基表。

和真实的表一样，视图在显示时也包含一系列带有名称的列和多行数据，这些列和行由视图定义的 SELECT 语句决定。通过视图看到的数据可以来自一个基表、两个或多个基表的连接查询、对基表中数据的统计汇总、其他视图定义的数据、基表和视图的混合等。

视图与基表的对应关系如图 8.1 所示。

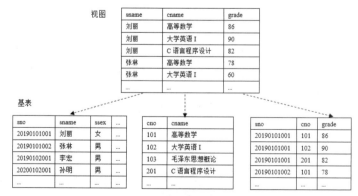

图 8.1　视图与基表的对应关系

需要注意的是，数据库中只保存了视图的定义，并没有保存视图的数据，这些数据保存在视图所引用的基表中。使用视图查询数据时，数据库管理系统会从基表中取出对应的数据，因此当基表中的数据发生改变时，显示在视图中的数据也会随之改变。通过视图修改数据时，系统会转化为对基表中的数据的修改。

8.1.2　视图的作用

视图是在基表或其他视图的基础上定义的虚拟表，可以从原有的表中选取对用户有用的数据，屏蔽掉那些用户不关心的数据或者没有权限操作的数据。这样既可以使操作简单化，也增强了数据的保密性和安全性。

视图在数据库中的作用主要有以下几点。

（1）简化操作，屏蔽数据库的复杂性

可以将经常使用的查询语句定义为视图，尤其是复杂的数据筛选、多表连接查询、分组汇总等语句。这样一来，在每次需要查询数据时就不必重新编写这些复杂的查询语句，只需要一条简单的视图查询语句就可以实现。

视图对用户隐藏了对基表数据的筛选、分组统计、多个表之间的连接等复杂操作，利用视图，用户不需要了解数据库及表的结构，就可以方便地管理和操作数据。

（2）增强数据的安全性

利用视图可以增强数据的保密性和安全性，防止未授权的用户查看或操作其无权使用的数据。针对不同用户创建不同的视图，用户只能查看和操作所能看到的数据，数据库中真正的表和表中的数据对用户是不可见、不可访问的，从而保证了数据的安全性。

（3）保证数据逻辑独立性

利用视图可以使应用程序和数据库表在一定程度上独立。如果没有使用视图，应用程序是建立在表上的，程序直接访问表数据，当表的结构发生变化的时候必须修改应用程序，程序和数据之间的逻辑独立性比较低。使用视图，应用程序可以建立在视图上，通过视图操作数据，当表结构发生改变时，通过修改视图的定义从而屏蔽表的变化，不需要更改程序，在一定程度上保证了数据的逻辑独立性。

8.2　创建视图

用户可以使用 CREATE VIEW 语句或使用图形化工具 Workbench 根据需要创建视图。

微课：创建
视图

8.2.1　使用命令创建视图

使用 CREATE VIEW 语句创建视图的语法格式如下：

```
CREATE [OR REPLACE]
[ALGORITHM = {UNDEFINED | MERGE | TEMPTABLE}]
[DEFINER = user]
[SQL SECURITY { DEFINER | INVOKER }]
VIEW view_name [(column_list)]
AS select_statement
[WITH [CASCADED | LOCAL] CHECK OPTION]
```

说明

（1）REPLACE：如果视图不存在，则"CREATE OR REPLACE VIEW"与"CREATE VIEW"相同。如果视图存在，则"CREATE VIEW"会出错而无法执行，"CREATE OR REPLACE VIEW"会执行并替换视图原来的定义。

（2）ALGORITHM：MySQL 处理视图的方式。MERGE 会将引用视图的语句与视图定义合并起来，使视图定义的某一部分取代语句的对应部分。TEMPTABLE 将视图的结果置于临时表中，然后使用它执行语句。如果选用 UNDEFINED，则 MySQL 自己选择所要使用的算法。

（3）DEFINER：视图的定义者，user 可以是'user_name'@'host_name'、CURRENT_USER 或 CURRENT_USER( )，有关用户的介绍参见第 14 章。如果省略了 DEFINER 子句，则默认的 DEFINER 是执行 CREATE VIEW 语句的用户，这与显式指定 DEFINER= CURRENT_USER 相同。

SQL SECURITY：在执行引用视图的语句时，SQL SECURITY 子句确定在检查视图的访问权限时要使用哪个 MySQL 账户。DEFINER 为默认值，表明所需的权限由定义视图的用户持有，INVOKER 表明所需的权限由调用视图的用户持有。

（4）view_name：要创建的视图的名称。默认情况下，将在当前数据库中创建新视图。要在给定数据库中显式创建视图，可以用 db_name.view_name。在数据库中，基表和视图共享相同的命名空间，因此基表和视图不能具有相同的名称。

（5）column_list：视图必须具有唯一的列名，不存在重复项，就像基表一样。默认情况下，视图列名为 SELECT 语句检索到的列的名称。可以在视图名后用（column_list）子句以逗号分隔的名称列表显式定义视图列的名称。列名表中的名称数量必须与 SELECT 语句检索到的列数相同。

（6）select_statement：视图定义的 SELECT 语句。可以使用多种 SELECT 语句创建视图，可以引用基表或其他视图，可以使用连接查询、UNION 联合查询和子查询。SELECT 语句检索的列可以是对表列的简单引用，也可以是使用函数、常量值、运算符的表达式。

（7）WITH [CASCADED | LOCAL] CHECK OPTION：限制通过视图更新数据时，插入或更新的数据必须满足 select_statement 中设置的 WHERE 条件。如果视图基于其他视图创建，CASCADED | LOCAL 限制检查的范围，LOCAL 关键字将 CHECK 选项仅限于所定义的视图，CASCADED 会导致对底层视图的检查进行评估。当两个关键字都没有给出时，默认为 CASCADED。

【例 8.1】创建视图 view_computer，从 student 表查询计算机科学与技术专业的学生的信息，保证通过该视图操作的数据都要满足专业编号为'0101'这个条件。

在 MySQL 命令行客户端输入命令：

```
CREATE VIEW view_computer
AS
    SELECT * FROM student WHERE mno='0101'
    WITH CHECK OPTION;
```

执行结果如图 8.2 所示。

图 8.2　基于单表创建视图

本例中创建视图时使用了 WITH CHECK OPTION，限制通过视图 view_computer 插入或修改的数据都必须满足 mno='0101'这个条件，详见 8.4 节中的示例。

【例 8.2】创建视图 view_score，从 student、score 和 course 表查询学生的成绩信息，包含学生的学号、姓名、课程名和成绩。

在 MySQL 命令行客户端输入命令：

```
CREATE VIEW view_score
AS
    SELECT student.sno, sname, cname, grade
    FROM student, score, course
    WHERE student.sno=score.sno AND course.cno=score.cno;
```

视图定义的 SELECT 语句也可以从其他视图查询数据。

【例 8.3】基于视图 view_score 创建视图，包含学生的学号、姓名和平均成绩。

在 MySQL 命令行客户端输入命令：

```
CREATE VIEW view_avggrade(sno, sname, avggrade)
AS
    SELECT sno, sname, avg(grade)
    FROM view_score
    GROUP BY sno, sname;
```

创建视图时需要注意以下几点。

（1）CREATE VIEW 语句需要 CREATE VIEW 权限，以及 SELECT 语句选择的每一列的权限。如果使用了 OR REPLACE，则还必须具有该视图的 DROP 权限。

（2）SELECT 语句不能引用系统变量或用户定义的变量。

（3）视图定义中引用的任何基表或视图都必须存在；如果在创建视图后，删除了定义所引用的表或视图，则使用该视图会导致错误。

（4）视图定义不能引用临时表，也不能创建临时视图。

（5）MySQL 中不能将触发器与视图关联。

（6）SELECT 语句中列名的别名不能超过 64 个字符（而不是 256 个字符的最大别名长度）。

（7）视图定义中允许使用 ORDER BY，但如果使用具有自己 ORDER BY 的语句从视图中选择，则将忽略 ORDER BY。

（8）对于定义中的其他选项或子句，它们将添加到引用视图的语句的选项或子句中，但效果未定义。例如，如果一个视图定义包含 LIMIT 子句，并且使用一个有自己 LIMIT 子句的语句从视图中选择数据，则应该用哪个 LIMIT 子句是未定义的。同样的原则也适用于 SELECT 关键字后面的 ALL、DISTINCT 等选项。

8.2.2　使用图形化工具创建视图

可以使用 MySQL Workbench 图形化工具创建视图，具体的步骤如下。

（1）打开 Workbench 工具，连接到 MySQL 服务器。

（2）在左侧的"SCHEMAS"导航栏中找到 jwgl 数据库，单击左边的箭头，在下面的"Views"节点上单击鼠标右键，在弹出的菜单中选择"Create View..."，右侧将打开"new_view-View"对话框，如图 8.3 所示。

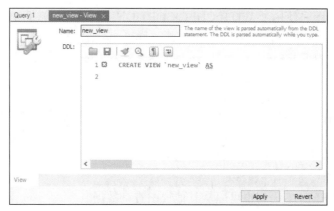

图 8.3　"new_view-View"对话框

（3）在"Name"文本框中输入要创建的视图名称，在"DDL"文本框中输入 CREATE VIEW 语句，如图 8.4 所示。

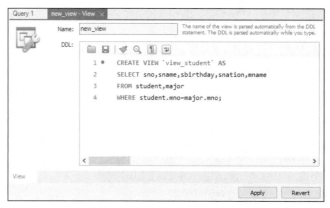

图 8.4　输入视图定义

（4）单击"Apply"按钮，可以查看创建视图的 SQL 语句，如图 8.5 所示。

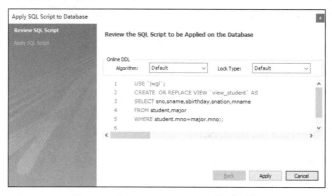

图 8.5　"Review SQL Script"对话框

（5）单击"Apply"按钮，系统将创建视图，如果视图定义语句有错误，将给出错误提示，如果没有错误，则完成视图的创建，如图 8.6 所示。

（6）单击"Finish"按钮，关闭对话框。

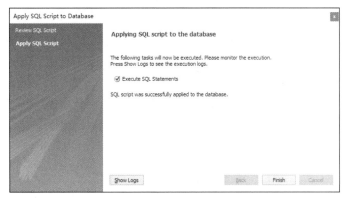

图 8.6 "Apply SQL Script" 对话框

8.3 管理视图

常用的视图管理操作包括查看视图、修改视图和删除视图。

8.3.1 查看视图

查看视图包括查看当前数据库中已有的视图、查看视图的结构和查看视图的定义。

1. 查看当前数据库中的视图

MySQL 5.1 版本开始，SHOW TABLES 命令不仅会显示当前数据库中已有的表，还会显示数据库中的视图的名称。

【例 8.4】查看 jwgl 数据库中的表和视图。

在 MySQL 命令行客户端输入命令：

```
USE jwgl
SHOW TABLES;
```

执行结果如图 8.7 所示。

2. 查看视图的结构

5.6.2 小节介绍了可以使用 DESCRIBE 语句或 SHOW COLUMNS|FIELDS 语句查看某个表的结构。因为视图是从基表或其他视图导出的虚拟表，所以也可以使用 DESCRIBE 语句或 SHOW COLUMNS| FIELDS 语句查看视图。DESCRIBE 语句和 SHOW COLUMNS| FIELDS 语句在 5.6.2 小节中已经详细介绍，这里不再赘述。

图 8.7 查看 jwgl 数据库中的表和视图

【例 8.5】使用 DESCRIBE 查看视图 view_computer 的结构。

在 MySQL 命令行客户端输入命令：

```
DESC view_computer;
```

【例 8.6】使用 SHOW COLUMNS 查看视图 view_score 的结构。

在 MySQL 命令行客户端输入命令：

```
SHOW COLUMNS FROM view_score;
```

3. 查看视图的定义

SHOW CREATE VIEW 语句可以用来查看创建视图的 CREATE VIEW 语句，其语法格式如下：

```
SHOW CREATE VIEW view_name
```

【例 8.7】使用 SHOW CREATE VIEW 语句查看视图 view_score 的定义。

在 MySQL 命令行客户端输入命令：

```
SHOW CREATE VIEW view_score \G
```

执行结果如图 8.8 所示。

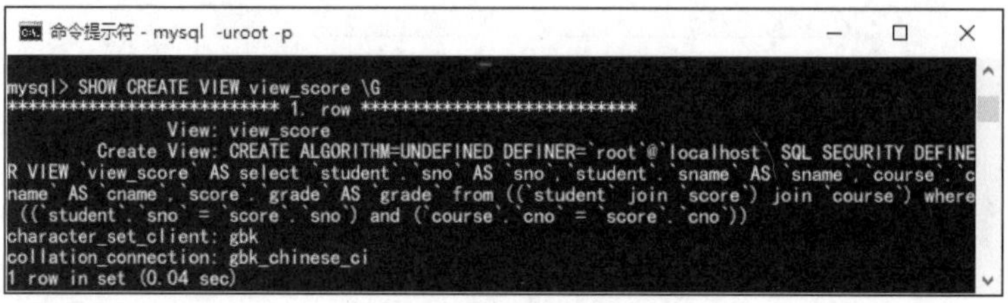

图 8.8　查看 view_score 的定义

8.3.2　修改视图

修改视图是指修改数据库中已创建的视图的定义，MySQL 中可以使用 CREATE OR REPLACE VIEW 语句和 ALTER VIEW 语句修改视图。

1. 使用 CREATE OR REPLACE VIEW 语句修改视图

8.2.1 小节已经提到使用 CREATE OR REPLACE VIEW 不仅可以创建视图，当视图已经存在时，还可以对其进行修改，具体的语法格式在 8.2.1 小节中已经详细介绍，这里不再赘述。

【例 8.8】修改视图 view_avggrade，列名改为学号、姓名、平均成绩。

在 MySQL 命令行客户端输入命令：

```
CREATE OR REPLACE VIEW view_avggrade
AS
    SELECT sno AS 学号, sname AS 姓名, avg(grade) AS 平均成绩
    FROM view_score
    GROUP BY sno, sname;
```

2. 使用 ALTER VIEW 语句修改视图

ALTER VIEW 语句的语法格式如下：

```
ALTER
[ALGORITHM = {UNDEFINED | MERGE | TEMPTABLE}]
[DEFINER = user]
[SQL SECURITY { DEFINER | INVOKER }]
VIEW view_name [(column_list)]
AS select_statement
[WITH [CASCADED | LOCAL] CHECK OPTION]
```

ALTER VIEW 语句更改视图的定义，要求视图必须存在。语法与创建视图的语法类似，参见 8.2.1 小节。此语句需要视图的创建和删除权限，以及 SELECT 语句中引用的每个列的一些权限。

【例 8.9】使用 ALTER VIEW 修改视图 view_avggrade，按平均成绩从高到低排序。

在 MySQL 命令行客户端输入命令：

```
ALTER VIEW view_avggrade
AS
    SELECT sno AS 学号, sname AS 姓名, avg(grade) AS 平均成绩
    FROM view_score
    GROUP BY sno, sname
    ORDER BY 平均成绩 DESC;
```

8.3.3　删除视图

当视图不再使用时，可以将其从数据库中删除，删除视图的语句为 DROP VIEW，其语法格式如下：

```
DROP VIEW [IF EXISTS] view_name [, view_name] …
```

> 📝 **说明**
>
> （1）该语句可以删除一个或多个视图。
>
> （2）IF EXISTS：防止因为视图不存在而出现的错误。如果参数列表中的某个视图不存在，则该语句将失败，并出现一个错误，通过名称指示它无法删除哪些不存在的视图，并且不会进行任何更改。为了防止出现此种错误，可以使用 IF EXISTS。

【例 8.10】删除视图 view_avggrade。

在 MySQL 命令行客户端输入命令：

```
DROP VIEW view_avggrade;
```

8.3.4　使用图形化工具管理视图

可以使用 MySQL Workbench 图形化工具管理视图，下面以视图 view_student 为例介绍使用 Workbench 管理视图的方法。

（1）打开 Workbench 工具，连接到 MySQL 服务器。

（2）在左侧的"SCHEMAS"导航栏中找到 jwgl 数据库，单击左边的箭头，在下面的"Views"节点下找到"view_student"，单击左边的箭头，可以看到视图 view_student 包含的列，如图 8.9 所示。

（3）在"view_student"节点上，单击鼠标右键，在弹出的菜单中选择"Alter View…"，打开视图的定义窗口，如图 8.10 所示。如果要修改视图，在 DDL 文本框中直接修改视图的定义语句，然后单击"Apply"按钮，完成修改。

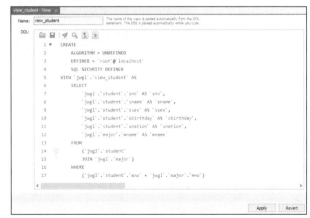

图 8.9　视图的结构　　　　　　　　　图 8.10　视图的定义

视图 / 第 8 章

（4）如果要删除视图，在"view_student"节点上，单击鼠标右键，在弹出的菜单中选择"Drop View…"，打开删除视图对话框，如图 8.11 所示。单击"Drop Now"完成删除。

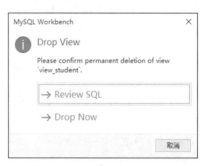

图 8.11　"Drop View"对话框

8.4 使用视图操作数据

视图创建之后，可以使用 SELECT、INSERT、UPDATE 和 DELETE 语句通过视图管理数据库中的数据。需要注意的是，因为视图是一个虚拟表，并不保存数据，所以通过视图操作数据最终都转换为对基表中数据的操作。

8.4.1　使用视图查询数据

使用视图查询数据是视图最常见的用法，使用 SELECT 语句对视图进行查询和用 SELECT 语句对表进行查询类似。

【例 8.11】使用视图 view_score 查询'刘丽'各门课程的成绩。

在 MySQL 命令行客户端输入命令：

```
SELECT * FROM view_score WHERE sname='刘丽';
```

执行结果如图 8.12 所示。

图 8.12　使用视图 view_score 查询

8.4.2　使用视图插入数据

可以使用 INSERT 语句通过视图向基表中插入数据。

【例 8.12】使用视图 view_computer 插入一个学生记录。

在 MySQL 命令行客户端输入命令：

```
INSERT INTO view_computer
VALUES('20200101010','张三','男','2002-07-20','汉族','0101');
```

执行结果如图 8.13 所示。

图 8.13　使用视图插入数据

执行 SELECT * FROM student，可以看到('20200101010','张三','男','2002-07-20','汉族', '0101')这条记录插入视图 view_computer 的基表 student 中，如图 8.14 所示。

```
mysql> SELECT * FROM student;
+-------------+----------+------+------------+---------+------+
| sno         | sname    | ssex | sbirthday  | snation | mno  |
+-------------+----------+------+------------+---------+------+
| 20190101001 | 刘丽     | 女   | 2001-03-02 | 汉族    | 0101 |
| 20190101002 | 张林     | 男   | 2000-09-12 | 汉族    | 0101 |
| 20190102001 | 李宏     | 男   | 2001-08-29 | 回族    | 0102 |
| 20190401001 | 林亚原   | 男   | 2001-05-02 | 汉族    | 0401 |
| 20190501001 | 崔海洋   | 男   | 2001-10-05 | 汉族    | 0501 |
| 20190501002 | 李云慧   | 女   | 2002-03-30 | 汉族    | 0501 |
| 20190702002 | 吕霞     | 女   | 2001-10-23 | 汉族    | 0702 |
| 20190702003 | 王怡宁   | 女   | 2002-05-09 | 汉族    | 0702 |
| 20191002002 | 张中华   | 男   | 2001-08-07 | 汉族    | 1002 |
| 20200101001 | 张莉     | 女   | 2001-06-20 | 汉族    | 0101 |
| 20200101010 | 张三     | 男   | 2002-07-20 | 汉族    | 0101 |
| 20200102001 | 孙明     | 男   | 2001-10-18 | 汉族    | 0102 |
| 20200102002 | 赵均     | 男   | 2000-12-19 | 汉族    | 0102 |
| 20200502001 | 王珊珊   | 女   | 2003-12-12 | 汉族    | 0502 |
| 20200701001 | 那丹     | 女   | 2002-09-16 | 满族    | 0701 |
| 20200703004 | 李文阳   | 男   | 2001-11-19 | 汉族    | 0703 |
| 20201001001 | 陈小亮   | 男   | 2001-07-25 | 汉族    | 1001 |
| 20210201001 | 牛伟     | 男   | 2003-09-18 | 汉族    | 0201 |
| 20210201002 | 钱进     | 男   | 2003-02-26 | 汉族    | 0201 |
| 20210301001 | 范明     | 女   | 2002-12-30 | 汉族    | 0301 |
| 20210301002 | 刘飞     | 男   | 2002-11-19 | 汉族    | 0301 |
| 20210601001 | 黄一帆   | 男   | 2002-08-19 | 汉族    | 0601 |
| 20210801001 | 赵鹏     | 男   | 2003-04-10 | 汉族    | 0801 |
| 20210901001 | 杨笑笑   | 女   | 2003-02-20 | 回族    | 0901 |
| 20210901002 | 赵振英   | 女   | 2002-12-16 | 汉族    | 0901 |
| 20211002003 | 贾昕昕   | 女   | 2004-01-15 | 汉族    | 1002 |
+-------------+----------+------+------------+---------+------+
26 rows in set (0.00 sec)
```

图 8.14　使用视图插入数据后基表 student 中的数据

如果创建视图时使用了 WITH CHECK OPTION，则插入的数据必须满足视图定义中 SELECT 语句的 WHERE 条件。

【例 8.13】使用视图 view_computer 插入一个专业为'0102'的学生记录。

在 MySQL 命令行客户端输入命令：

```
INSERT INTO view_computer
VALUES('20200101011','李四','男','2002-07-20','汉族','0102');
```

因为视图 view_compuer 定义中使用了 WITH CHECK OPTION，并且设置了 mno='0101' 的条件（参见例 8.1），该语句执行失败，如图 8.15 所示。

```
mysql> INSERT INTO view_computer
    -> VALUES('20200101011','李四','男','2002-07-20','汉族','0102');
ERROR 1369 (HY000): CHECK OPTION failed 'jwgl.view_computer'
mysql>
```

图 8.15　插入违反 CHECK OPTION 的数据

另外，因为数据最终是插入基表中的，所以使用视图插入数据时必须满足基表上定义的约束条件，否则插入失败。例如，通过 view_computer 插入 2 条数据分别违反 student 表定义的主键约束和 CHECK 约束，插入失败，如图 8.16 所示。

图 8.16　插入违反基表约束的数据

8.4.3　使用视图修改数据

可以使用 UPDATE 语句通过视图修改数据，语法与修改表中数据相同，只不过 UPDATE 后的表名换成了视图名。

【例 8.14】使用视图 view_computer 修改学生'20200101001'的出生日期为'2002-08-20'。

在 MySQL 命令行客户端输入命令：

```
UPDATE view_computer
SET sbirthday='2002-08-20'
WHERE sno='20200101001';
```

执行结果如图 8.17 所示。

图 8.17　使用视图修改数据

执行 SELECT * FROM student WHERE sno='20200101001'查看表中数据，可以看到 student 表中学生'20200101001'的出生日期已经修改为'2002-08-20'，如图 8.18 所示。

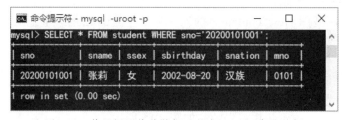

图 8.18　使用视图修改数据后基表 student 中的数据

同样地，如果创建视图时使用了 WITH CHECK OPTION，则修改后的数据必须满足视图定义中的 WHERE 条件，并且必须满足基表上定义的约束条件。

【例 8.15】使用视图 view_computer 修改学生'20200101001'的专业为'0102'。

在 MySQL 命令行客户端输入命令：

```
UPDATE view_computer
SET mno='0102'
WHERE sno='20200101001';
```

因为修改后的 mno 不满足视图中的条件 mno='0101'，语句执行失败，如图 8.19 所示。

图 8.19　修改数据违反 CHECK OPTION

8.4.4　使用视图删除数据

可以使用 DELETE 语句通过视图删除基表中的数据。

【例 8.16】使用视图 view_computer 删除学号为'20200101010'的学生记录。

在 MySQL 命令行客户端输入命令：

```
DELETE FROM view_computer WHERE sno='20200101010';
```

执行结果如图 8.20 所示。

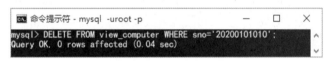

图 8.20　使用视图删除数据

执行 SELECT * FROM student WHERE sno='20200101010'查看表中数据，可以看到 student 表中学生'20200101010'已被删除，如图 8.21 所示。

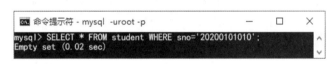

图 8.21　使用视图修改数据后基表 student 中的数据

8.4.5　使用视图操作数据的限制

从例 8.12、例 8.14 和例 8.16 可以看出，通过视图插入、修改和删除数据，最终实现的是对视图的基表中数据的插入、修改和删除，更新视图实际上是对基表数据的更新。使用视图操作数据需要注意以下限制。

（1）不是所有的视图都是可更新的，以下情况视图不可更新。

① 创建视图时，ALGORITHM 为 TEMPTABLE。

② 视图中包含 COUNT( )、SUM( )、AVG( )、MAX( )和 MIN( )等聚合函数。

③ 视图中包含 DISTINCT、UNION、UNION ALL、GROUP BY、HAVING 等关键字。

④ 常量视图，例如 CREATE VIEW view_time AS SELECT NOW( )。

⑤ 视图中的 SELECT 语句包含子查询。

⑥ 视图的基表中有些列不允许空值也没有默认值，并且视图中不包含这些列。

⑦ 由不可更新视图导出的视图。

（2）如果视图基于多表连接创建，则通过视图更新数据时一条语句只能影响到一个基表中的数据。

① 插入数据时，视图名后必须给出列名列表，且只能是一个基表中的列，如图 8.22 所示。

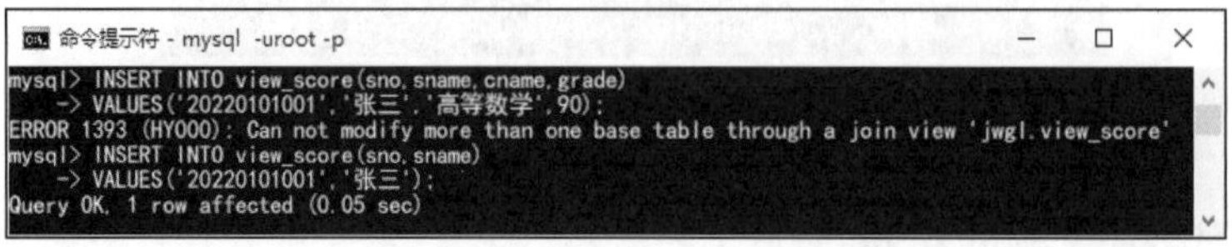

图 8.22　基于多表连接视图的数据插入

② 修改数据时，SET 后面的列只能是一个基表中的列，如图 8.23 所示。

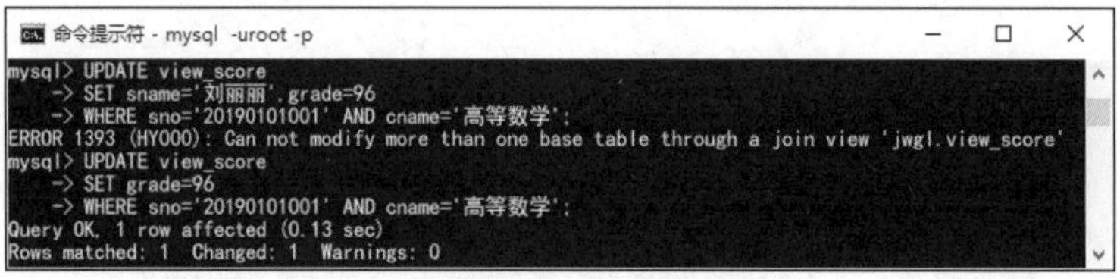

图 8.23　基于多表连接视图的数据更新

③ 不能通过视图删除数据，如图 8.24 所示。

图 8.24　基于多表连接视图的数据删除

（3）当使用 WITH CHECK OPTION 子句创建视图时，MySQL 会通过视图检查正在插入、更新或删除的每一行，以使其符合视图的定义。如果视图基于另一个视图创建，系统还会检查依赖视图中的规则以保持一致性。LOCAL 表示更新视图时只需满足视图自身定义的条件即可，CASCADED 为默认选项，表示更新视图时要满足所有相关视图的条件。

8.5　本章小结

视图是从基表或其他视图中导出的虚拟的表，使用视图可以简化查询、掩盖数据库设计的复杂性、增强数据的安全性、提高数据独立性。本章主要介绍了视图的相关知识，内容包括视图的概念和作用，视图的创建、修改和删除，以及使用视图管理数据。通过本章的学习，读者应该掌握视图的概念和相关操作，能够在具体的数据库应用中灵活使用视图。

习　题　8

1. 什么是视图？
2. 视图有哪些作用？
3. 视图和表有哪些联系？区别是什么？
4. 如何创建视图？
5. 创建视图时，WITH CHECK OPTION 子句的作用是什么？
6. 使用 WITH CHECK OPTION 创建视图，LOCAL 和 CASCADED 的区别是什么？
7. 什么是可更新视图？
8. 使用视图操纵数据时有哪些限制？

第9章 索引

学习目标
- 理解索引的概念和作用
- 掌握索引的创建、修改和删除等基本操作
- 能够合理地设计和创建索引

9.1 索引概述

在数据库应用系统中，数据查询及处理速度是衡量系统性能的重要标准，如何提高数据库的性能是数据库设计时需要重点考虑的问题，利用索引来提高数据查询速度是最常用的一种性能优化方法。

9.1.1 索引的概念

索引是对数据表中一列或多列的值进行排序的一种结构。索引就像图书的目录一样用于快速查找需要的数据，提升数据库的查询性能。如果想要在一本书中搜索某个内容，一般有两种方法：一种是从书的第一页开始往后翻，一直找到需要的信息；另一种是先在目录中找到对应的章节标题，然后通过标题后的页码直接翻到对应的页面。很明显，第二种方法比第一种方法速度更快。同理，在一个数据表中查找特定的记录也可以采取两种方法：一种是全表扫描，从第一行开始——查看表中的每一行数据，与查询条件进行对比，返回满足条件的记录；另一种是通过对表中的数据创建索引，先在索引中找到符合查询条件的索引值，然后通过索引值对应的位置快速找到表中的记录。

当表中的数据很多的时候，全表扫描的效率很低，而如果合理地创建了索引，就可以利用索引避免全表扫描，从而有效提高查询效率。

数据库中索引的作用主要体现在以下几个方面：
（1）索引可以提高查询的速度，这是创建索引的主要原因；
（2）通过创建唯一索引，可以保证表中每一行数据的唯一性；
（3）对有参照关系的父表和子表进行连接查询时，索引可以加速表与表之间的连接；
（4）使用 GROUP BY 和 ORDER BY 子句进行查询时，索引可以显著减少分组和排序的时间。

9.1.2 MySQL 索引的分类

MySQL 提供了多种索引类型，包括普通索引、唯一索引、单列索引、组合索引、前缀

索引、函数索引、全文索引、空间索引、聚集索引、辅助索引等。

1. 普通索引和唯一索引

普通索引是最基本的索引类型，创建普通索引时对于索引列的数据类型和值是否唯一没有限制。

唯一索引要求索引列的值必须唯一，但允许有空值（除非列的定义中有 NOT NULL）。主键是一种特殊的唯一索引，不允许有空值。

2. 单列索引和组合索引

可以在表的单个列上创建索引，称为单列索引；也可以在表的多个列的组合上创建索引，称为组合索引、复合索引或多列索引。如果创建的是组合索引，只有查询条件中用到了索引中的第一个列才会使用该索引。

3. 前缀索引

MySQL 中，对于字符串列（数据类型为 CHAR、VARCHAR、BINARY、VARBINARY、BLOB、TEXT）可以创建只使用列值的前导部分的索引，使用 col_name（length）语句指定索引前缀长度，前缀限制以字节为单位。

使用前缀索引可以使索引文件小得多，从而节省大量磁盘空间，还可能加快插入操作。

4. 函数索引

实际应用中经常需要对表中的部分列上进行函数计算，在数据量大的时候，查询效率低下。MySQL 8.0.13 及更高版本提供了函数索引，可以对表达式的值进行索引，又称为表达式索引。MySQL 8.0 的函数索引内部其实是依据虚拟列来实现的。

5. 全文索引

MySQL 中使用参数 FULLTEXT 设置索引为全文索引。全文索引是基于文本的列（数据类型为 CHAR、VARCHAR 或 TEXT）上创建的，以加快对这些列中数据的查询和 DML 操作。

6. 空间索引

MySQL 中使用参数 SPATIAL 设置索引为空间索引。空间索引只能建立在空间数据类型的列上，提高系统查询空间数据的效率。空间索引中的列必须声明为 NOT NULL。

7. 聚集索引和辅助索引

聚集索引是指索引项的排序方式和表中数据记录排序方式一致的索引，每张表只能有一个聚集索引，聚集索引的叶子节点存储了所有的行数据。例如，我们日常生活中使用的汉语字典就是一个聚集索引，字典的拼音目录按照 A~Z 排列，字典的正文部分也是按 A~Z 排列，正文本身就是目录的一部分。

聚集索引对表中数据重新组织以按照一个或多个列的值排序。由于聚集索引的叶子节点存储了表中的所有数据，索引搜索直接指向包含行数据的页面，所以使用聚集索引查询数据通常要比使用非聚集索引快。

每个 InnoDB 表都必须有一个聚集索引：

（1）如果表上定义了主键，那么主键作为聚集索引；

（2）如果表上没有定义主键，那么该表的第一个唯一非空索引被作为聚集索引；

（3）如果表上没有主键也没有合适的唯一索引，则 InnoDB 会在包含行 ID 值的合成列上生成一个名为 GEN_CLUST_index 的隐藏聚集索引。行 ID 是一个 6 字节的字段，随着新行的插入而单调增加。因此，按行 ID 排序实际上是按插入顺序排列。

聚集索引以外的索引称为辅助索引（二级索引、次索引）。在 InnoDB 中，辅助索引中的每条数据都包含该行的聚集索引值（通常为主键值），以及该辅助索引中的列值。InnoDB 使用此索引值搜索聚集索引中的行。如果主键较长，则辅助索引会占用更多空间，因此主键较短是有利的。

9.1.3　索引的设计原则

索引可以加快数据查询的速度，提高系统的性能。但是使用索引也需要付出一定的代价。在数据库中创建索引需要额外的存储空间，并且创建索引之后对表数据的插入、更新和删除操作需要对索引进行维护，因而处理时间更长。因此，对于索引的使用必须进行合理的规划和设计。

下面介绍一些常用的索引设计原则。

（1）为查询条件中经常用到的并且重复值较少的列创建索引以便提高查询效率，重复值较多的列无须创建索引。例如，student 表的 ssex 字段只有'男'和'女'两个不同值，在 ssex 列上创建索引反而会严重降低数据更新速度。

（2）考虑为经常作为排序依据、分组依据的列创建索引以便提高排序和分组的效率。

（3）对于取值有唯一性要求的列创建唯一索引，既保证数据的唯一性又能提高查询速度。

（4）创建组合索引的时候要注意索引中列的顺序。

（5）索引并不是越多越好，索引太多不仅占用过多的磁盘空间，还会降低 INSERT、UPDATE 和 DELETE 的执行速度。

（6）数据较少的表最好不要创建索引，因为数据量少，使用索引进行查询的时间相对于全表扫描的时间优化效果很小，而索引维护和更新还会带来更多的开销。

（7）避免对经常更新的表创建过多的索引。

9.2　创建索引

微课：创建索引

MySQL 中创建索引的方式有 3 种，分别是使用 CREATE TABLE 语句创建表的时候创建索引、对已经存在的表使用 ALTER TABLE 语句创建索引和使用 CREATE INDEX 语句创建索引。

9.2.1　使用 CREATE TABLE 语句创建索引

创建表的时候可以直接创建索引，语法格式如下：

```
CREATE [TEMPORARY] TABLE [IF NOT EXISTS] tbl_name
( column_definition,
  …,
  [{FULLTEXT | SPATIAL|UNIQUE}] INDEX | KEY [index_name] (col_name [(length)] |
  (expr) [ASC | DESC], …)
)
```

📎 说明

（1）FULLTEXT|SPATIAL|UNIQUE：可选项，分别表示全文索引、空间索引和唯一索引。

（2）INDEX | KEY：二选一，作用相同。

（3）index_name：要创建的索引的名称，如果省略，MySQL 默认用列名 col_name 作为索引名称。

（4）col_name [(length)]：索引包含的列的名称和长度，length 为可选参数且只有字符串类型的列才可以指定长度。

（5）(expr)：函数索引对应的表达式。

（6）ASC | DESC：索引值的排序方式，ASC 表示升序，默认值，DESC 表示降序。

【例 9.1】在 jwgl 数据库中，创建 dept 表时在 dname 列创建唯一索引。

在 MySQL 命令行客户端输入命令：

```
USE jwgl
CREATE TABLE dept
(
  dno CHAR(2) PRIMARY KEY,
  dname VARCHAR(20),
  dloc VARCHAR(20),
  dphone CHAR(8),
  UNIQUE INDEX ind_dname(dname)
);
```

执行结果如图 9.1 所示。

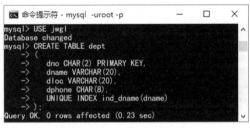

图 9.1　使用 CREATE TABLE 建表时创建索引

需要说明的是，定义主键约束或唯一性约束后，MySQL 会自动创建唯一索引，因此本例也可以通过创建唯一性约束的方法创建唯一索引，语句如下：

```
CREATE TABLE dept
(
  dno CHAR(2) PRIMARY KEY,
  dname VARCHAR(20) UNIQUE,
  dloc VARCHAR(20),
  dphone CHAR(8)
);
```

9.2.2　使用 CREATE INDEX 语句创建索引

使用 CREATE INDEX 语句可以在一个已经存在的表上创建索引，语法格式如下：

```
CREATE [UNIQUE | FULLTEXT | SPATIAL] INDEX index_name
ON tbl_name (col_name [(length)] | (expr) [ASC | DESC], …)
```

语法格式中各选项的说明参见 9.2.1 小节。

【例 9.2】在 jwgl 数据库中的 student 表的 sname 列上创建普通索引，降序排列。

在 MySQL 命令行客户端输入命令：

```
CREATE INDEX ind_sname ON student(sname DESC);
```

执行结果如图 9.2 所示。

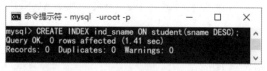

图 9.2　使用 CREATE INDEX 创建普通索引

【例 9.3】在 jwgl 数据库中的 major 表的 mname 列上创建唯一索引。

在 MySQL 命令行客户端输入命令：

```
CREATE UNIQUE INDEX ind_mname ON major(mname);
```

执行结果如图 9.3 所示。

图 9.3　使用 CREATE INDEX 创建唯一索引

【例 9.4】在 jwgl 数据库中的 student 表的 sname 和 ssex 列上创建组合索引。

在 MySQL 命令行客户端输入命令：

```
CREATE INDEX ind_sname_ssex ON student(sname, ssex);
```

执行结果如图 9.4 所示。

图 9.4　使用 CREATE INDEX 创建组合索引

9.2.3　使用 ALTER TABLE 语句创建索引

在一个已经存在的表上创建索引也可以使用 ALTER TABLE 语句，语法格式如下：

```
ALTER TABLE tbl_name
ADD [{FULLTEXT | SPATIAL|UNIQUE}] INDEX | KEY [index_name] (col_name [(length)] | (expr)
[ASC | DESC], …)
```

语法格式中各选项的说明参见 9.2.1 小节。

【例 9.5】在 jwgl 数据库中的 course 表的 cname 列上创建普通索引。

在 MySQL 命令行客户端输入命令：

```
ALTER TABLE course
ADD INDEX ind_cname(cname);
```

执行结果如图 9.5 所示。

图 9.5　使用 ALTER TABLE 创建普通索引

9.3 查看索引

可以使用 SHOW INDEX 语句查看表的索引信息，语法格式如下：

```
SHOW {INDEX | INDEXES | KEYS} {FROM | IN} tbl_name [{FROM | IN} db_name]
```

或者：

```
SHOW {INDEX | INDEXES | KEYS} {FROM | IN} [db_name.]tbl_name
```

SHOW INDEX 语句以二维表的形式返回指定表上的索引信息，包括表名、索引名、是否唯一索引、索引中的列名、列序号、排序方式、索引前缀等。因为显示信息较多，可以使用\G。

【例 9.6】查看 jwgl 数据库中 course 表上的索引。

在 MySQL 命令行客户端输入命令：

```
SHOW INDEX FROM jwgl.course \G
```

执行结果如图 9.6 所示。

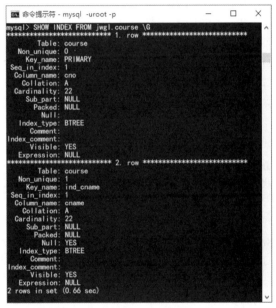

图 9.6 使用 SHOW INDEX 查看索引

9.4 删除索引

如果一些索引设计得不合理降低了数据库的性能，或者索引不再使用，可以考虑将索引删除。删除索引有两种方法：使用 DROP INDEX 语句和 ALTER TABLE 语句。

9.4.1 使用 DROP INDEX 语句删除索引

使用 DROP INDEX 语句删除索引，语法格式如下：

```
DROP INDEX index_name ON tbl_name
```

其中，index_name 为要删除的索引的名称，tbl_name 为索引所在的表的名称。

【例 9.7】删除 course 表的索引 ind_cname。

在 MySQL 命令行客户端输入命令：

```
DROP INDEX ind_cname ON course;
```

9.4.2　使用 ALTER TABLE 语句删除索引

也可以使用 ALTER TABLE 语句删除索引，语法格式如下：

```
ALTER TABLE tbl_name DROP INDEX index_name
```

其中，index_name 为要删除的索引的名称，tbl_name 为索引所在的表的名称。

【例 9.8】删除 student 表的索引 ind_sname。

在 MySQL 命令行客户端输入命令：

```
ALTER TABLE student DROP INDEX ind_sname;
```

9.5　进行索引分析

EXPLAIN 是 MySQL 提供的内置命令，与 TABLE、SELECT、DELETE、INSERT、REPLACE 和 UPDATE 语句一起使用，获取来自 MySQL 优化器的有关语句执行计划的信息。也就是说，MySQL 解释它将如何处理该语句，包括有关表如何连接以及以何种顺序连接。实际应用中，可以使用 EXPLAIN 获取语句的执行计划，帮助分析需要在表的哪些列上创建索引，以便使用索引查找行，从而使语句执行得更快，或者查看哪些索引影响了数据库的性能需要删除。

微课：使用 EXPLAIN 进行索引分析

EXPLAIN 语句的语法格式如下：

```
EXPLAIN FORMAT=TRADITIONAL| JSON | TREE
SELECT statement | TABLE statement | DELETE statement | INSERT statement
 | REPLACE statement | UPDATE statement
```

💡 **说明**

（1）FORMAT=TRADITIONAL|JSON|TREE：指定执行计划的输出格式，TRADITIONAL 以表格形式返回结果，JSON 以 JSON 格式返回结果，TREE 以树形结构返回结果。

（2）EXPLAIN 后跟需要查看计划的语句，可以是 TABLE、SELECT、DELETE、INSERT、REPLACE 和 UPDATE。

【例 9.9】使用 EXPLAIN 查看索引的使用情况。

在 MySQL 命令行客户端输入命令：

```
EXPLAIN SELECT * FROM student WHERE ssex='男' \G
```

执行结果如图 9.7 所示。

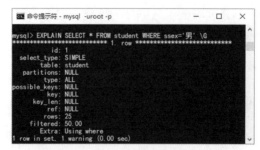

图 9.7　使用 EXPLAIN 查看索引的使用情况

从结果可以看到，MySQL 使用全表扫描的方式执行该查询语句，并没有使用索引。如果以学生姓名为条件进行查询，查看其执行计划，MySQL 会使用索引 ind_sname_ssex 查找数据，如图 9.8 所示。

图 9.8　使用 EXPLAIN 查看执行计划

9.6 本章小结

索引是数据库中一种重要的数据库对象，使用索引可以提高查询的速度，提升数据库的性能。本章主要介绍了索引的相关知识，包括索引的概念和作用，索引的创建、查看和删除，以及使用 EXPLAIN 进行查询分析。通过本章的学习，读者能够掌握索引的概念和相关操作，能够在实际应用中合理设计和使用索引。

习　题　9

1. 什么是索引？
2. 索引的作用是什么？代价是什么？
3. MySQL 中有哪些类型的索引？它们的特点是什么？
4. 如何创建索引？
5. 创建索引时需要注意什么？
6. 什么是聚集索引？什么是辅助索引？它们有什么不同？
7. 如何分析索引是否被使用？

第3部分　MySQL 进阶应用

　　MySQL 进阶应用部分主要面向设计开发人员和数据库管理员，包括存储过程、函数、触发器、事务、用户权限的设置、备份与恢复等数据库程序设计和数据库安全方面的内容。这部分知识具有较强的实践性和应用性，部分内容抽象且难以理解，在学习过程中要系统分析案例，深入思考，多加练习。通过这部分内容的学习，读者可以了解 MySQL 程序设计的技巧以及常用的管理维护方法。

第10章 存储过程

学习目标
- 掌握存储过程的创建方法和调用方法
- 掌握数据库编程的基本规则
- 掌握错误处理语句
- 掌握游标的 4 个步骤和使用方法

10.1 存储过程概述

前面章节所介绍的大部分 SQL 语句，是针对单表或多表使用的单条 SQL 语句，但在数据库的实际操作中，经常需要多条 SQL 语句处理多个表才能共同完成一个完整的操作。考虑到网络传输的开销，如果需要在客户端和服务器端频繁地传输多条 SQL 命令，势必会影响命令的执行效率。此时可以将多条 SQL 命令组合在一起形成一个程序一次性执行，称为存储程序。

存储程序包括存储过程和存储函数，它们是在数据库中定义的一些 SQL 语句的集合，可以直接调用这些存储过程和存储函数来执行已经定义好的 SQL 语句。它们作为数据库存储的重要功能，可以有效提高数据的处理速度，同时也可以提高数据库编程的灵活性。

存储过程是存放在数据库中的一段程序，是数据库的对象之一。它由声明式的 SQL 语句（如 DDL 语句、DML 语句）和过程式的 SQL 语句（如选择语句、循环语句）组成。存储过程通常有如下优点。

（1）封装性。存储过程被创建后，可以在程序中多次调用，而不必重新编写该存储过程的 SQL 语句，并且数据库编程人员可以随时对存储过程的特性进行修改，而不会影响调用该存储过程的应用程序源代码。

（2）增强 SQL 语句的功能和灵活性。存储过程可以使用流程控制语句来完成一些复杂的判断或计算，有很强的灵活性。

（3）减少网络传输。存储过程是在服务器中存储和运行的，且执行速度较快。当客户端调用存储过程时，只需要从客户端或应用程序传递给数据库必要的参数即可，网络中传输的只是相应的调用语句，而不是大段的 SQL 命令，从而降低了网络负载，减少了网络传输。

（4）提高数据的安全性。对于一些重要的表，我们可以禁止客户端访问，只把相关存储过程的创建权限或调用权限赋予必要的用户，这样可以限制客户端只能通过存储过程访问表，从而防止了对表的误操作，提高了数据的安全性。

微课：创建存
储过程（语法
格式）

10.2.1　使用命令创建存储过程

在 MySQL 中，可以使用 CREATE PROCEDURE 语句来创建存储过程，语法格式如下：

```
CREATE PROCEDURE [IF NOT EXISTS] sp_name([proc_parameter[,…]])
[characteristic…] routine_body
```

说明

（1）IF NOT EXISTS：使用该子句可以防止服务器中存在同名存储过程而报错的情况。

（2）sp_name：要创建的存储过程的名称。名称不区分大小写，必须符合标识符的命名规则，不能与 MySQL 数据库中的内置函数重名。

（3）proc_parameter：表示存储过程的参数列表，它由 3 部分组成，形式为[IN|OUT|INOUT] param_name type。其中，IN 表示输入参数，OUT 表示输出参数，INOUT 表示该参数既可以输入也可以输出，默认为 IN 参数；param_name 是存储过程的参数名称；type 表示参数的数据类型，该数据类型可以是 MySQL 数据库中的任意类型。当然，存储过程也可以没有任何参数。

一定要注意，在定义存储过程参数列表时，不能把参数名称设置成和数据库表中的字段名称完全相同，否则将出现无法预期的结果。

（4）characteristic：指定存储过程的特性，有以下 5 个取值。

① LANGUAGE SQL：指明使用 SQL 来编写存储过程。这个选项可以不指定，目前系统仅支持 SQL。

② [NOT] DETERMINISTIC：表示存储过程是否对同样的输入参数产生同样的结果，即相同的输入是否会得到相同的输出。默认为 NOT DETERMINISTIC，即相同的输入可能会得到不同的输出。

③ {CONTAINS SQL | NO SQL | READS SQL DATA | MODIFIES SQL DATA}：表示存储过程使用 SQL 语句的限制。CONTAINS SQL 表示包含 SQL 语句，但是不包含读写数据的语句；NO SQL 表示不包含 SQL 语句；READS SQL DATA 表示包含读数据的语句，但不包含写数据的语句；MODIFIES SQL DATA 表示包含写数据的语句。如果这些特征没有明确给定，默认使用 CONTAINS SQL 特性。

④ SQL SECURITY {DEFINER | INVOKER}：指明谁有权限来执行存储过程。其中，DEFINER 表示只有定义者可以执行；INVOKER 表示拥有权限的调用者可以执行。默认值是 DEFINER。

⑤ COMMENT 'string'：注释信息，表示对存储过程的描述、注释。

（5）routine_body：存储过程的主体，表示 SQL 代码的内容，可以使用 BEGIN 和 END 来标识 SQL 代码的开始和结束。

（6）存储过程中不允许出现 ALTER VIEW、LOCK TABLES、UNLOCK TABLES 等 SQL 语句。

在 MySQL 中，SQL 语句的默认结束标记是分号"；"，而存储过程中可能会出现多条

SQL 语句，如果每个 SQL 语句都以分号结尾，则服务器处理程序时遇到第一个分号就认为程序结束，这肯定是不行的。为了避免冲突，保证存储过程的正确创建，我们在定义存储过程之前，应该先使用 DELIMITER 关键字更改结束标记。

DELIMITER 关键字和后面的结束标记中间一定要有空格。结束标记可以是一个字符，也可以是多个字符，如"$""##"等。程序执行完后，考虑到用户使用 SQL 命令的习惯性，一般要将结束标记再恢复为默认的分号。

注意，当使用 DELIMITER 命令时，应避免使用反斜线（"\"）字符，因为其是 MySQL 的转义字符。

【例 10.1】演示 DELIMITER 关键字的用法。

在 MySQL 命令行客户端输入命令：

```
DELIMITER //
SELECT * FROM student ; //
DELIMITER ;
```

当执行 SELECT 语句时，由于结束标记已经更改为"//"，此时再输入分号，该 SQL 语句并不会执行，直到输入新的结束标记"//"，该命令才会被执行。

执行结果如图 10.1 所示。

图 10.1　使用 DELIMITER 更改结束标记

要在 MySQL 中创建存储过程，必须具有 CREATE ROUTINE 权限。

【例 10.2】创建一个存储过程，可以根据学号查询学生的相关信息。

在 MySQL 命令行客户端输入命令：

微课：创建存储
过程（例题）

```
DELIMITER //
CREATE PROCEDURE select_student
( IN p_sno CHAR(11) )
BEGIN
    SELECT * FROM student WHERE sno=p_sno;
END //
DELIMITER ;
```

在该存储过程中有一个 IN 模式的参数 p_sno，它的作用是接收调用时给出的具体学号值，因此它的数据类型和精度要与 student 表中的 sno 字段保持一致，如果精度过小，在调用该存储过程时会报错。

存储过程的创建结果如图 10.2 所示，注意此时只是在服务器中创建了存储过程，并未真正执行。

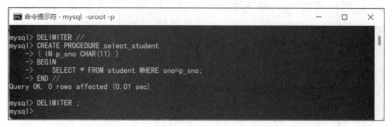

图 10.2　创建存储过程 select_student

【例 10.3】创建一个存储过程，根据学号查询并输出学生的姓名和专业号。

在 MySQL 命令行客户端输入命令：

```
DELIMITER //
CREATE PROCEDURE select_stu
( IN p_sno CHAR(11),
  OUT p_sname VARCHAR(10),
  OUT p_mno CHAR(4) )
BEGIN
    SELECT sname,mno INTO p_sname,p_mno
    FROM student WHERE sno=p_sno;
END //
DELIMITER ;
```

在该存储过程中有一个 IN 模式的参数，用来接收调用时给出的具体学号值，还有两个 OUT 模式的参数，接收从 student 表中查询的姓名和专业号字段的值。该存储过程中的 SELECT…INTO 语句是扩展的 SELECT 语句，除了 INTO 后面的语句是追加的，其他的语法规则和标准的 SELECT 语句完全一致，它的含义是将 SELECT 语句查询到的结果设置到 INTO 后面的指定变量或参数中。

10.2.2　使用图形化工具创建存储过程

（1）打开 Workbench 工具，连接到 MySQL 服务器。

（2）下面演示例 10.3 中的存储过程的创建步骤。在左侧的 "SCHEMAS" 导航栏中找到 "jwgl" 数据库，单击左边的箭头，在其下面的 "Stored Procedures" 节点上单击鼠标右键，在弹出的菜单中选择 "Create Stored Procedure…"，或者单击工具栏中的 🔲 图标，出现图 10.3 所示的界面。

（3）在图 10.3 所示的界面中输入相应的存储过程代码（注意，在该界面中不需要输入 DELIMITER 语句），然后单击 "Apply" 按钮，即可查看创建存储过程的 SQL 语句，如图 10.4 所示。

（4）确认无误后单击右下角的 "Apply" 按钮，继续单击 "Finish" 按钮，存储过程即可创建成功。

（5）刷新以后，在 "Stored Procedures" 节点下就能看到创建成功的存储过程 "select_stu"。

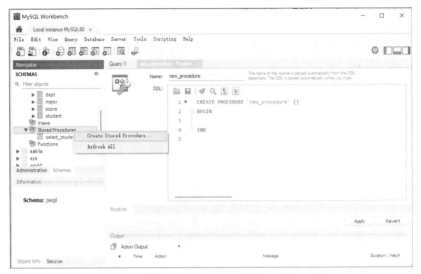

图 10.3　使用 Workbench 工具创建存储过程

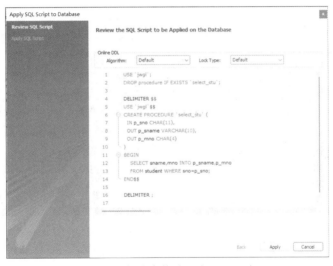

图 10.4　创建存储过程的 SQL 语句

10.3　调用存储过程

微课：调用存储过程

10.3.1　使用命令调用存储过程

存储过程创建完成后，可以在程序、触发器或存储过程中被调用，调用时使用 CALL 命令，语法格式如下：

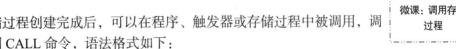

```
CALL sp_name([proc_parameter[,…]])
```

说明

（1）sp_name：表示存储过程的名称。如果要调用其他数据库中的存储过程，则需要按照"数据库名称.存储过程"的格式给出。

（2）proc_parameter：表示调用该存储过程使用的参数。这条语句中的参数列表要与被调用的存储过程定义时的参数列表保持一致。

（3）如果被调用的存储过程没有参数，则"()"可以省略，即 CALL sp_name 和 CALL sp_name( )是等价的。

【例 10.4】调用存储过程 select_student 和 select_stu。

在 MySQL 命令行客户端输入命令：

```
CALL select_student('20190101001');
CALL select_stu('20190101001',@sname,@mno);
SELECT @sname,@mno;
```

第二条 CALL 命令中的@sname 和@mno 均为会话变量（参考 10.7.2 小节变量中的内容），对应的是存储过程 select_stu 创建时的两个 OUT 模式的参数 p_sname 和 p_mno，作用为接收存储过程中通过 SELECT 语句查询到的学生姓名和专业号。如果我们想看到具体的数据值，还需要通过 SELECT 语句查看会话变量的值。

调用存储过程的结果如图 10.5 所示。

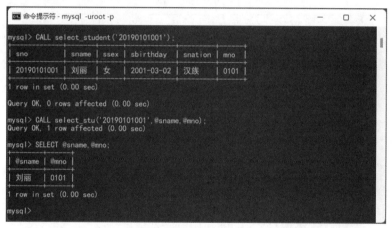

图 10.5　调用存储过程

10.3.2　使用图形化工具调用存储过程

（1）打开 Workbench 工具，连接到 MySQL 服务器。

（2）在左侧的"SCHEMAS"导航栏中找到"jwgl"数据库，在其下面的"Stored Procedures"节点下找到要调用的存储过程，如 select_stu，单击其右侧的 ⊙ 图标，打开调用存储过程的对话框，如图 10.6 所示。

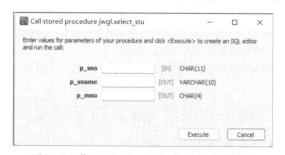

图 10.6　使用 Workbench 工具调用存储过程

（3）在文本框中依次输入参数值，如'20190101001'、@sname、@mno，然后单击"Execute"按钮，出现调用结果界面，如图 10.7 所示。

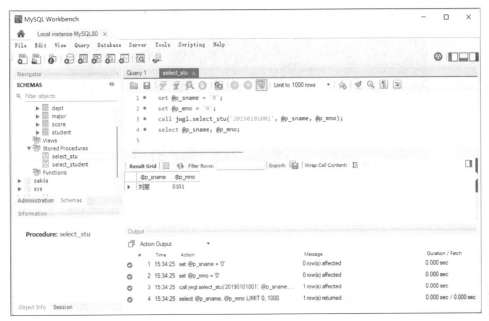

图 10.7　调用存储过程 select_stu

当然，我们也可以在 Workbench 中直接通过输入命令完成存储过程的调用。选中"Query1"窗口，输入"CALL select_ student('20190101001');"语句，然后单击 🖉 图标执行该语句，即可完成存储过程的调用。

10.4　查看存储过程

10.4.1　使用 SHOW STATUS 语句查看存储过程

可以使用 SHOW STATUS 语句查看存储过程的特征，其语法格式如下：

```
SHOW PROCEDURE|FUNCTION STATUS [LIKE 'pattern']
```

📝 说明

（1）通过 SHOW STATUS 语句查看存储过程和存储函数的格式相同，只是关键字 PROCEDURE 和 FUNCTION 不同。

（2）这是 MySQL 的扩展语句，返回存储过程的特征，如数据库名称、类型、创建者、创建及修改信息、字符集等信息。

（3）LIKE 'pattern'：LIKE 语句指定要匹配的存储过程的名称。

【例 10.5】查看名称以"select"开头的存储过程的特征。

在 MySQL 命令行客户端输入命令：

```
SHOW PROCEDURE STATUS LIKE 'select%' \G
```

执行结果如图 10.8 所示。

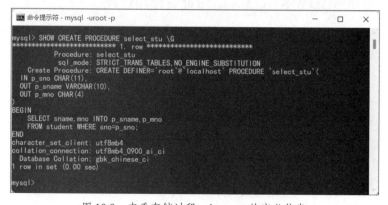

图 10.8　查看名称以"select"开头的存储过程的特征

10.4.2　使用 SHOW CREATE 语句查看存储过程

在 MySQL 中，还可以使用 SHOW CREATE 语句查看存储过程或存储函数的状态和当前的定义语句，语法格式如下：

```
SHOW CREATE {PROCEDURE | FUNCTION} sp_name
```

SHOW STATUS 语句只能查看存储过程或存储函数的名称、类型、创建者、创建和修改时间、字符编码及是对哪个数据库操作等信息，但是不能查看存储过程或存储函数当前的具体定义信息。如果想查看具体定义信息，则可以使用 SHOW CREATE 语句。

【例 10.6】查看存储过程 select_stu 的定义信息。

在 MySQL 命令行客户端输入命令：

```
SHOW CREATE PROCEDURE select_stu \G
```

查询结果显示了该存储过程的定义、字符集等信息，执行结果如图 10.9 所示。

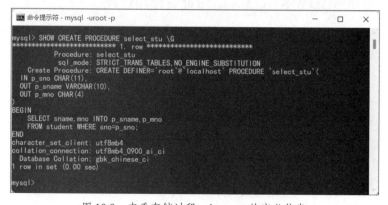

图 10.9　查看存储过程 select_stu 的定义信息

10.4.3　查询 routines 表

在 MySQL 中，information_schema 数据库下有一个 routines 表，该表中存储了存

储过程和函数的相关信息，可以通过查询 routines 表中的记录来获取存储过程和函数的信息。

在 routines 表中，routine_name 字段存储的是存储过程或函数的名称；routine_type 字段存储的是存储程序的类型，该字段是 ENUM 类型，值为大写的 PROCEDURE 或 FUNCTION，也就是说 routines 表中存储的只有存储过程和自定义函数两种类型，不包括 MySQL 系统的内置函数和服务器可加载函数。

【例 10.7】从 routines 表中查询存储过程 select_student 的信息。

在 MySQL 命令行客户端输入命令：

```
SELECT * FROM information_schema.routines
WHERE routine_name='select_student'
AND routine_type='PROCEDURE' \G
```

查询结果如图 10.10 所示。注意，若 routine_type 的值此处写成小写的 procedure，则查询结果为空。

图 10.10　查询 routines 表

10.4.4　使用图形化工具查看存储过程

（1）打开 Workbench 工具，连接到 MySQL 服务器。

（2）选中"SCHEMAS"导航栏中的"jwgl"数据库，然后单击工具栏中的 图标，或者单击"jwgl"数据库右侧的 图标，出现图 10.11 所示的界面。

（3）选择"jwgl"窗口中的"Stored Procedures"选项卡，进入图 10.12 所示的界面，可以看到 jwgl 数据库中的所有存储过程的特征信息。

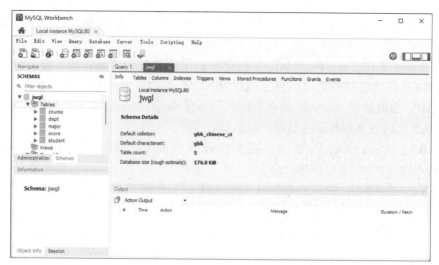

图 10.11　使用 Workbench 工具查看数据库的相关信息

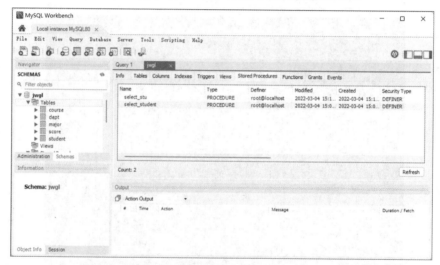

图 10.12　查看所有存储过程的特征信息

10.5　修改存储过程

10.5.1　使用命令修改存储过程

使用 ALTER PROCEDURE 语句可以修改存储过程的特性，但不能修改存储过程的参数和过程体定义语句。如果想修改存储过程的参数或过程体的定义语句，则需要先删除该存储过程，再新建一个存储过程。修改存储过程的语法格式如下：

```
ALTER PROCEDURE sp_name
[characteristic…]
```

💡 说明

characteristic 指存储过程的特性，它的取值有 5 个，和创建存储过程中的特性取值完全相同，这里不再赘述，详情见 10.2.1 小节第（4）点说明。

【例 10.8】修改存储过程 select_student，将读写权限修改为 READS SQL DATA，并指明调用者可以执行。

在 MySQL 命令行客户端输入命令：

```
ALTER PROCEDURE select_student
READS SQL DATA SQL SECURITY INVOKER;
```

执行上述代码后，用例 10.7 的代码再次查询 routines 表，可得到图 10.13 所示的结果。

图 10.13　修改存储过程 select_student

对比图 10.13 和图 10.10 可知，有 3 个字段值发生了变化，其中字段 SQL_DATA_ACCESS 的值变为 READS SQL DATA，字段 SECURITY_TYPE 的值变为 INVOKER，字段 LAST_ALTERED 显示的是最后的修改时间。该结果显示存储过程修改成功。

10.5.2　使用图形化工具修改存储过程

（1）打开 Workbench 工具，连接到 MySQL 服务器。

（2）在"Stored Procedures"节点下找到要修改的存储过程，如 select_student，单击其右侧的 🔧 图标，或者右键单击存储过程 select_student，在弹出的菜单中单击"Alter Stored Procedure..."，出现修改存储过程的界面，如图 10.14 所示。

（3）将"READS SQL DATA SQL SECURITY INVOKER"修改为"CONTAINS SQL SQL SECURITY DEFINER"，然后单击"Apply"按钮，可以查看修改后的 select_student 存储过程的语句，再次单击"Apply"按钮，继续单击"Finish"按钮，即可完成修改操作。

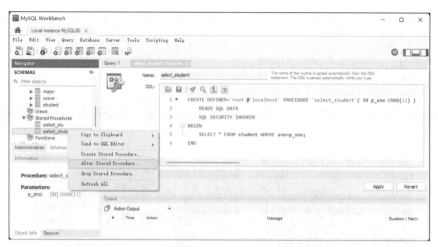

图 10.14 使用 Workbench 工具修改存储过程

<h2>10.6 删除存储过程</h2>

<h3>10.6.1 使用命令删除存储过程</h3>

使用 DROP PROCEDURE 语句可以删除存储过程，但是在删除之前，必须确认该存储过程没有任何依赖关系，否则可能会导致与其关联的其他存储过程无法正常运行。删除存储过程的语法格式如下：

```
DROP {PROCEDURE | FUNCTION} [IF EXISTS] sp_name
```

🔷 说明

（1）删除存储过程和存储函数的语法格式相同，只是关键字 PROCEDURE 和 FUNCTION 不同。

（2）IF EXISTS：它是 MySQL 的扩展，判断该存储过程是否存在，若存在则删除该存储过程，若不存在则不进行删除操作，以免发生错误。

（3）sp_name：要删除的存储过程的名称。

【例 10.9】删除存储过程 select_stu。

在 MySQL 命令行客户端输入命令：

```
DROP  PROCEDURE select_stu;
```

执行结果如图 10.15 所示。

图 10.15 删除存储过程

<h3>10.6.2 使用图形化工具删除存储过程</h3>

（1）打开 Workbench 工具，连接到 MySQL 服务器。

（2）在"Stored Procedures"节点下可以看到当前数据库的所有存储过程，右键单击要删除的存储过程，如 select_student，在弹出的菜单中选择"Drop Stored Procedure..."，弹出图 10.16 所示的对话框。

（3）在该对话框中，选择"Review SQL"选项可以查看删除该存储过程的 SQL 代码，如图 10.17 所示，然后单击"Execute"按钮即可完成删除操作；选择"Drop Now"选项，则可直接删除该存储过程。

图 10.16　使用 Workbench 工具删除存储过程　　　图 10.17　查看删除存储过程的 SQL 代码

10.7　常量和变量

为了方便用户编程，MySQL 增加了一些特有的语言元素，这些语言元素不是 SQL 标准所包含的内容，而是包括常量、变量、运算符、流程控制语句等编程基础知识。本节将介绍常量和变量。

10.7.1　常量

1．字符串常量
字符串常量是指用单引号或双引号标注起来的字符序列。在大多数编程语言中使用双引号作为字符串的定界符，在 MySQL 中推荐使用单引号作为字符串的定界符，如求和'、'HelloWorld'。

2．数值常量
数值常量包括整数常量和浮点数常量。

整数常量是不带小数点的十进制数，如 1234、89、–65。

浮点数常量是指带有小数点的数值常量，如 1.23、–3.4、15.6E3。

3．日期时间常量
日期时间常量本质上是一个符合特殊格式的字符串常量，是指使用单引号将表示日期时间的字符串标注起来。

时间型常量包括时、分、秒，数据类型为 TIME，表示形式如"14:20:34"。日期型常量包括年、月、日，数据类型为 DATE，表示形式如"2022-02-02"。MySQL 支持日期和时间的组合，数据类型为 DATETIME 或 TIMESTAMP，表示形式为"2022-03-15 11:25:56"。DATETIME 类型占 8 字节，表示的年份在 1000 ~ 9999 范围内；TIMESTAMP 类型占 4 字节，表示的年份在 1970 ~ 2038 范围内。MySQL 还支持单独表示年份，数据类型为 YEAR，表示形式如"2022"。

4. 布尔常量

布尔常量只包含 TRUE 和 FALSE 两个值。TRUE 对应的数字值为"1"，FALSE 对应的数字值为"0"。

5. 二进制常量

二进制常量有一个前缀"b"，后面跟一个二进制字符串，如 b'111101'、 b'11'等。

6. 十六进制常量

十六进制常量的前缀是"X"或"0x"，后面跟一个十六进制字符串，如 X'4D7953514C'、0x'4D7953514C'。

7. NULL 值

NULL 值可以用于各种数据类型，通常用来表示"没有值""值不确定"等含义，NULL 值在参与算术运算、比较运算及逻辑运算时，结果仍然为 NULL。

10.7.2 变量

变量用于存放数据,其数据会随着程序的运行而产生变化。MySQL 中根据变量的定义方式，将变量分为用户自定义变量和系统变量，其中用户自定义变量又可分为会话变量和局部变量。

1. 会话变量

MySQL 中的会话变量可以直接使用，不需要提前声明，也不需要指定数据类型。会话变量名以"@"作为起始字符，不区分大小写，在整个会话过程中都有效，表现形式如 @name、@b 等。

2. 局部变量

MySQL 的局部变量是指在存储过程、函数、触发器、事件中定义的变量，局部变量的作用范围只在该程序内有效。局部变量使用关键字 DECLARE 声明，后面跟变量名称和数据类型，也可以使用关键字 DEFAULT 为变量指定默认值。例如：

```
DECLARE id INT;
DECLARE id INT DEFAULT 5;
```

3. 给用户自定义变量赋值

（1）使用 SET 语句给用户自定义变量赋值

可以使用 SET 语句给会话变量或局部变量赋值，也可以将 SELECT 语句查询到的结果赋给会话变量，语法格式如下：

```
SET var_name = exper[,var_name = exper]
```

💡 **说明**

（1）var_name：指会话变量或局部变量的名称。

（2）exper：表示值或 SELECT 子句查询到的字段值。

如果想查看用户变量的值，可以在命令行或程序中通过 SELECT 关键字进行查询。

【例 10.10】使用 SET 语句给会话变量赋值并查看其值。

在 MySQL 命令行客户端输入命令：

```
SET @name= '努力学习';
SET @a=(SELECT sname FROM student WHERE sno= '20190101001');
SELECT @name,@a;
```

执行结果如图 10.18 所示。

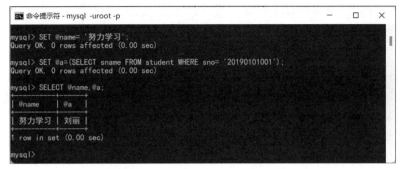

图 10.18　使用 SET 语句给会话变量赋值

使用 SET 语句给局部变量赋值时要放在程序中，如 SET id=20。

（2）使用 SELECT...INTO 语句给用户自定义变量赋值

在 MySQL 中，也可以使用 SELECT...INTO 语句给会话变量和局部变量赋值，语法格式如下：

```
SELECT  col_name[, …] INTO var_name[, …]
FROM  table WHERE condition
```

📝 **说明**

（1）col_name：指要查询的表中的字段名称。

（2）var_name：指要存储数据的变量名称，可以是会话变量，也可以是局部变量，还可以是 OUT 模式的参数。

（3）condition：指要查询的条件。

（4）这是扩展的 SELECT 语法结构，除 INTO 子句外，其他的部分就是之前所讲的 SELECT 语句查询。

（5）col_name 和 var_name 的个数、数据类型要保持一致。

（6）如果 var_name 是局部变量，那么该赋值语句必须放在存储程序中的 BEGIN... END 之间。如果 var_name 是会话变量，那么该赋值语句在命令行或在存储程序中的 BEGIN...END 之间都可以。

【例 10.11】使用 SELECT ... INTO 语句给会话变量赋值并查看其值。

在 MySQL 命令行客户端输入命令：

```
SELECT sname  into @na  FROM student WHERE sno='20190101001';
SELECT @na;
```

执行结果如图 10.19 所示。

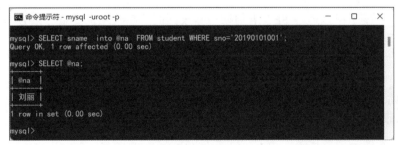

图 10.19　使用 SELECT...INTO 语句给会话变量赋值

存储过程 / 第 10 章

（3）使用 SELECT 语句给用户自定义变量赋值

在 MySQL 中，还可以用 SELECT 关键字给变量赋值，语法格式如下：

```
SELECT var_name:=exper
```

💡 说明

此时的赋值符号是冒号和等号"：="，如果此处使用等号"="来赋值，则值为 NULL。该赋值语句只能用于在命令行对会话变量进行赋值，不能用于存储程序中。例如：

```
SELECT @name:= '数据库编程';
```

一般不推荐使用这种赋值语句，建议使用 SET 语句和 SELECT ... INTO 语句这两种方式给用户自定义变量赋值。

【例 10.12】创建一个存储过程，计算 a+b 的值，并调用该存储过程。

在 MySQL 命令行客户端输入命令：

```
DELIMITER //
CREATE PROCEDURE pro_sum(OUT p_out INT)
BEGIN
  DECLARE a,b INT;
  SET a=2, b=3;
  SET p_out=a+b;
END //
DELIMITER ;
```

调用存储过程：

```
CALL pro_sum(@c);
SELECT @c;
```

4．系统变量

系统变量是 MySQL 的一些特定的设置，实际上是一些系统参数，也称全局变量。系统变量影响 MySQL 服务的整体运行方式，在 MySQL 服务器启动时就被引入并初始化为默认值，系统变量以"@@"开头。系统变量根据其作用范围可分为全局级（GLOBAL）和会话级（SESSION），顾名思义，前者对整个 MySQL 服务器生效，后者只对当前连接的客户端会话生效。

查看所有的全局级系统变量和会话级系统变量，可以使用 SHOW 命令，例如：

```
SHOW GLOBAL variables;
SHOW SESSION variables;
SHOW variables;
```

可以通过 SELECT 关键字查看系统变量的值，例如：

```
SELECT @@VERSION;
SELECT @@AUTOCOMMIT;
SELECT @@GLOBAL.AUTOCOMMIT;
```

大部分系统变量可以通过 SET 语句动态修改其值。修改系统变量可以分为两种情形，修改会话级系统变量和修改全局级系统变量，例如：

```
SET @@AUTOCOMMIT=0;
```

此时修改的是会话级系统变量的值，只对当前连接的客户端的当前会话有效，对其他客户端的会话无效。如果想修改全局级系统变量的值，则需要加上 GLOBAL 关键字，例如：

```
SET @@GLOBAL.AUTOCOMMIT=0;
```

或者：

```
SET GLOBAL AUTOCOMMIT=0;
```

此时该全局变量的修改值，对后续的新客户端连接才会起作用，对当前已经连接的客户端的会话是不起任何作用的。如果不写 GLOBAL 关键字，则默认为会话级系统变量。

10.8 流程控制语句

流程控制语句是指用来控制程序执行流程的语句，只能在程序中执行，不能单独执行。在 MySQL 中，常见的流程控制语句包括 IF 语句、CASE 语句、WHILE 语句、LOOP 语句、REPEAT 语句、ITERATE 语句和 LEAVE 语句等。

10.8.1 条件语句

1．IF 语句

IF 语句用来进行条件判断，根据不同的条件执行不同的操作。其语法格式如下：

```
IF search_condition THEN statement_list
[ELSEIF search_condition THEN statement_list] …
[ELSE statement_list]
END IF;
```

📎 说明

（1）search_condition 和 statement_list：表示条件和语句。如果该条件为真，则执行 THEN 后面的语句序列，否则执行后续的 ELSEIF 或 ELSE 语句。

（2）IF 和 END IF 是成对出现的。如果是嵌套的 IF 语句，那么有几个 IF 就应该有几个 END IF。在程序中，END IF 后面必须有分号";"。

（3）与 Java 语言相比，在 MySQL 的 IF 语句中，多了一个 ELSEIF 语句分支，它是 IF 语句基本结构的一部分，要与嵌套的 ELSE IF 语句区分开；也就是说，MySQL 的 IF 语句用来做多路选择也很方便。

【例 10.13】创建存储过程，输入两个数，输出较大的数。

在 MySQL 命令行客户端输入命令：

```
DELIMITER //
CREATE PROCEDURE pro_max
( IN p_a INT,
  IN p_b INT,
  OUT p_out INT )
BEGIN
  IF p_a>p_b THEN
     SET p_out=p_a;
  ELSE
     SET p_out=p_b;
  END IF;
END //
DELIMITER;
```

调用存储过程：

```
CALL pro_max(3,5,@c);
SELECT  @c;
```

2. CASE 语句

CASE 语句为多分支语句，常用来做多路选择，在 MySQL 中支持两种语法格式，表示形式分别如下：

语法格式 1：

```
CASE case_value
    WHEN when_value  THEN statement_list
    [WHEN when_value  THEN statement_list] …
    [ELSE statement_list]
END CASE;
```

语法格式 2：

```
CASE
    WHEN search_condition THEN statement_list
    [WHEN search_condition THEN statement_list] …
    [ELSE statement_list]
END CASE;
```

> 💡 说明
>
> （1）CASE 和 END CASE 成对出现，在程序中 END CASE 后面要跟分号 ";"。
>
> （2）case_value 和 when_value 都表示表达式或值。search_condition 表示表达式，statement_list 表示语句序列。
>
> （3）两种语法格式的主要区别在于语法格式 1 是进行等值比较，如果 when_value 和 CASE 后面的 case_value 相等，则执行该值后面的 THEN 语句序列；语法格式 2 是判断 WHEN 后面的 search_condition 是否为真，若为真则执行 THEN 后面的语句序列。如果程序执行到 ELSE 语句，则表示上面的条件都不匹配，那么 ELSE 语句一定匹配，此时执行 ELSE 后的语句序列。

【例 10.14】创建存储过程，输入一个数，判断该数对应的是星期几。

在 MySQL 命令行客户端输入命令：

```
DELIMITER //
CREATE PROCEDURE pro_week
( IN p_nu INT,
  OUT p_week CHAR(3) )
BEGIN
  CASE p_nu
    WHEN 1 THEN SET p_week='星期日';
    WHEN 2 THEN SET p_week='星期一';
    WHEN 3 THEN SET p_week='星期二';
    WHEN 4 THEN SET p_week='星期三';
    WHEN 5 THEN SET p_week='星期四';
    WHEN 6 THEN SET p_week='星期五';
    WHEN 7 THEN SET p_week='星期六';
    ELSE SET p_week='错误';
  END CASE;
END //
DELIMITER;
```

调用存储过程：

```
CALL pro_week(3,@week);
SELECT @week;
```

10.8.2 循环语句

MySQL 支持 3 种循环语句结构，分别为 WHILE、LOOP 和 REPEAT 语句。除此之外，还提供了 ITERATE 及 LEAVE 语句用于循环内部的控制。

1. WHILE 语句

WHILE 语句要先判断条件的真假，如果为真则执行循环中的语句，如果为假则退出循环。也可以在 WHILE 循环前增加一个标签，通过 LEAVE 标签语句来结束循环。语法格式如下：

```
[label:] WHILE search_condition DO
    statement_list
END WHILE [label]
```

> **说明**
>
> （1）label：表示标签，是程序中所标注的自定义名称，最长可达 16 个字符。END WHILE 后的标签可以省略不写，但在程序中必须有分号 ";"。
>
> （2）search_condition：表示条件表达式。如果 search_condition 为真，则执行 DO 后的语句 statement_list 序列，若为假则退出该循环语句，转而执行循环后面的语句。

【例 10.15】创建存储过程，计算 1+2+3+…+100 的值。

在 MySQL 命令行客户端输入命令：

```
DELIMITER //
CREATE PROCEDURE pro_while
( OUT p_out INT )
BEGIN
  DECLARE i INT DEFAULT 1;
  SET p_out=0;
  WHILE i<=100 DO
    SET p_out=p_out+i;
    SET i=i+1;
  END WHILE;
END //
DELIMITER ;
```

调用存储过程：

```
CALL pro_while(@c);
SELECT @c;
```

2. LOOP 语句

LOOP 语句可以使用某些特定的语句重复执行，实现一个简单的循环构造。由于进入 LOOP 语句时，不需要判断条件是否满足，在循环体内的语句会一直重复执行，所以通常情况下 LOOP 语句中会有一个 "LEAVE 标签" 语句。LEAVE 语句的作用是结束标签位置的循环，程序会接着去执行循环后面的语句。

在 MySQL 中，还有一个 ITERATE 语句，它的作用是跳出本轮循环，然后进入下一轮循环，语法格式是 "ITERATE 标签"。

LOOP 语句的语法格式如下：

```
[label:] LOOP
    statement_list
END LOOP [label]
```

【例 10.16】创建存储过程，计算 1+2+3+…+100 的值。

在 MySQL 命令行客户端输入命令：

```
DELIMITER  //
CREATE PROCEDURE pro_loop
( OUT p_out INT )
BEGIN
  DECLARE i INT  DEFAULT 1;
  SET p_out=0;
  label:LOOP
     IF i>100 THEN
           LEAVE label;
     END IF;
    SET p_out=p_out+i;
    SET i=i+1;
  END LOOP ;
END //
DELIMITER  ;
```

调用存储过程:

```
CALL pro_loop(@d);
SELECT @d;
```

3. REPEAT 语句

REPEAT 语句是有条件控制的循环语句,它是先执行循环体内的语句,然后进行判断,如果 UNTIL 语句后面的条件表达式为真则退出循环,否则接着执行循环体。因此,REPEAT 语句总是至少进入循环一次。其语法格式如下:

```
[label:] REPEAT
      statement_list
      UNTIL search_condition
END REPEAT [label]
```

【例 10.17】创建存储过程,计算 1+2+3+…+100 的值。

在 MySQL 命令行客户端输入命令:

```
DELIMITER  //
CREATE PROCEDURE pro_repeat
( OUT p_out INT )
BEGIN
  DECLARE i INT DEFAULT 1;
  SET p_out=0;
  REPEAT
    SET p_out=p_out+i;
    SET i=i+1;
    UNTIL i>100
  END REPEAT;
END //
DELIMITER  ;
```

调用存储过程:

```
CALL pro_repeat(@e);
SELECT @e;
```

10.9 错误处理

10.9.1 可能出现的错误

用户执行存储程序时,在某些情况下可能会产生一些错误,我们以例 10.18 为例进行讲解。

【例 10.18】创建存储过程，向 student 表中插入学生记录。

在 MySQL 命令行客户端输入命令：

```
DELIMITER //
CREATE PROCEDURE insert_student
( IN p_sno CHAR(11),
  IN p_sname VARCHAR(10) )
BEGIN
  INSERT INTO student(sno,sname) VALUES(p_sno,p_sname);
END //
DELIMITER;
```

该存储过程创建完成后，使用相同的参数连着两次调用该存储过程：

```
CALL insert_student('1111','张三');
CALL insert_student('1111','张三');
```

执行结果如图 10.20 所示。

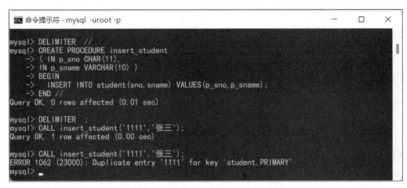

图 10.20　创建存储过程 insert_student

从执行结果可以看出，第一次调用存储过程时，在 student 表中成功插入张三的记录，但是当第二次执行该调用语句时，由于 student 表中主关键字约束的限制，系统会报错，错误信息为 ERROR 1062 (23000):Duplicate entry '1111' for key 'student.PRIMARY'。

错误信息 ERROR 后面的 1062 是 MySQL 错误代码，23000 是 SQLSTATE 值，它是从 ANSI SQL 和 ODBC 得来的标准化的错误代码，与 MySQL 错误代码之间并没有一对一的关系，即 SQLSTATE 可以映射到许多 MySQL 错误代码。

MySQL 错误代码和 SQLSTATE 值的具体信息还有很多，由于篇幅限制，就不再一一罗列了，大家可以查看 MySQL 官方手册，在此只列举学习过程中常见的几个错误，其中"%d"和"%s"分别代表编号和字符串，显示时它们将被实际消息值取代。

错误 1：1062 SQLSTATE:23000 (ER_DUP_ENTRY)。

消息：键%d 的重复条目'%s'。

错误 2：1451 SQLSTATE:23000 (ER_ROW_IS_REFERENCED_2)。

消息：不能删除或更新父行，外键约束失败（%s）。

错误 3：1452 SQLSTATE:23000 (ER_NO_REFERENCED_ROW_2)

消息：不能添加或更新子行，外键约束失败（%s）。

错误 4：1329 SQLSTATE:02000 (ER_SP_FETCH_NO_DATA)。

消息：FETCH 无数据。

SQLSTATE 代表各种错误或警告条件的值。其中，前两个字符标识通常表示错误条件的类别，后 3 个字符表示在该通用类中的子类。例如，前两个字符 23 表示约束违例，02 表示无数据。

10.9.2 定义错误处理

默认情况下，在存储程序运行过程中发生错误时，MySQL 将自动终止程序的运行。然而数据库开发人员有时希望自己控制程序的运行流程，并不希望 MySQL 自动终止程序的运行。

MySQL 支持错误处理机制，开发人员可以自定义错误处理程序，使存储程序在遇到错误时能够继续运行，增强存储程序错误处理的能力。MySQL 存储程序在运行期间发生错误后，控制将交由错误处理程序处理。

可以使用 DECLARE...HANDLER 语句来定义错误处理代码段，语法格式如下：

```
DECLARE handler_action HANDLER FOR condition_value [, condition_value] …
statement
```

> 🔷 说明
>
> （1）handler_action：指示处理程序在执行处理语句后采取的操作，它有 3 个取值，含义如下。
>
> ① CONTINUE：忽略错误，继续执行程序中的其他语句。
>
> ② EXIT：立刻停止其他语句的执行，退出当前程序。
>
> ③ UNDO：撤回之前的操作，目前 MySQL 不支持这种处理方式。
>
> （2）condition_value：指示激活处理程序的特定条件或条件类别，可以理解为错误触发条件，表示满足什么条件时错误处理程序开始运行。该参数有 6 个取值，分别如下。
>
> ① mysql_error_code：表示 MySQL 错误代码，该值是一个整数，如 1062。每一个 ERROR 错误都会对应一个错误代码。该值是 MySQL 独有的，不能移植到其他数据库系统中。
>
> ② SQLSTATE sqlstate_value：表示长度为 5 的 SQLSTATE 值的字符串，如 23000。一个 SQLSTATE 值可以映射到多个错误代码。
>
> ③ condition_name：表示由 DECLARE 声明的自定义错误条件名称，可以与 MySQL 错误代码和 SQLSTATE 值相关联。下一小节会简单介绍。
>
> ④ SQLWARNING：匹配所有以 01 开头的 SQLSTATE 值。
>
> ⑤ NOT FOUND：匹配所有以 02 开头的 SQLSTATE 值，一般用于游标或 SELECT... INTO 语句，表示没有找到匹配的数据行。
>
> ⑥ SQLEXCEPTION：匹配所有没有被 SQLWARNING 或 NOT FOUND 捕获的 SQLSTATE 值。
>
> （3）statement：表示定义错误发生时需要处理的语句。这些语句要放在程序的 BEGIN...END 中，当错误处理语句块只有一条语句时，BEGIN 和 END 可以省略不写。
>
> （4）如果程序遇到的错误与错误触发条件匹配，那么程序会先执行错误处理语句块，

然后根据 CONTINUE 或 EXIT 的设置接着操作。

（5）当程序中出现多条错误处理语句时，在实际开发时 MySQL 会根据"更明确者优先"的原则来调用处理。在处理优先级时，MySQL 错误代码首先被处理，其次是 SQLSTATE 值，最后是 SQLEXCEPTION。

【例 10.19】创建存储过程，向 student 表中插入学生记录，并进行相应的错误处理。

在 MySQL 命令行客户端输入命令：

```
DELIMITER //
CREATE PROCEDURE insert_stu
( IN p_sno CHAR(11),
  IN p_sname VARCHAR(10),
  IN p_mno CHAR(4),
  OUT p_out_no INT,
  OUT p_out_msg VARCHAR(20) )
BEGIN
  DECLARE EXIT HANDLER FOR 1062
    BEGIN
      SET p_out_no=-1;
      SET p_out_msg='学号重复';
    END;
  DECLARE EXIT  HANDLER FOR 1452
    BEGIN
      SET p_out_no=-2;
      SET p_out_msg='专业代码错误';
    END;
  INSERT INTO  student(sno,sname,mno)
  VALUES(p_sno,p_sname,p_mno);
  SET p_out_no=0;
  SET p_out_msg='添加成功';
END //
DELIMITER ;
```

调用 3 次该存储过程：

```
CALL insert_stu('2222','李四','0701',@result_no,@result_msg);
SELECT @result_no,@result_msg;
CALL insert_stu('2222','李四','0701',@result_no,@result_msg);
SELECT @result_no,@result_msg;
CALL insert_stu('3333','王五','666',@result_no,@result_msg);
SELECT @result_no,@result_msg;
```

第一次调用 CALL 语句时，由于所给数据完全符合 student 表中的相关约束，所以显示"添加成功"，李四的信息被成功插入 student 表中。第二次调用同样的 CALL 语句时，由于 student.sno 字段主关键字的唯一性，程序出现错误，转而执行错误代码为"1062"的错误处理语句，此时显示"学号重复"，该条数据没有被插入 student 表中。第三次调用 CALL 语句时，更改了输入参数的数据值，把 student.mno 字段的值设置为 major.mno 字段中没有的值"666"，违反了外键约束关系，程序出现错误，转而执行错误代码为"1452"的错误处理语句，此时显示"专业代码错误"，数据没有被插入 student 表中。

执行结果如图 10.21 所示。

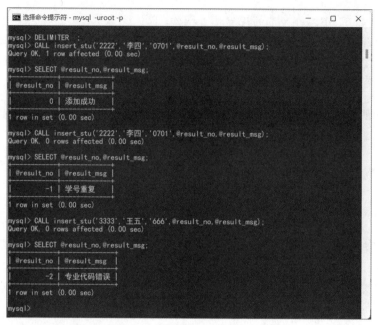

图 10.21　调用存储过程 insert_stu

10.9.3　自定义错误条件

MySQL 定义了 500 多个错误代码，难道需要记住每一个错误代码的含义吗？当然不是。那么该如何记住并区分这些错误代码呢？最简单的解决办法就是为错误代码命名。

MySQL 提供 DECLARE…CONDITION 语句来声明一个错误条件名称，可以将错误代码的数字关联成一个方便记忆的有意义的名称，本质上就是给错误代码起个别名，语法格式如下：

```
DECLARE condition_name CONDITION FOR condition_value
```

> 📖 说明
>
> （1）condition_name：表示方便用户记忆的自定义错误名称。
>
> （2）condition_value：表示与名称相关联的特定条件或条件类别。它有两个取值，mysql_error_code 和 SQLSTATE sqlstate_value，含义和 10.9.2 小节语法格式说明的（2）相同。

例如，将前面使用过的错误代码 1452 声明为一个错误条件，可以有以下两种声明方式：

```
DECLARE foreign_key_error CONDITION FOR 1452;
```

或者：

```
DECLARE foreign_key_error CONDITION FOR SQLSTATE '23000';
```

那么在例 10.19 中，就可以将 "1452" 的错误处理写成如下代码：

```
DECLARE EXIT HANDLER FOR  foreign_key_error
    BEGIN
      SET p_out_no=-2;
      SET p_out_msg='专业代码错误';
    END;
```

这样做的优点是，当看到 foreign_key_error 这个错误条件时，就能清楚地知道这是外键错误，增强了程序的可阅读性。

10.10 游标

10.10.1 游标的概念

通过前面章节的学习，我们知道在存储过程中，如果想把表中查询到的结果存放到变量中，则可以通过 SELECT…INTO 语句完成。但 SELECT…INTO 语句是有局限性的，它只能把查询到的一条数据存放到变量中，如果 SELECT 查询到多行数据结果，那么程序就会报错。但在实际使用过程中，SELECT 语句经常会查询到多行数据，这些数据无法直接被一行一行地进行处理，这就引入了游标的概念。

游标本质上是一种能从包括多条数据记录的 SELECT 结果集中每次提取一条记录的机制，它的作用类似于 C 语言中的指针，一次只能指向内存中存放的结果集中的一行，通过控制游标的移动，用户能够遍历结果集中的每一行。游标是只读的，不能修改其结果，并且游标只能从前向后一行一行进行遍历，不能跳过任何一行数据，这就导致游标的性能不是太高，在使用过程中有可能会导致死锁。

10.10.2 游标的使用

游标的使用包括 4 个步骤，分别是声明游标、打开游标、获取数据和关闭游标。

1．声明游标

可以使用 DECLARE 关键字来声明游标，并定义相应的 SELECT 查询语句。它的语法格式如下：

```
DECLARE cursor_name CURSOR FOR select_statement
```

⚪ **说明**

（1）cursor_name：游标的名称。一个存储程序可能包含多个游标声明，但在给定程序块中声明的每个游标必须具有唯一的名称。

（2）select_statement：这里的 SELECT 是标准的 SQL 语句，可以是简单查询，也可以是复杂查询，但不能带 INTO 子句。

（3）此时只是声明了游标，与它关联的 SELECT 语句还没有执行，服务器的内存中并不存在与 SELECT 语句对应的结果集。

（4）该游标声明语句必须出现在变量和条件声明语句之后、错误处理语句之前。

2．打开游标

打开游标的语法格式如下：

```
OPEN cursor_name
```

⚪ **说明**

打开游标后，对应的 SELECT 语句执行，查询到的结果集存放在 MySQL 服务器的内存中。

3．获取数据

游标打开后，可以使用 FETCH…INTO 语句来获取结果集中的数据，它的语法格式如下：

```
FETCH [[NEXT] FROM] cursor_name INTO var_name[, var_name]…
```

🖉 **说明**

（1）[NEXT] FROM：默认值，省略不写。

（2）cursor_name：游标名称。

（3）var_name：变量。此处的变量可以是会话变量，也可以是局部变量，还可以是 OUT 模式的参数，并且变量的个数必须与游标声明时关联的 SELECT 语句中查询字段的个数一致。

（4）第一次执行 FETCH 语句时，从结果集中提取第一条记录，然后游标指针后移一行，以此类推；当成功提取最后一行记录后，指针再次后移，指向最后一条记录的后面，这时再次执行该 FETCH 语句，将产生 ERROR 1329（02000）错误，可以针对错误代码 1329 或 NOT FOUND 定义错误处理代码，以便结束游标循环，正常执行程序。

（5）FETCH 语句每次从结果集中提取一行，需要与循环语句配合。

4. 关闭游标

关闭游标的语法格式如下：

```
CLOSE cursor_name
```

🖉 **说明**

如果游标未打开，则该语句会报错。当游标不再使用时，我们要及时关闭游标，释放存储结果集所占用的内存空间。如果没有通过该语句显式关闭游标，则该游标在声明它的 BEGIN…END 语句块末尾被强制关闭。

【例 10.20】创建存储过程，利用游标读取 student 表中的总人数，该功能可以使用 COUNT( ) 函数直接完成，此实例主要为演示游标的使用方法。

在 MySQL 命令行客户端输入命令：

```
DELIMITER //
CREATE PROCEDURE student_count
( OUT p_num INT)
BEGIN
  DECLARE  v_sno CHAR(11);
  DECLARE  finish BOOLEAN DEFAULT  FALSE;
  DECLARE cur_stu CURSOR FOR SELECT sno FROM student;
  DECLARE CONTINUE HANDLER FOR NOT FOUND SET finish=TRUE;
  SET p_num=0;
  OPEN cur_stu;
  count_loop:LOOP
      FETCH cur_stu INTO v_sno;
      IF finish THEN
          LEAVE count_loop;
      END IF;
      SET  p_num=p_num+1;
  END LOOP;
  CLOSE cur_stu;
END //
DELIMITER;
```

调用该存储过程：

```
CALL  student_count(@a);
SELECT @a;
```

【例 10.21】创建存储过程，根据给定的课程名称，利用游标查询并输出选修该门课程的学生学号及成绩。

在 MySQL 命令行客户端输入命令：

```
DELIMITER //
CREATE PROCEDURE course_score
( IN p_cname VARCHAR(10),
  OUT p_sno CHAR(11),
  OUT p_grade TINYINT )
BEGIN
    DECLARE flag BOOLEAN DEFAULT TRUE;
    DECLARE cur_score CURSOR FOR SELECT sno,grade FROM score
      WHERE cno=(SELECT cno FROM course WHERE cname=p_cname);
    DECLARE EXIT HANDLER FOR NOT FOUND SET flag=FALSE;
    OPEN cur_score;
    WHILE flag DO
        FETCH cur_score INTO p_sno, p_grade;
        SELECT p_sno,p_grade;
    END WHILE;
END //
DELIMITER;
```

调用该存储过程：

```
CALL course_score('高等数学',@sno,@grade);

CALL course_score('国际经济',@sno,@grade);
```

调用语句的执行结果如图 10.22 所示。

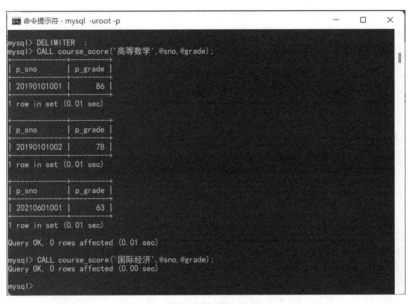

图 10.22　调用存储过程 course_score

从图 10.22 中可以看到，"国际经济"课程没有任何学生选修，"高等数学"课程有 3 个学生选修，且 3 条记录结果是分散的。如果想让结果集中显示，可以在存储过程中创建一个临时表，然后将查询到的数据直接插入表中。

【例 10.22】改写例 10.21，使结果集中显示。

在 MySQL 命令行客户端输入命令：

```
DELIMITER //
CREATE PROCEDURE course_score
```

```
( IN p_cname  VARCHAR(10),
  OUT p_sno CHAR(11),
  OUT p_grade TINYINT )
BEGIN
   DECLARE flag BOOLEAN DEFAULT TRUE;
   DECLARE cur_score CURSOR FOR SELECT sno,grade FROM score
    WHERE cno=(SELECT cno FROM course WHERE cname=p_cname);
   DECLARE EXIT HANDLER FOR NOT FOUND
     BEGIN
       SELECT * FROM tem;
     END;
   DROP TABLE IF EXISTS tem;
   CREATE TEMPORARY TABLE tem ( tsno CHAR(11),tgrade TINYINT);
   OPEN cur_score;
   WHILE flag DO
       FETCH  cur_score INTO p_sno, p_grade;
       INSERT INTO tem VALUES(p_sno,p_grade);
   END WHILE;
END //
DELIMITER;
```

调用该存储过程：

```
CALL course_score('高等数学',@sno,@grade);
CALL course_score('国际经济',@sno,@grade);
```

修改过后的存储过程和例 10.21 相比，首先判断是否有临时表 tem，如果有就直接删除它，然后新建一个临时表 tem，表中只有两个字段，正好对应要查询的学号和成绩字段。每次 FETCH 获取的数据通过两个 OUT 模式的参数插入表 tem 中。当查询不到数据时，程序转而去执行错误处理语句，执行 "SELECT * FROM tem;" 语句后退出该存储过程的执行，从而使查询结果以一个表格的形式集中显示。

在该存储过程中，DECLARE EXIT HANDLER 后的错误处理语句特意加上了 BEGIN 和 END，是为了突出 "SELECT * FROM tem;" 这条语句，由于它只是一条语句，BEGIN 和 END 也可以省略不写。还有两个 OUT 模式的参数 p_sno 和 p_grade，在该题中使用两个局部变量来完成 FETCH 获得的数据的存放更为合适，但是为了和例 10.21 对比，此处没有做修改，仍然使用 OUT 模式的参数完成数据的存放。

调用语句的执行结果如图 10.23 所示。

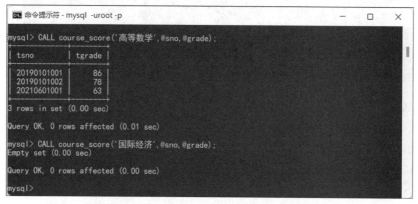

图 10.23　调用修改后的存储过程 course_score

10.11 本章小结

存储过程是存放在数据库中的一段程序，是数据库的对象之一。它由声明式的 SQL 语句和过程式的 SQL 语句组成，可以有效提高数据的处理速度和数据库编程的灵活性。本章详细介绍了 MySQL 中存储过程的管理操作，包括创建存储过程、查看存储过程、删除存储过程和调用存储过程。在创建存储过程中，涉及变量、流程控制语句、游标的使用和错误处理语句的定义，这些都是本章的重点及难点。

习 题 10

1. 什么是存储过程？它有哪些优点？
2. 为什么需要使用存储过程？举例说明存储过程的定义与调用。
3. 查看存储过程的状态有哪些常用的方法？
4. 为什么要进行错误处理？如何定义错误处理语句？
5. 在什么情况下需要使用游标？简单解释游标的 4 个步骤。
6. 创建存储过程，根据给定的学生成绩判断其等级，60 分以下为"不及格"，60（包括 60 分）～80 分为"中等"，80（包括 80 分）～90 分为"良好"，90 分（包括 90 分）以上为"优秀"。调用该存储过程，并显示结果。
7. 创建存储过程，使用游标查询指定学院的学生学号和姓名。调用该存储过程，并显示结果。

第 11 章 函数

学习目标
- 掌握用户自定义函数的创建方法和调用方法
- 掌握常用系统函数的含义和用法
- 掌握函数和存储过程的区别

11.1 函数概述

函数又称存储函数，是一种常见的数据库对象。函数和存储过程共同被称为存储程序，它们之间有很多相似的地方。函数与存储过程一样，都是由声明式的 SQL 语句和过程式的 SQL 语句组成的，并且可以被应用程序和 SQL 语句调用。然而，它们之间也有以下 4 点区别。

（1）在 MySQL 中，函数实现的功能针对性较强；而存储过程实现的功能通常情况下更复杂。

（2）函数和存储过程一样可以没有参数，但是如果函数有参数，则只能是 IN 模式的输入参数，没有输出参数，因为函数自身的功能就类似于输出参数；而存储过程既有输入参数又有输出参数。

（3）函数中必须包含一条 RETURN 语句，只能返回一个值或一个结果集；而存储过程中不允许包含 RETURN 语句，可以返回一个或多个结果，或者没有返回结果只是完成了某个功能。

（4）函数不能使用 CALL 语句来调用，可以作为语句的一部分来使用；而存储过程一般作为一个独立的部分来执行，可以通过 CALL 语句来调用。

在 MySQL 中，函数可以分为两大类，一类是系统内置函数，也称系统函数，如 COUNT( )函数、NOW( )函数等；另一类是用户根据自身需求创建的用户自定义函数。接下来介绍如何创建用户自定义函数。

微课：创建函数
（语法格式）

11.2 创建函数

11.2.1 使用命令创建函数

可以使用 CREATE FUNCTION 语句来创建函数，创建函数的语法和创建存储过程的语法很相似，语法格式如下：

```
CREATE FUNCTION [IF NOT EXISTS] func_name ([func_parameter[, …]])
RETURNS  type
[characteristic …]  routine_body
```

💿 说明

（1）func_name：要创建的函数名称。名称不区分大小写，必须符合标识符的命名规则，不能与 MySQL 数据库中的内置函数重名。

（2）func_parameter：表示函数的参数列表，只需要给出参数的名称和类型即可，不能指定 IN、OUT 和 INOUT 模式，因为函数的参数默认为 IN 模式。

（3）RETURNS type：声明函数返回值的数据类型。如果函数主体中的 RETURN 语句返回值的类型不同于 RETURNS 语句中指定的类型，则返回值将被强制为恰当的类型。注意该语句结尾处没有分号“;”。

（4）characteristic：指定函数的特性，取值和 10.2.1 小节中创建存储过程语法格式中的 characteristic 的取值完全相同，这里不再赘述。

（5）routine_body：函数的主体。所有在存储过程中使用的 SQL 语句在函数中同样适用，包括流程控制语句、游标等；除此之外，函数体中还必须包括一条“RETURN 值”语句，用来返回函数的返回值，返回值可以是具体的值，也可以是诸如“(SELECT COUNT(*) FROM student)”的 SELECT 语句，但该查询语句的结果只能是单行单列的值。

微课：创建函数
（例题）

若要在 MySQL 中创建函数，则必须具有 CREATE ROUTINE 权限。

为了保证函数的正确创建，在定义函数之前，也应该使用 DELIMITER 关键字更改结束标记。

【例 11.1】创建一个函数，根据学生学号返回该学生的选课数量。

在 MySQL 命令行客户端输入命令：

```
DELIMITER  //
CREATE FUNCTION count_num
( p_sno CHAR(11) )
RETURNS INT
BEGIN
  DECLARE v_num INT;
  SELECT COUNT(*)  INTO v_num FROM score WHERE sno=p_sno;
  RETURN v_num;
END //
DELIMITER  ;
```

在该函数中，局部变量 v_num 中存储的就是返回值。

执行结果如图 11.1 所示。

图 11.1   创建函数 count_num

函数 / 第 11 章

【例 11.2】创建一个函数，根据给定的课程号查找并返回该课程名称，如果没有找到该课程，则返回"没有该门课程信息"。

在 MySQL 命令行客户端输入命令：

```
DELIMITER //
CREATE FUNCTION fun_find
(p_cno CHAR(3) )
RETURNS VARCHAR(20)
BEGIN
    DECLARE v_cname VARCHAR(10);
    SELECT cname INTO v_cname FROM course WHERE cno=p_cno;
    IF v_cname IS NULL THEN
        RETURN '没有该门课程信息';
    ELSE
        RETURN v_cname;
    END IF;
END //
DELIMITER ;
```

在该函数中，局部变量 v_cname 用来存储查询到的课程名称。如果给定的课程号不存在，则 SELECT 语句查询到的结果为空，此时 v_cname 变量的值是其默认的 NULL。通过判断 v_cname 的值是否为空，从而判断由给定的课程号是否能找到对应的课程名称。函数中虽然出现了两条 RETURN 语句，但根据 IF 语句的特点，函数最终只能执行一条 RETURN 语句。

11.2.2　使用图形化工具创建函数

（1）打开 Workbench 工具，连接到 MySQL 服务器。

（2）在左侧的"SCHEMAS"导航栏中找到"jwgl"数据库，在其下面的"Functions"节点上单击鼠标右键，在弹出的菜单中选择"Create Function..."，或者直接单击工具栏中的图标，出现图 11.2 所示的界面。

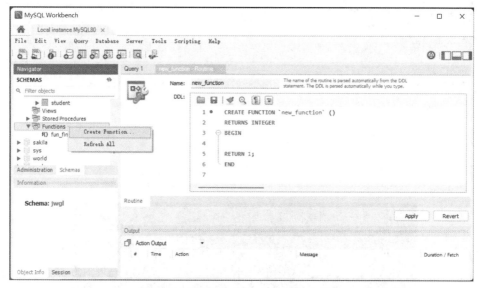

图 11.2　使用 Workbench 工具创建函数

（3）下面以例 11.1 为例创建函数 count_num，在图 11.2 所示的界面中输入相应的函数语句（注意，在该界面中不需要输入 DELIMITER 语句），然后单击"Apply"按钮，即可查看创建函数的 SQL 语句，如图 11.3 所示。

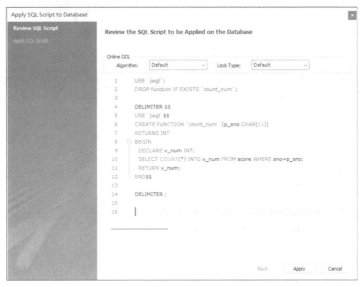

图 11.3 创建函数的 SQL 语句

（4）确认无误后单击右下角的"Apply"按钮，继续单击"Finish"按钮，函数即可创建成功。

（5）刷新以后，在"Functions"节点下就能看到刚刚成功创建的函数"f( ) count_num"。

11.3 调用函数

微课：调用函数

11.3.1 使用命令调用函数

当用户自定义函数创建成功后，就可以通过 SELECT 语句调用该函数，调用方法和使用系统函数类似，语法格式如下：

```
SELECT func_name ([func_parameter[,…]])
```

> 📝 说明
>
> （1）func_name：表示函数的名称。如果要调用其他数据库的函数，则需要按"数据库名称.函数"的格式给出。
>
> （2）func_parameter：表示调用该函数使用的参数。这条语句中的参数列表要与被调用的函数定义时的参数列表保持一致。
>
> （3）也可以把自定义函数放到 SELECT…FROM 语句中和字段结合使用。

【例 11.3】调用函数 count_num 和 fun_find。

在 MySQL 命令行客户端输入命令：

```
SELECT count_num('20190101001');
SELECT sno,count_num(sno) FROM student;
SELECT fun_find('101'),fun_find('111');
```

执行结果如图 11.4 所示。

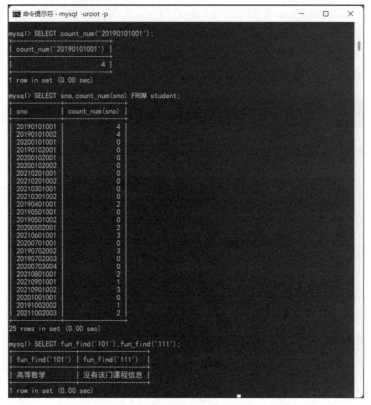

图 11.4　调用函数 count_num 和 fun_find

从图 11.4 可以看到，"SELECT sno,count_num(sno) FROM student;"这条语句能查询到 student 表中所有学生的选课数量，如果不使用自定义函数 count_num，也可以通过以下语句完成同样的功能：

```
SELECT student.sno,count(grade) FROM student LEFT JOIN score
ON student.sno=score.sno  Group by student.sno;
```

如果需要多次查询学生的选课数量，很明显调用自定义函数比使用复杂查询要更简单、更便捷。

11.3.2　使用图形化工具调用函数

（1）打开 Workbench 工具，连接到 MySQL 服务器。

（2）在左侧的"SCHEMAS"导航栏中找到"jwgl"数据库，在其下面的"Functions"节点下找到要调用的函数，如 count_num，单击其右侧的图标，打开调用函数的窗口，如图 11.5 所示。

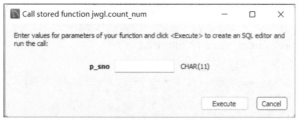

图 11.5　使用 Workbench 工具调用函数

（3）在图 11.5 中输入参数'20190101001'后，单击"Execute"按钮，出现图 11.6 所示的界面。

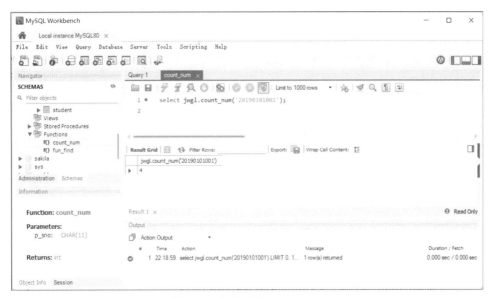

图 11.6　调用函数 count_num

11.4　查看函数

11.4.1　使用命令查看函数

使用命令查看函数和查看存储过程一样，也有 3 种方式：通过 SHOW STATUS 语句查看函数的状态、通过 SHOW CREATE 语句查看函数当前的定义语句、从 routines 表中查看函数的相关信息。在 10.4 节我们已经详细介绍过如何通过上述 3 种方式查看存储过程和函数，这里不再赘述。

【例 11.4】查看自定义函数 count_num。

在 MySQL 命令行客户端输入命令：

```
SHOW FUNCTION STATUS LIKE 'count_num' \G
SHOW CREATE FUNCTION count_num \G
SELECT * FROM information_schema.routines
WHERE routine_name='count_num'
AND routine_type='FUNCTION' \G
```

11.4.2　使用图形化工具查看函数

（1）打开 Workbench 工具，连接到 MySQL 服务器。

（2）选中"SCHEMAS"导航栏中的"jwgl"数据库，单击其右侧的 图标，或者单击工具栏中的 图标，进入图 11.7 所示的界面。

（3）选择"jwgl"窗口中的"Functions"选项卡，进入图 11.8 所示的界面，可以看到 jwgl 数据库中所有函数的特性信息。

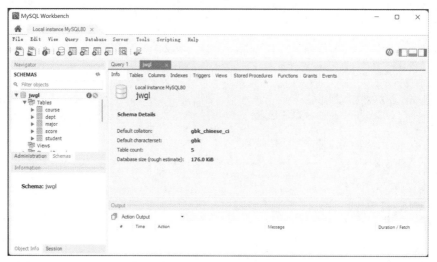

图 11.7　使用 Workbench 工具查看数据库的相关信息

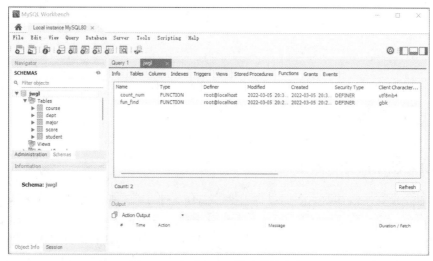

图 11.8　查看所有函数的特性信息

11.5　修改函数

11.5.1　使用命令修改函数

使用 ALTER FUNCTION 语句可以修改函数的特性，但不能修改函数的参数和函数体的定义语句。如果想修改函数的参数或函数体的定义语句，则需要先删除原函数再新建一个函数。修改函数的语法格式如下：

```
ALTER FUNCTION func_name [characteristic…]
```

> **说明**
>
> characteristic 指函数的特性，它的取值有 5 个，和创建存储过程中的特性取值完全相同，这里不再赘述，详情见 10.2.1 小节中的第（4）点说明。

11.5.2　使用图形化工具修改函数

（1）打开 Workbench 工具，连接到 MySQL 服务器。

（2）在"Functions"节点下找到要修改的函数，单击其右侧的⚙图标，或者右键单击要修改的函数，在弹出的菜单中选择"Alter Function…"，出现修改函数的界面，如图 11.9 所示。

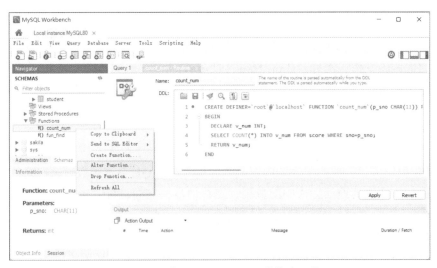

图 11.9　使用 Workbench 工具修改函数

（3）修改完成后单击"Apply"按钮，即可查看修改后的函数的语句，再次单击"Apply"按钮，继续单击"Finish"按钮，即可完成修改操作。

11.6　删除函数

11.6.1　使用命令删除函数

删除函数和删除存储过程的方法基本一样，可以使用 DROP FUNCTION 语句进行删除，语法格式如下：

```
DROP {PROCEDURE | FUNCTION} [IF EXISTS] func_name
```

【例 11.5】删除函数 count_num。

在 MySQL 命令行客户端输入命令：

```
DROP FUNCTION count_num;
```

执行结果如图 11.10 所示。

图 11.10　删除函数 count_num

11.6.2 使用图形化工具删除函数

（1）打开 Workbench 工具，连接到 MySQL 服务器。

（2）在"Functions"节点下可以看到当前数据库中的所有函数，右键单击要删除的函数，在弹出的菜单中选择"Drop Function..."，弹出图 11.11 所示的对话框。

（3）在该对话框中，选择"Review SQL"选项可以查看删除该函数的 SQL 代码，然后单击"Execute"按钮即可完成删除操作；选择"Drop Now"选项，即可直接删除该函数。

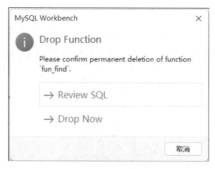

图 11.11　使用 Workbench 工具删除函数

11.7 MySQL 系统函数

MySQL 提供了很多功能强大的内置函数，称为 MySQL 系统函数。这些系统函数可以帮助用户更加方便快捷地处理表中的数据，熟练地掌握它们，可以极大地提高用户管理数据库的效率。

MySQL 系统函数包括数学函数、字符串函数、日期和时间函数、条件判断函数、系统信息函数、加密函数和其他特殊函数。下面介绍一些常用的系统函数。

11.7.1 数学函数

数学函数主要用来处理数字，包括整型数据、浮点型数据等。

1．ABS(x)函数

ABS(x)函数可返回 x 的绝对值，例如：

```
SELECT ABS(5),ABS(-7.6);
```

2．CEIL(x)函数、CEILING(x)函数和 FLOOR(x)函数

CEIL(x)函数和 CEILING(x)函数的意义相同，即返回不小于 x 的最小整数值。FLOOR(x)函数返回不大于 x 的最大整数值。这 3 个函数都是用来获取整数的。

例如：

```
SELECT CEIL(6.5), CEILING(-12.11), FLOOR(91.8),FLOOR(20);
```

执行结果依次为 7、–12、91、20。

3．RAND( )函数和 RAND(x)函数

RAND( )函数和 RAND(x)函数都是用来获取 0 ~ 1 之间的随机数的，区别是 RAND( )函数每次产生的数值是完全随机的，而 RAND(x)函数当参数 x 相同时，会产生相同的随机数，不同的 x 产生的随机数不同。

【例 11.6】使用 RAND( )函数和 RAND(x)函数。

在 MySQL 命令行客户端输入命令：

```
SELECT RAND(),RAND();
SELECT RAND(7),RAND(7),RAND(8);
```

执行结果如图 11.12 所示。

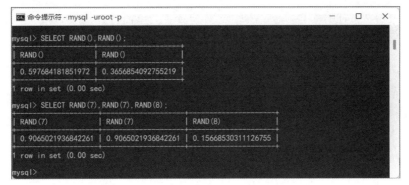

图 11.12　使用 RAND( )函数

4．TRUNCATE(x,y)函数

TRUNCATE(x,y)函数返回参数 x 保留到小数点后 y 位的值，数值直接截断，不进行四舍五入。若 y 为 0，则返回整数部分；若 y 为负数，则返回值为将 x 从小数点往左数第 y 位开始后面所有低位值都置为 0 的整数值。

【例 11.7】使用 TRUNCATE(x,y)函数。

在 MySQL 命令行客户端输入命令：

```
SELECT TRUNCATE(3.1415,2), TRUNCATE(3.14,0), TRUNCATE(314.5,-2);
```

执行结果依次为 3.14、3、300。

5．ROUND(x)函数和 ROUND(x,y)函数

ROUND(x)函数返回最接近参数 x 的整数，需要对 x 值进行四舍五入；ROUND(x,y)函数返回参数 x 保留到小数点后 y 位的值，截断时需要进行四舍五入。若 y 为负值，则将 x 保留到小数点左边 y 位。

【例 11.8】使用 ROUND(x)函数和 ROUND(x,y)函数。

在 MySQL 命令行客户端输入命令：

```
SELECT ROUND(7.6),ROUND(7.1),ROUND(3.145,2),ROUND(315.5,-1);
```

执行结果依次为 8、7、3.15、320。

11.7.2　字符串函数

字符串函数主要用于处理数据库中的字符串，是 MySQL 中最常用的一类函数。

1．CONCAT(s1, s2, ...)函数和 CONCAT_WS(x, s1, s2, ...)函数

CONCAT(s1,s2,...)函数的返回结果为连接 s1、s2 等参数产生的字符串，其中若有任何一个参数为 NULL，则返回结果为 NULL。CONCAT_WS(x,s1,s2,...)函数的返回结果为以参数 x 作为分隔符连接 s1、s2 等参数产生的字符串，如果分隔符 x 为 NULL，则返回结果为 NULL。

【例 11.9】使用 CONCAT(s1,s2,...)函数和 CONCAT_WS(x,s1,s2,...)函数。

在 MySQL 命令行客户端输入命令：

```
SELECT CONCAT('My','SQL'), CONCAT('My','SQL',NULL);
SELECT CONCAT_WS('_', 'My','SQL','Hello'), CONCAT_WS(NULL,'My','SQL','Hello');
```

执行结果如图 11.13 所示。

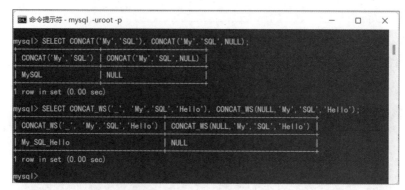

图 11.13 使用 CONCAT(s1,s2,...)函数和 CONCAT_WS(x,s1,s2,...)函数

2. INSERT(s1, x, len, s2)函数

INSERT(s1,x,len,s2)函数返回将字符串 s1 从 x 位置开始、长度为 len 的子串替换为字符串 s2 后组成的新字符串。如果 x 超过字符串长度，则返回原始字符串。如果任何一个参数为 NULL，则返回结果为 NULL。

【例 11.10】使用 INSERT(s1,x,len,s2)函数。

在 MySQL 命令行客户端输入命令：

```
SELECT INSERT('HelloWo',6,5,'MySQL');
```

执行结果为字符串"HelloMySQL"。

3. LEFT(s, n)函数和 RIGHT(s, n)函数

LEFT(s,n)函数返回字符串 s 的前 n 个字符。RIGHT(s,n)函数返回字符串 s 最右侧的 n 个字符。

例如：

```
SELECT LEFT('MySQL',2),RIGHT('MySQL',2);
```

执行结果依次为"My""QL"。

4. TRIM(s)函数、LTRIM(s)函数和 RTRIM(s)函数

TRIM(s)函数返回从字符串 s 中删除前导空格和尾部空格后得到的新字符串。LTRIM(s)函数返回从字符串 s 中删除前导空格后得到的新字符串。RTRIM(s)函数返回从字符串 s 中删除尾部空格后得到的新字符串。

例如：

```
SELECT TRIM('  AB  C '),LTRIM('  AB  C '),RTRIM('  AB  C ');
```

执行结果依次为"AB C""AB C "和" AB C"。

5. SUBSTRING(s, n, len)函数

SUBSTRING(s,n,len)函数返回从字符串 s 中的第 n 个位置开始、长度为 len 的字符串，其本质就是取子串函数。

【例 11.11】使用 SUBSTRING(s,n,len)函数。

在 MySQL 命令行客户端输入命令：

```
SELECT SUBSTRING('yiwen',2,4);
```

执行结果为字符串"iwen"。

6. REVERSE(s)函数

REVERSE(s)函数返回与参数字符串 s 顺序完全相反的字符串。

例如：
```
SELECT REVERSE('abcd');
```
执行结果为字符串"dcba"。

7．REPLACE(s, s1, s2)函数

REPLACE(s,s1,s2)函数返回将字符串 s 中所有的 s1 替换为 s2 后得到的新字符串。

【例 11.12】使用 REPLACE(s,s1,s2)函数。

在 MySQL 命令行客户端输入命令：
```
SELECT REPLACE('wanwan','w','sh');
```
执行结果为字符串"shanshan"。

11.7.3 日期和时间函数

日期和时间函数主要用来对日期和时间进行处理。

1．CURDATE( )函数和 CURRENT_DATE( )函数

CURDATE( )函数和 CURRENT_DATE( )函数的作用相同，均返回当前的日期，默认格式为"YYYY-MM-DD"。

例如：
```
SELECT CURDATE(),CURRENT_DATE();
```
执行结果均为语句运行时的日期，如"2022-02-06"。

2．CURTIME( )函数和 CURRENT_TIME( )函数

CURTIME( )函数和 CURRENT_TIME( )函数的作用相同，均返回当前的时间，默认格式为"HH:MM:SS"。

例如：
```
SELECT CURTIME(),CURRENT_TIME();
```
执行结果均为语句运行时的时间，如"21:15:30"。

3．NOW( )函数和 SYSDATE( )函数

NOW( )函数和 SYSDATE( )函数的作用相同，均返回当前的日期和时间值，默认格式为"YYYY-MM-DD HH:MM:SS"。

【例 11.13】使用 NOW( )函数和 SYSDATE( )函数。

在 MySQL 命令行客户端输入命令：
```
SELECT NOW(),SYSDATE();
```
执行结果如图 11.14 所示。

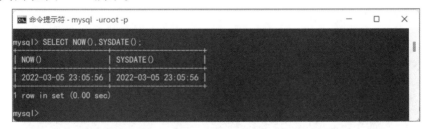

图 11.14　使用 NOW( )函数和 SYSDATE( )函数

4．YEAR(d)函数和 MONTH(d)函数

YEAR(d)函数返回日期 d 中的年份值，取值范围为 1970～2069。MONTH(d)函数返回

日期 d 中的月份值，取值范围为 1～12。

例如：

```
SELECT YEAR(NOW()),MONTH(NOW());
```

执行结果是当前日期中的年份和月份，依次为"2022"和"3"。

5. DATEDIFF(d1, d2) 函数

DATEDIFF(d1,d2)函数返回日期 d1 到日期 d2 之间相隔的天数。

例如：

```
SELECT DATEDIFF('2022-02-06','2012-09-18');
```

执行结果为数值 3428。

6. DATE_FORMAT(d, f) 函数

DATE_FORMAT(d,f)函数返回根据 f 指定的格式显示的 d 值。其中，f 指定的格式较多，如"%Y"表示 4 位数的年份，"%y"表示 2 位数的年份，"%T"表示 24 小时制的时间，"%r"表示 12 小时制的时间，"%p"表示上午（AM）或下午（PM）等。

例如：

```
SELECT DATE_FORMAT(NOW(),'%Y %y %p');
```

执行结果为语句运行时的日期时间，如"2022 22 PM"。

11.7.4 其他特殊函数

1. IFNULL(v1, v2) 函数

IFNULL(v1,v2)函数是条件判断函数，其含义是假如 v1 不为 NULL，则该函数返回 v1，否则返回 v2。

例如：

```
SELECT IFNULL(5,6),IFNULL(NULL,6);
```

执行结果依次为 5 和 6。

2. IF(expr, v1, v2) 函数

IF(expr,v1,v2)函数是条件判断函数，其含义是如果 expr 表达式为 true 则返回 v1，否则返回 v2。

【例 11.14】使用 IF(expr,v1,v2)函数。

在 MySQL 命令行客户端输入命令：

```
SELECT sno,sname,IF(ssex='女',0,1) FROM student WHERE mno= '0101';
```

上述语句将 student 表中专业号为 0101 的女学生的性别显示为 0，男学生的性别显示为 1。

执行结果如图 11.15 所示。

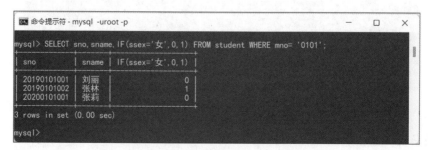

图 11.15　使用 IF(expr,v1,v2)函数

3．VERSION( )函数和DATABASE( )函数

VERSION( )函数是系统信息函数，返回表示服务器数据库版本信息的字符串。DATABASE( )函数也是系统信息函数，返回当前数据库的名称。

例如：

```
SELECT VERSION(),DATABASE();
```

执行结果依次为 8.0.27 和 jwgl。

4．USER( )函数和CURRENT_USER( )函数

USER( )函数和CURRENT_USER( )函数都是系统信息函数，均返回当前用户名称。

例如：

```
SELECT USER(),CURRENT_USER();
```

执行结果均为 root@localhost。

5．FORMAT(x, n)函数

FORMAT(x,n)函数是格式化函数，它的功能是将数字 x 进行格式化，并以四舍五入的方式保留小数点后 n 位。如果 n 为 0，则返回值为整数部分。

例如：

```
SELECT FORMAT(314.56,1),FORMAT(1234.1,0);
```

执行结果依次为 314.6 和 1234。

11.8 本章小结

本章详细介绍了 MySQL 中用户自定义函数的管理操作，包括创建函数、查看函数、删除函数和调用函数。函数的管理和存储过程的管理是相似的，大家可以通过比较函数和存储过程的相似点和区别来学习相关内容。本章末尾介绍了常用的 MySQL 系统函数，熟练掌握这些函数可以极大地提高用户管理数据库的效率。

习　题　11

1. 什么是函数？它有什么优点？
2. 函数与存储过程有哪些相同点和不同点？
3. 举例说明函数的定义与调用。
4. 系统函数有哪几种？
5. 创建一个函数，给定课程号，返回该课程的名称。调用该函数，并显示结果。

第12章 触发器和事件

学习目标

- 理解 NEW 和 OLD 变量
- 掌握触发器的创建和使用方法
- 理解事件的概念和创建方法

12.1 触发器

12.1.1 触发器概述

MySQL 的触发器是与表有关的命名数据库对象,本质上是一种特殊的存储过程,它在插入、修改和删除特定表中的数据时被激活执行。触发器不能使用 CALL 语句调用,当表上出现特定事件时,MySQL 将自动调用该触发器。触发器可以查询其他表,也可以包含复杂的 SQL 语句,但不能在触发器中以显式或隐式方式开始或结束事务。

触发器比数据库本身标准的功能有更精细和更复杂的数据控制能力,用户利用触发器可以方便地实现数据库中数据的完整性和一致性,但 MySQL 中的触发器是行级触发器,在增加、删除和修改操作相对频繁的表上尽量不要创建触发器,因为它会对表中受影响的每一行都执行一次触发器,使触发器消耗资源较大,所以要慎重使用。

触发器有以下几个优点。

（1）触发器不需要明确调用,当触发表中的数据做出相应的修改后由系统自动调用。

（2）触发器支持回滚机制,保证了数据的一致性和完整性。

（3）触发器可以用来实施比 FOREIGN KEY、CHECK 约束等更为复杂的检查和操作。

（4）触发器可以通过数据库中的相关表修改其他表。

触发器主要用于监视某个表的 insert、update 及 delete 等操作,这些操作可以分别激活该表的 INSERT、UPDATE、DELETE 类型的触发程序运行,从而实现数据的自动维护。需要注意的是,insert 操作不单单是指严格意义上的 INSERT 语句,还包括 LOAD DATA 语句、REPLACE 语句;delete 操作包括 DELETE 语句和 REPLACE 语句。

12.1.2 NEW 和 OLD 变量

触发器中的 SQL 语句可以关联表中的任意列,但在触发器中不能直接使用列名去标识,因为激活触发器的语句可能已经修改了列名,为了不引起系统混淆,使用"NEW.列名"和

"OLD.列名"来区分。对于 insert、update 和 delete 这 3 种触发器事件,"NEW.列名"和"OLD.列名"并不是都适用,需要注意它们的合法性。

（1）当向表中插入新记录时,在触发器中可以使用 NEW.列名来获得新记录的某个列的值,此时 OLD 是不合法的。

（2）当从表中删除记录时,在触发器中可以使用 OLD.列名来获得被删除记录的某个列的值,此时 NEW 是不合法的。

（3）当修改表中的某条记录时,在触发器中可以使用 OLD 来获得修改前的记录的值,使用 NEW 来获得修改后的记录的值。

（4）OLD 记录是只读的,不能修改; NEW 记录可以在 BEFORE 触发器中修改（SET NEW.列名=值）,但在 AFTER 触发器中不能更改。

12.1.3 创建触发器

1．使用命令创建触发器

在 MySQL 中,可以使用 CREATE TRIGGER 语句来创建触发器,语法格式如下:

微课：创建触发器（语法格式）

```
CREATE TRIGGER [IF NOT EXISTS] trigger_name
BEFORE|AFTER  INSERT|UPDATE|DELETE
ON table_name  FOR EACH ROW
[ FOLLOWS | PRECEDES other_trigger_name]
BEGIN
    trigger_body
END
```

📎 说明

（1）IF NOT EXISTS：如果同一数据库中不存在重名的触发器,则新建一个触发器。CREATE TRIGGER 从 MySQL 8.0.29 开始支持这个选项。

（2）trigger_name：要创建的触发器名称。名称不区分大小写,必须符合标识符的命名规则。并且触发器的名称在该数据库中必须唯一,在不同的数据库中触发器可以具有相同的名称。

（3）BEFORE|AFTER：表示触发动作时间。BEFORE 指触发器在要修改的每一行数据之前执行,AFTER 指触发器在要修改的每一行数据之后执行。

（4）INSERT|UPDATE|DELETE：触发器事件,表示激活触发器的操作类型,即触发器执行条件,用于指定激活触发器语句的种类。

（5）table_name：表示建立触发器的表名,即指定在哪个表上建立触发器。

（6）FOR EACH ROW：行级触发,表示受触发事件影响的每一行都要激活触发器的执行。

（7）FOLLOWS | PRECEDES other_trigger_name：可以为表定义多个具有相同的触发器事件和触发动作时间的触发器。例如,在同一个表上建立两个 BEFORE UPDATE 触发器,默认情况下,具有相同触发器事件和触发动作时间的触发器按照创建顺序被激活执行。如果想修改触发器的顺序,那么可以使用 FOLLOWS 使新触发器在现有触发器之后激活,使用 PRECEDES 使新触发器在现有触发器之前激活。other_trigger_name 是指其他触发器名称。

（8）trigger_body：表示激活触发器后需要执行的语句。如果该语句只有一条,可以省略 BEGIN 和 END 关键字。触发器不能返回任何结果到客户端,所以不要在触发器定义中包含 SELECT 语句。

（9）根据触发动作时间和触发器事件的组合，在同一个表上建立的同一触发器事件、不同触发动作时间的触发器的执行顺序如下：

① 如果有 BEFORE 触发器，先执行 BEFORE 触发器；

② 执行 SQL 语句；

③ 如果有 AFTER 触发器，执行 AFTER 触发器。

如果 SQL 语句或触发器执行失败，MySQL 会回滚事务，回滚顺序如下：

① 如果 BEFORE 触发器执行失败，则 SQL 语句无法正确执行；

② 如果 SQL 语句执行失败，则 AFTER 类型触发器不会被触发；

③ 如果 AFTER 类型的触发器执行失败，则 SQL 语句会回滚。

（10）在设置外键约束时，如果设置的是级联外键操作，则该操作不会激活触发器。

（11）为了保证触发器的正常创建，定义之前应该先使用 DELIMITER 语句更改默认的结束标记。

为了更详细地介绍触发器的创建，在 jwgl 数据库中增加一个备选课程表，表结构如例 12.1 所示。备选课程表中 4 个字段的含义分别为课程号、课程名称、还能选课的人数、选课人数上限。

【例 12.1】创建备选课程表 course_available。

在 MySQL 命令行客户端输入命令：

```
CREATE TABLE course_available
(
    cno CHAR(3) PRIMARY KEY,
    cname VARCHAR(10),
    cavailable TINYINT,
    climit TINYINT
);
```

【例 12.2】创建触发器，当在备选课程表上插入数据时，检查选课人数上限 climit 字段的取值是否在 0～100 之间。如果该值大于 100，则按 100 插入；如果该值小于 0，则按 0 插入。

在 MySQL 命令行客户端输入命令：

```
DELIMITER //
CREATE TRIGGER insert_tri
BEFORE INSERT ON course_available
FOR EACH ROW
BEGIN
    IF NEW.climit<0  THEN
        SET NEW.climit=0;
    END IF;
    IF NEW.climit>100 then
        SET NEW.climit=100;
    END IF;
END //
DELIMITER ;
```

微课：创建触发器（例题）

执行结果如图 12.1 所示。

【例 12.3】创建触发器，当在备选课程表上插入数据时，检查选课人数上限 climit 字段的取值是否在 0～100 之间，若不在这个区间则不允许插入该行数据。这个要求使用 CHECK 约束设置更为简单一些，这里为了讲解方便只考虑使用触发器来完成。

在 MySQL 命令行客户端输入命令：

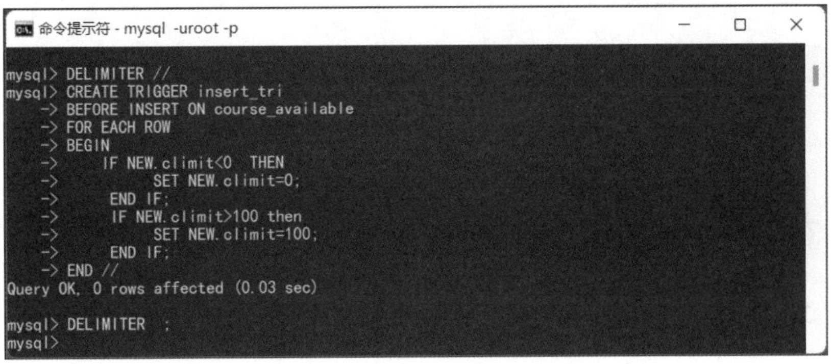

图 12.1　创建触发器 insert_tri

```
DELIMITER //
CREATE TRIGGER insert_tri2
BEFORE INSERT ON course_available
FOR EACH ROW
BEGIN
    IF (NEW.climit<0  OR  NEW.climit>100) THEN
        SIGNAL SQLSTATE 'HY000'
        SET message_text='climit 的值必须在 0~100 之间';
    END IF;
END //
DELIMITER ;
```

　　MySQL 5.5 之后可以通过 SIGNAL SQLSTATE 语句来返回错误，向处理程序、应用程序的外部或客户端提供错误信息。当向 course_available 表中插入记录时，会激发触发器的检查，字段 climit 的取值如果不在 0~100 之间，则触发器返回错误信息，此时该 BEFORE 触发器执行失败，激发该触发器执行的 INSERT 语句无法被执行。

　　【例 12.4】创建触发器，实现当向 score 表中添加记录时，自动将备选课程表中相应课程的 cavailable 列的值减 1。

　　在 MySQL 命令行客户端输入命令：

```
DELIMITER //
CREATE TRIGGER sc_insert_tri
BEFORE INSERT ON score
FOR EACH ROW
BEGIN
    UPDATE course_available SET cavailable=cavailable-1
    WHERE cno=NEW.cno;
END //
DELIMITER ;
```

2. 使用图形化工具创建触发器

（1）打开 Workbench 工具，连接到 MySQL 服务器。

（2）下面以例 12.4 中 sc_insert_tri 触发器的创建过程为例进行讲解。在左侧的 "SCHEMAS" 导航栏中找到 "jwgl" 数据库，在其下面找到要创建触发器的表 score，单击其右侧的 图标，或者右键单击 score，在弹出的菜单中选择 "Alter Table…"，如图 12.2 所示，出现修改 score 表的界面。

（3）选择 "score_Table" 窗口下方的 "Triggers" 选项卡，进入触发器界面，如图 12.3 所示。

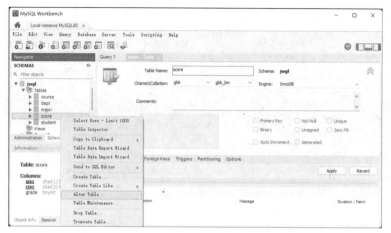

图 12.2　修改 score 表

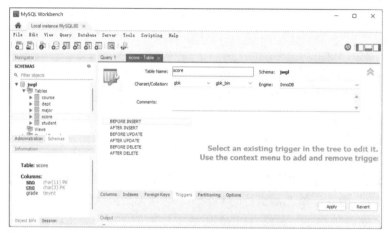

图 12.3　触发器界面

（4）触发动作时间是 BEFORE，触发器事件是 INSERT，所以单击 BEFORE INSERT 后边的加号"+"，或者右键单击 BEFORE INSERT，在弹出的菜单中选择"Add new trigger"，出现图 12.4 所示的界面。

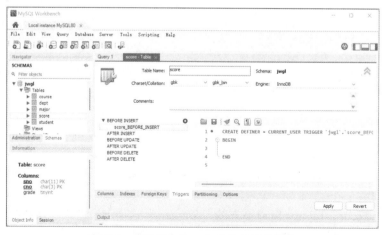

图 12.4　使用 Workbench 工具创建触发器

（5）将代码部分补充完整，修改触发器的默认名称为"sc_insert_tri"（注意，在该界面不需要输入 DELIMITER 语句），然后单击"Apply"按钮，即可查看创建触发器的 SQL 语句，如图 12.5 所示。

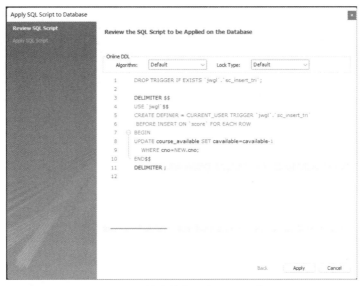

图 12.5　创建触发器的 SQL 语句

（6）继续单击"Apply"按钮和"Finish"按钮后，触发器即可创建完成。此时在 score 表下的"Triggers"节点中就出现了 sc_insert_tri 触发器，在 score-Table 窗口的 Triggers 选项卡中的"BEFORE INSERT"节点下也出现了 sc_insert_tri 触发器，如图 12.6 所示。

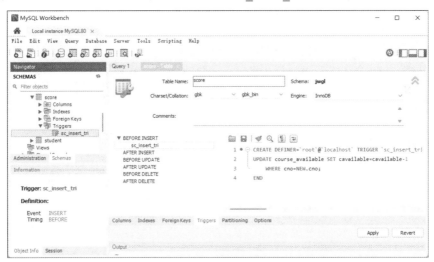

图 12.6　触发器创建完成

12.1.4　查看触发器

1．使用命令查看触发器

查看触发器是指查看数据库中已存在的触发器的定义、状态和语法等信息。可以通过以下 3 种方式查看触发器的信息。

（1）使用 SHOW TRIGGERS 语句查看触发器

可以通过 SHOW TRIGGERS 语句查看触发器，语法格式如下：

```
SHOW TRIGGERS [{FROM|IN} db_name] [LIKE 'pattern']
```

🔵 说明

（1）SHOW TRIGGERS：如果只有该子句，则表示查看在当前数据库中的表上创建的所有触发器。

（2）{FROM | IN} db_name：查看在特定数据库中的表上创建的触发器。

（3）LIKE 'pattern'：表示要匹配的触发器名称。

（2）使用 SHOW CREATE 语句查看触发器

可以通过 SHOW CREATE 语句查看触发器的定义信息，语法格式如下：

```
SHOW CREATE TRIGGER trigger_name
```

（3）查询 triggers 表

在 information_schema 数据库下的 triggers 表中，存储了 MySQL 中所有的触发器信息，通过查询 triggers 表也可以获得触发器的相关信息。

【例 12.5】查看触发器信息。

在 MySQL 命令行客户端输入命令：

```
SHOW TRIGGERS \G
SHOW CREATE TRIGGER insert_tri \G
SELECT * FROM information_schema.triggers WHERE trigger_name= 'sc_insert_tri' \G
```

第一条语句查看当前数据库下所有的触发器信息；第二条语句查看指定触发器的定义信息；第三条语句查询指定名称的触发器信息，如果想查看 MySQL 中所有的触发器信息，可以把第三条语句中的 WHERE 条件删除。

2. 使用图形化工具查看触发器

（1）打开 Workbench 工具，连接到 MySQL 服务器。

（2）选中"SCHEMAS"导航栏中的"jwgl"数据库，单击其右侧的 🔵 图标，或者右键单击"jwgl"数据库，在弹出的菜单中选择"Schema Inspector"，出现 jwgl 数据库的相关信息，如图 12.7 所示。

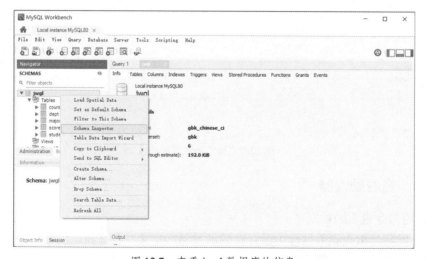

图 12.7 查看 jwgl 数据库的信息

（3）选择"Triggers"选项卡，即可看到当前数据库下所有的触发器，如图 12.8 所示。

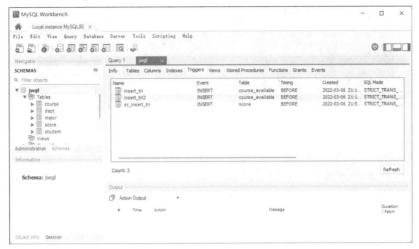

图 12.8　查看 jwgl 数据库下所有的触发器信息

（4）如果想查看触发器的定义信息，可以在图 12.6 所示的界面中单击"BEFORE INSERT"节点下的触发器。以在 course_available 表上创建的两个触发器为例，选中要查看的触发器，界面中就会出现该触发器的相关信息及定义语句，如图 12.9 所示。

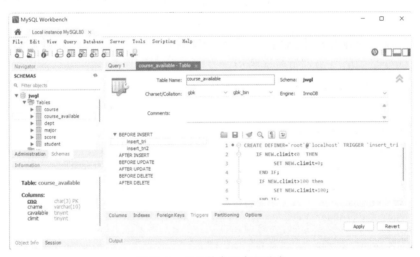

图 12.9　查看触发器定义信息

12.1.5　使用触发器

触发器创建完成后，不能像其他存储过程一样使用 CALL 命令直接调用，需要在触发表上执行触发器事件，由系统自动调用相应的触发器。

微课：使用
触发器

【例 12.6】给出激发触发器 insert_tri2 执行的 SQL 语句。

在 MySQL 命令行客户端输入命令：

```
INSERT INTO course_available VALUES('204','大型数据库',40,123);
SELECT * FROM course_available;
```

执行结果如图 12.10 所示。

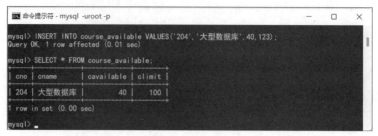

图 12.10　在 course_available 表中插入数据

　　根据触发器 insert_tri2 的主体语句的定义，由于 123 大于 100，触发器应该返回错误信息，但发现 SQL 语句的运行结果为"Query OK"，此时再运行查询语句，结果发现表中竟然添加了课程号为"204"的这条记录，只是把插入的数据从 123 换成了 100。这是什么原因呢？

　　原来之前在 course_available 表上创建了两个触发器 insert_tri 和 insert_tri2，它们都是触发动作时间为 BEFORE 的 INSERT 类型触发器。对于触发动作时间、触发器事件和触发对象完全相同的多个触发器而言，虽然它们都可以创建成功，但在使用时默认只有第一个创建的触发器可以被激活执行，所以在图 12.10 中显示的结果是因为激活执行了 insert_tri 触发器。如果想使用 insert_tri2 触发器，有以下几种操作方法。

　　（1）将 insert_tri 触发器删除，此时在 course_available 上的 BEFORE INSERT 类型触发器中，insert_tri2 是最先被创建的，默认情况下会被激活执行。

　　（2）在 insert_tri 触发器中增加关于会话变量值的判断语句，通过在触发器之外的命令行中改变会话变量的值，达到暂时屏蔽该触发器的目的。

　　（3）在 insert_tri2 触发器中增加一条语句"PRECEDES insert_tri"，它的含义是该触发器先于 insert_tri 触发器执行。当然这两个触发器必须是触发对象、触发器事件和触发动作时间都完全相同时才有意义。

　　【例 12.7】重新创建触发器 insert_tri2，使其能够被激活执行。

　　在 MySQL 命令行客户端输入命令：

```
DROP TRIGGER insert_tri2;
DELIMITER //
CREATE TRIGGER insert_tri2
BEFORE INSERT ON course_available
FOR EACH ROW PRECEDES insert_tri
BEGIN
    IF (NEW.climit<0 OR NEW.climit>100) THEN
        SIGNAL SQLSTATE 'HY000'
        SET message_text='climit 的值必须在 0 到 100 之间';
    END IF;
END //
DELIMITER ;
```

激发触发器执行如下语句：

```
INSERT INTO course_available VALUES('302','宪法学',50,123);
INSERT INTO course_available VALUES('302','宪法学',50,76);
```

　　由于 MySQL 中不能修改触发器，如果想改变触发器的定义，只能先删除该触发器再重新创建。从结果可以看出，当 climit 的值是 123 时，触发器返回错误信息，此时 INSERT

语句不再执行；当 climit 值为 76 时，INSERT 语句正常执行，所以在 course_available 表中能看到课程号为 302 的数据。

执行结果如图 12.11 所示。

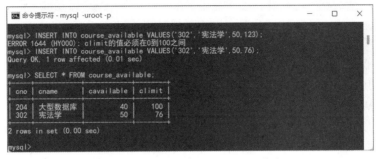

图 12.11 激发触发器 insert_tri2 执行

【例 12.8】给出激发触发器 sc_insert_tri 执行的 SQL 语句。

在 MySQL 命令行客户端输入命令：

```
INSERT INTO score VALUES('20210201001','302',NULL);
```

执行结果如图 12.12 所示。

图 12.12 激发触发器 sc_insert_tri 执行

从结果中可以看出，当在 score 表中添加课程号为 302 的数据时，激发了触发器 sc_insert_tri 的执行，course_available 表中课程号为 302 的记录可选人数 cavailable 字段值自动减 1，从 50 变成了 49。

由于激发触发器执行的是 SQL 语句，所以 Workbench 中直接在"Query"窗口输入相关命令即可。

12.1.6 删除触发器

1．使用命令行删除触发器

和其他数据库对象一样，可以使用 DROP TRIGGER 语句删除触发器，语法格式如下：

```
DROP TRIGGER [IF EXISTS] [schema_name.]trigger_name
```

如果删除表，则该表上创建的触发器也会被删除。

【例 12.9】删除 insert_tir 触发器。

在 MySQL 命令行客户端输入命令：

```
DROP TRIGGER insert_tri;
```

执行结果如图 12.13 所示。

触发器和事件 第 12 章

图 12.13　删除触发器 insert_tri

如果想删除其他数据库下的触发器，可以使用数据库.触发器这样的名称格式。

2. 使用图形化工具删除触发器

（1）打开 Workbench 工具，连接到 MySQL 服务器。

（2）在图 12.9 所示界面中找到要删除的触发器，如 insert_tri2，单击该触发器右侧的减号"–"，然后单击"Apply"按钮，打开删除触发器脚本的窗口，再次单击"Apply"按钮和"Finish"按钮即可完成删除操作。

12.2　事件

12.2.1　事件概述

MySQL 服务器中的事件调度器，可以进行监视并判断是否需要定时执行某些特定任务，它是一个线程，可精确到每秒执行一个任务，而功能与其类似的 Windows 操作系统中的任务调度程序只能精确到每分钟执行一次。这些特定任务就是事件（EVENT）。

事件是 MySQL 在相应的时刻调用的过程式数据库对象，它又称临时触发器。事件和触发器类似，都是在某些事情发生时启动，区别是触发器是被基于某个表所产生的事件触发，而事件是基于特定时间周期触发来执行某些任务，它可以在某个时刻调用一次，也可以在某个时间段内周期性地启动，通常用于对实时性要求较高的场合。

使用事件必须保证 MySQL 版本在 5.1 以上，并且 MySQL 服务器的事件已经开启。MySQL 8.0 中的事件默认情况下是开启的，可以通过参数 event_scheduler 的值来查看事件是否开启：

```
SHOW VARIABLES LIKE 'event_scheduler';
```

如果结果中的 value 值为 ON 则表明事件已开启；如果 value 值为 OFF，则可以通过如下 SET 语句开启事件：

```
SET GLOBAL event_scheduler=ON;
```

12.2.2　创建事件

可以使用 CREATE EVENT 语句创建事件，语法格式如下：

```
CREATE EVENT [IF NOT EXISTS] event_name
ON SCHEDULE schedule [ON COMPLETION [NOT] PRESERVE]
[ENABLE | DISABLE] [COMMENT 'comment']
 DO event_body
```

💡 **说明**

（1）event_name：要创建的事件名称。

（2）SCHEDULE：时间调度，用于指定事件何时发生或每隔多久发生一次，它的语法格式为 AT TIMESTAMP [+INTERVAL] | EVERY INTERVAL [STARTS TIMESTAMP] [ENDS TIMESTAMP]，分别对应以下两个取值。

① AT 子句：指定事件在某个时刻发生。TIMESTAMP 表示一个具体的时间点，INTERVAL 表示时间间隔，可以精确到秒。INTERVAL 有如下取值：YEAR | QUARTER | MONTH | DAY | HOUR | MINUTE | WEEK | SECOND | YEAR_MONTH | DAY_HOUR | DAY_MINUTE | DAY_SECOND | HOUR_MINUTE | HOUR_SECOND | MINUTE_SECOND。

② EVERY 子句：表示事件在特定时间区间内每隔多长时间发生一次，STARTS 指定开始时间，ENDS 指定结束时间。

（3）ON COMPLETION [NOT] PRESERVE：表示任务执行完成后事件是否保存。默认事件执行完就会被删除，建议保存事件。

（4）ENABLE | DISABLE：表示事件的状态，启用或禁用事件。默认为 ENABLE 启用状态。

（5）COMMENT：用来描述事件，相当于注释信息。

（6）event_body：事件的主体语句，包括一般 SQL 语句或调用存储过程的语句。如果 event_body 由两条以上的语句组成，则还需要将所有语句放到 BEGIN 和 END 语句块中，并且在创建事件之前，需要使用 DELIMITER 语句更改分隔符。

（7）事件没有参数，但在事件中可以调用带有参数的存储过程。

【例 12.10】创建事件，在 1 分钟内每隔 10 秒将 course_available 表中的课程名为 "大型数据库" 的 climit 字段的值减 1。

在 MySQL 命令行客户端输入命令：

```
CREATE EVENT event_update ON SCHEDULE EVERY 10 SECOND
ENDS CURRENT_TIMESTAMP()+INTERVAL 1 MINUTE
ON COMPLETION  PRESERVE  ENABLE
DO
    UPDATE course_available SET climit=climit-1 WHERE cname= '大型数据库';
```

执行结果如图 12.14 所示。

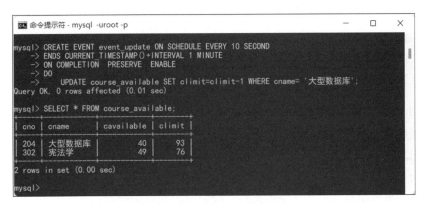

图 12.14　创建事件 event_update

从执行结果可知，course_available 表中 "大型数据库" 的 climit 值最初为 100，当创建完事件 2 分钟以后再次查询 course_available 表，对应的 climit 值变成 93。从事件创建 climit 值减 1 开始算起，在 1 分钟内每隔 10 秒再减 1，刚好减了 7 次，climit 值从 100 变成了 93。

12.2.3 修改事件

事件创建之后，可以通过 ALTER EVENT 语句来修改它的定义和相关属性，语法格式如下：

```
ALTER EVENT event_name
[ON SCHEDULE schedule] [ON COMPLETION [NOT] PRESERVE]
[RENAME TO new_event_name]
[ENABLE | DISABLE] [COMMENT 'comment']
[DO  event_body]
```

💿 说明

（1）修改事件和创建事件的语法格式相似，各参数含义不再赘述。

（2）RENAME TO：对事件重命名。

【例 12.11】关闭事件 event_update，并将其重命名为 new_event。

在 MySQL 命令行客户端输入命令：

```
ALTER EVENT event_update  RENAME TO new_event  DISABLE ;
```

执行结果如图 12.15 所示。

图 12.15　修改事件 event_update

12.2.4 查看事件

1．SHOW EVENTS 语句

可以通过 SHOW EVENTS 语句来查看事件相关信息，语法格式如下：

```
SHOW EVENTS [{FROM | IN} schema_name] [LIKE 'pattern']
```

💿 说明

（1）SHOW EVENTS：如果只有该子句，则表示查看当前数据库下的所有事件。

（2）{FROM | IN} schema_name：查看特定数据库下的事件。

（3）LIKE 'pattern'：表示要匹配的事件名称。

2．SHOW CREATE EVENT 语句

可以通过 SHOW CREATE EVENT 语句查看事件的当前定义信息及状态。

3．查询 events 表

information_schema.events 表中存储了 MySQL 中的事件信息，可以通过 SELECT 语句从该表中查询事件信息，其中 event_name 字段存储事件的名称。

【例 12.12】查看事件 new_event。

在 MySQL 命令行客户端输入命令：

```
SHOW EVENTS FROM jwgl \G
SHOW CREATE EVENT new_event \G
SELECT * FROM information_schema.events WHERE event_name='new_event' \G
```

12.2.5 删除事件

如果不想使用事件，可以将事件暂时关闭，或者将事件永久删除。可以使用 DROP 语句删除已创建的事件，语法格式如下：

```
DROP EVENT [IF EXISTS] event_name
```

【例 12.13】删除事件 new_event。

在 MySQL 命令行客户端输入命令：

```
DROP EVENT new_event;
```

执行结果如图 12.16 所示。

图 12.16　删除事件 new_event

12.3 本章小结

本章介绍了 MySQL 触发器和事件的操作，主要包括 NEW 和 OLD 变量、创建触发器、查看触发器、使用触发器和删除触发器。熟练掌握触发器的操作，可以更好地实现数据的完整性和一致性，但由于行级触发器的特点，在插入、删除和修改操作频繁的表上应尽量避免创建触发器。

习　题　12

1. 什么是触发器？它的优点是什么？
2. 触发器和存储过程有什么不同？
3. 举例说明触发器的使用。
4. 什么是事件？它和触发器有什么区别？
5. 简述事件的作用。
6. 创建一个触发器，实现当删除 student 表中的学生记录时，能随之删除 score 表中该学生所有的选课信息。
7. 创建一个事件，在 10 分钟内每隔 30 秒向一个自定义表中插入当时的时间。

第13章 事务和并发控制

学习目标
- 理解事务的概念和 ACID 特性
- 掌握事务处理语句和事务的隔离级别
- 了解并发控制
- 了解表级锁和行级锁

13.1 事务

用户在执行某些复杂数据操作的过程中，经常需要通过一组有相互依赖关系的 SQL 语句，来执行多项并行业务逻辑或程序，这就要求所有命令执行的同步性。我们把这些有相互依赖关系的 SQL 语句称为单元，整个单元作为一个整体是不可分割的，单元中的所有 SQL 语句要么同时操作成功，要么同时返回初始状态。在这种情况下，用户就需要优先考虑使用 MySQL 的事务处理。

13.1.1 事务的概念

MySQL 中的事务通常包含一系列更新操作（UPDATE、INSERT 和 DELETE 等操作语句），这些更新操作是一个不可分割的逻辑工作单元，用来保证对数据库进行正确的修改和保持数据的完整性、一致性。

如果事务成功执行，那么该事务中所有更新操作都会成功执行，并将执行结果提交到数据库文件中，成为数据库永久的组成部分。如果事务中某个更新操作执行失败，那么事务中的所有更新操作均被撤销，所有影响到的数据将返回到事务开始之前的状态。

在数据库管理系统中，事务管理是非常有必要的，它是构成多用户使用数据库的基础。为了帮助大家理解事务，现举两个例子进行说明。银行转账是解释事务必要性的一个典型例子。例如，账户甲需要向账户乙转 500 元，假如账户甲的余额减少了 500 元，但账户乙的余额却并未增加，这就会造成数据失衡，产生数据不一致的问题。而类似这样的情况在数据库的实践操作中是绝对不允许的，必须保证账户甲余额减少 500 元和账户乙余额增加 500 元这两个操作，在这次转账过程中要么同时操作成功，要么同时恢复到这次操作之前的状态，而这个就是事务最重要的特征——原子性。又如，在 jwgl 数据库中，由于专业设置的变化需要删除某门专业课，那么就需要根据外键约束的设置，先去 score 表中删除所有选修该门课程的相关记录，然后去 course 表中删除该门专业课，这两个操作也构成了一个事务。任何一个操作的失败都会导致整个事务被撤销，数据返回到删除之前的状态，只有事务中的这两个操作同时成功，删除该门专业课的操作才算成功。

13.1.2 事务的 ACID 特性

每个事务的处理必须满足 ACID 原则，即原子性（Atomicity）、一致性（Consistency）、隔离性（Isolation）和持久性（Durability），称为事务的特性或特征。

1．原子性

原子性意味着每个事务中的所有操作都被视为一个原子单元，对事务所进行的数据修改等操作只能是完全提交或完全回滚。假设一个事务由两个或多个任务组成，其中的语句必须同时成功才能认为事务是成功的。如果事务失败，系统将会返回到事务开始之前的状态。

2．一致性

不管事务是完全成功完成还是中途失败，必须使所有的数据从一种一致性状态变更为另外一种一致性状态，所有的变更都必须应用于事务的修改，以保证数据的完整性。

3．隔离性

隔离性是指每个事务中的操作语句所做的修改必须和其他事务所做的修改相隔离，而且事务的结果只有在它完全被执行时才能看到。在进行事务查看数据时，数据要么处于被另一并发事务修改之前的状态，要么处于被另一并发事务修改之后的状态，即当前事务不会查询由另一个并发事务正在修改的数据，这种特性可以通过锁机制实现。

4．持久性

持久性是指即使系统重启或出现故障系统崩溃，一个提交的事务依然存在。当一个事务完成，数据库的日志已经被更新时，事务中所做的修改对数据的影响是永久的，持久性就开始发生作用。大多数 RDBMS 产品通过保存所有行为的日志来保证数据的持久性，这些行为是指在数据库中以任何方法更改数据。

13.1.3 MySQL 的事务处理语句

前面介绍了事务的基本知识，那么在 MySQL 中是如何处理事务的呢？MySQL 默认使用自动提交模式，即当一个会话开始时，自动提交功能是打开的，用户每执行一条 SQL 语句后，该语句对数据库的修改就被立即提交，永久保存在数据库中。

默认情况下，会话变量 autocommit 的值为 ON，每个 SQL 语句都被当作一个事务执行提交操作。会话变量 autocommit 是 InnoDB 存储引擎的数据表特有的，它的值对 MyISAM 存储引擎的数据表没有影响。在 MyISAM 存储引擎中，无论 autocommit 的值是什么，所有更新操作的执行结果都会立即提交，永久写入数据库中。可以使用 SHOW VARIABLES 语句来查询 MySQL 的自动提交功能是否关闭，autocommit 的值为 1 或为 ON 表示启用自动提交功能，其值为 0 或为 OFF 则表示关闭自动提交功能。

【例 13.1】查看会话变量 autocommit。

在 MySQL 命令行客户端输入命令：

```
SHOW VARIABLES LIKE 'autocommit';
SELECT @@autocommit;
```

执行结果如图 13.1 所示。

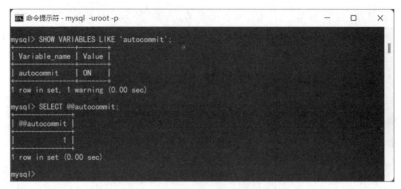
图 13.1　查看会话变量 autocommit

前面介绍的银行转账的例子，修改账户甲余额的 SQL 语句执行成功后自动提交，永久保存到数据库中，那么对于修改账户乙余额的语句执行成功与否，都不会影响修改甲账户余额的结果，这在数据库中显然是不合适的。在类似的这种情况下，用户很有必要关闭 MySQL 的自动提交功能。

在 MySQL 中，有两种方式可以关闭自动提交功能。

（1）显式关闭自动提交功能。

在当前会话中，使用 SET 语句修改会话变量 autocommit 的值来关闭当前会话的自动提交功能：

```
SET autocommit = 0;
```

（2）隐式关闭自动提交功能。

可以使用 START TRANSACTION 语句或 BEGIN [work]语句来显式地开启一个事务，这就意味着在该事务中关闭了自动提交功能。START TRANSACTION 是标准的 SQL 语法格式，是 MySQL 官方推荐的开启事务的方法。

当事务中的 SQL 语句执行完成后，必须通过 COMMIT 语句来提交整个事务，或者通过 ROLLBACK 语句来回滚到事务开始之前的状态。MySQL 中有一些命令比较特殊，如 ALTER TABLE、CREATE DATABASE 等，在执行这些语句之前系统会强制执行 COMMIT 来提交当前的活动事务。除此之外，还可以在事务中使用 SAVEPOINT point 语句来设置一个保存点，也称回退点，然后使用 ROLLBACK TO SAVEPOINT point 语句回滚到保存点位置，从而达到部分语句回滚的目的。

这两种关闭自动提交功能的方法在哪种情况下使用更合适呢？如果只是对当前会话中的某些语句进行事务控制，则使用 START TRANSACTION 开始一个事务比较方便，这样事务结束之后可以直接回到自动提交的状态。如果我们希望当前会话中所有的事务都不是自动提交的，必须是手动提交，那么通过修改 autocommit 变量的值来控制事务比较方便，这样就不用在每个事务开始时再执行 START TRANSACTION 语句了。

【例 13.2】演示事务中的部分回滚操作。

在 MySQL 命令行客户端输入命令：

```
START TRANSACTION;
INSERT INTO course_available VALUES('101','高等数学',30,70);
SAVEPOINT  savei;
DELETE FROM course_available WHERE cname='宪法学';
ROLLBACK TO SAVEPOINT savei;
```

执行结果如图 13.2 所示。

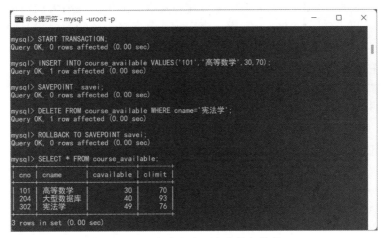

图 13.2　事务部分回滚的执行结果

从结果中可以看到，开启一个事务后，当使用 ROLLBACK TO 语句回滚到保存点时，保存点之前的 INSERT 语句成功执行，而保存点之后的 DELETE 语句并未执行；如果把 ROLLBACK TO 语句换成 COMMIT 语句，则 INSERT 和 DELETE 语句都能执行成功。

13.1.4　MySQL 的事务隔离级别

每一个事务都有所谓的隔离级别，它定义了用户彼此之间隔离和交互的程度。在单用户的环境中，隔离级别这个属性无关紧要，但在多用户环境下，合适地选择隔离级别将关系到数据库的性能。

使用 SET TRANSACTION 语句可以设置事务的特征，包括设置事务隔离级别或事务访问模式，语法格式如下：

微课：事务隔
离级别

```
SET [GLOBAL|SESSION] TRANSACTION
{ ISOLATION LEVEL level | access_mode}
```

📌 说明

（1）GLOBAL|SESSION：设置事务特征的适用范围，有以下 3 种情况。

① 使用 GLOBAL：说明该事务特征适用于所有后续会话，但现有的会话不受该设置的影响。

② 使用 SESSION：说明该事务特征适用于当前会话中执行的所有后续事务，但当前正在进行的事务不受影响。

③ 既不使用 GLOBAL 也不使用 SESSION：说明该事务特征仅适用于会话中执行的下一个事务，在事务中不允许出现该类语句。

（2）ISOLATION LEVEL level：事务隔离级别。level 的取值有 4 种，即 SERIALIZABLE、REPEATABLE READ、READ COMMITTED 和 READ UNCOMMITTED。

（3）access_mode：事务访问模式，取值为 READ WRITE 或 READ ONLY，指定事务是在读写还是在只读模式下运行。默认情况下，事务以读写模式进行，允许对事务中使用的表进行读写。如果事务访问模式设置为 READ ONLY，则只允许读表，禁止更改表。

MySQL 提供了 4 种事务的隔离级别：序列化、可重复读、提交读和未提交读。

1．序列化

序列化（SERIALIZABLE）又称可串行化，是事务的最高隔离级别，它会强制对事务排序，使事务之间不会发生冲突。实质上序列化就是在每个读的数据行上加锁，直到前一个事务释放锁后，下一个事务才能继续操纵该数据，这些事务以串行化的方式在运行，因此会导致大量的超时现象。一般不推荐使用。设置序列化的语法格式如下：

```
SET [GLOBAL|SESSION] TRANSACTION ISOLATION LEVEL SERIALIZABLE
```

2．可重复读

可重复读（REPEATABLE READ）是 MySQL 默认的事务隔离级别，它能确保同一事务的多个实例在并发读取数据时总会看到同样的数据行。在事务处理期间，尽管其他事务可能修改了相应的表，但同一个事务下的多条 SELECT 语句读到的都是相同的数据。设置可重复读的语法格式如下：

```
SET [GLOBAL|SESSION] TRANSACTION ISOLATION LEVEL REPEATABLE READ
```

3．提交读

提交读（READ COMMITTED）也称读提交，它是 Oracle 默认的事务隔离级别。该级别下的事务只能读取其他事务已经提交的内容。在事务处理期间，如果其他事务修改了相应的表，那么同一个事务的多个 SELECT 语句可能返回不同的结果。设置提交读的语法格式如下：

```
SET [GLOBAL|SESSION] TRANSACTION ISOLATION LEVEL READ COMMITTED
```

4．未提交读（READ UNCOMMITTED）

未提交读也称读未提交，是事务中最低的隔离级别，该级别下的事务可以读取到其他事务中未提交的数据，又称脏读，这是非常危险的，在实际中很少使用。设置未提交读的语法格式如下：

```
SET [GLOBAL|SESSION] TRANSACTION ISOLATION LEVEL READ UNCOMMITTED
```

我们可以通过系统变量 transaction_isolation 来查看事务的隔离级别。

【例 13.3】查看事务的隔离级别。

在 MySQL 命令行客户端输入命令：

```
SELECT @@transaction_isolation;
```

或：

```
SHOW VARIABLES LIKE 'transaction_isolation';
```

上述命令的执行结果如图 13.3 所示。

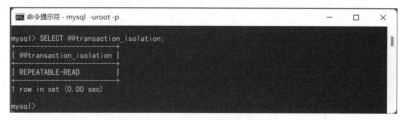

图 13.3　查看事务的隔离级别

【例 13.4】使用不同客户端的两个事务演示可重复读和读提交的区别。

在两个 MySQL 命令行客户端按顺序依次输入命令：

事务 A：

```
START TRANSACTION;
SELECT * FROM SCORE WHERE sno='20190101001' AND cno='101';
```

事务 B:

```
START TRANSACTION;
UPDATE score SET grade=grade+10 WHERE sno='20190101001' AND cno='101';
SELECT * FROM SCORE WHERE sno='20190101001' AND cno='101';
COMMIT;
```

事务 A:

```
SELECT * FROM SCORE WHERE sno='20190101001' AND cno='101';
COMMIT;
```

上述命令的执行结果如图 13.4 所示。

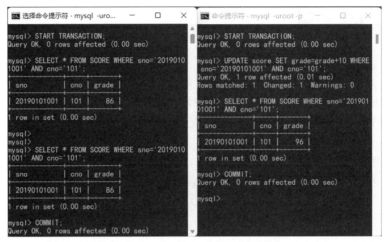

图 13.4　可重复读隔离级别的演示

在图 13.4 中，左侧的命令行窗口执行事务 A 的语句，右侧的命令行窗口执行事务 B 的语句。事务 A 窗口中出现了两个空行，此时表示先暂时停止事务 A 的执行，转而去执行事务 B，执行完事务 B 之后再接着执行事务 A 中的其余语句。

事务 A 使用默认的可重复读隔离级别，即 REPEATABLE READ。从结果中很明显看到，事务 A 中第一次读取到的数据是 86 分，事务 B 此时把这个分数修改成了 96 分，并且提交了该修改操作；然后事务 A 再次读取该分数，读取到的仍然是 86 分，这是可重复读操作的特点，即在同一个事务中读取到的数据总是相同的。那么如果想在事务 A 中读取其他事务已经提交的数据该怎么办呢？此时可以更改事务的隔离级别。

将第一个客户端的事务隔离级别更改为提交读，此时再次在两个客户端按顺序依次输入命令。

事务 A:

```
SET TRANSACTION ISOLATION LEVEL READ COMMITTED;
START TRANSACTION;
SELECT * FROM SCORE WHERE sno='20190101001' AND cno='101';
```

事务 B:

```
START TRANSACTION;
UPDATE score SET grade=grade-10 WHERE sno='20190101001' AND cno='101';
SELECT * FROM SCORE WHERE sno='20190101001' AND cno='101';
COMMIT;
```

事务 A:

```
SELECT * FROM SCORE WHERE sno='20190101001' AND cno='101';
COMMIT;
```

在事务 A 开始之前将隔离级别修改为提交读，即 READ COMMITTED。事务 A 第一次读取的数据为 96，然后转而在事务 B 中将数据 96 更改为 86，并且提交了该修改操作；此时再次回到事务 A 读取，读取到的数据值为 86。在事务 A 中两次读取同一数据，得到的结果却不相同，这是由提交读隔离级别的特点决定的，它允许事务 A 读取其他事务已经提交的数据。

用户可以根据实际操作的要求选择不同的事务隔离级别，一般情况下建议选择 REPEATABLE READ 或 READ COMMITTED 两种隔离级别。

13.2 并发控制

13.2.1 并发概述

在单处理机系统中，事务的并行执行实际上是这些并行事务轮流交叉进行，这种并行执行方式称为交叉并发方式。例如，有两个人和一把铁锹，那他们只能交替使用铁锹来挖坑，这是逻辑上的同时发生。

在多处理机系统中，每个处理机可以运行一个事务，多个处理机可以同时运行多个事务，实现事务真正的并发运行，这种并发执行方式称为同时并发方式。例如，有两个人和两把铁锹，那么他们一人一把铁锹，可以实现真正意义上的同时挖坑，这是物理上的同时发生。

当多个用户同时访问同一数据库对象时，在一个事务更改数据的过程中，可能有其他事务发起更改请求，为了保证数据的一致性，需要对并发操作进行控制。实现数据库并发控制可以防止事务读取正在由其他事务更改的数据，可以防止丢失更新、脏读、不可重复读和幻读问题。

1．丢失更新问题

当两个或多个事务选择同一行，然后基于最初选定的值更新该行时，由于每个事务都不知道其他事务的存在，就会发生丢失更新问题，导致最后的更新覆盖了由其他事务所做的更新。

2．脏读问题

一个事务对某条记录做了修改但还未提交，这条记录的数据就处于不一致状态，这时另一个事务也来读取同一条记录，并据此做进一步的操作处理，这种现象称为脏读。简单地说就是一个事务读取另一个事务未提交的脏数据。

3．不可重复读问题

不可重复读就是在事务内重复读取了其他事务已经提交的数据，但多次读取的结果可能不一致，原因是查询过程中其他事务做了更新的操作。

4．幻读问题

幻读又称虚读，是指在一个事务内的两次查询中读取到的数据行的范围不一致，原因是查询的过程中其他的事务做了添加或删除操作。

13.2.2 锁概述

在同一时刻，可能会有多个客户端对表中的同一行记录进行操作，为了保证数据的一致性，数据库需要对这种并发操作进行控制，因此有了锁的概念。锁是一种用来防止多个客户端同时访问数据而产生问题的机制。

1．锁粒度

锁粒度指锁的作用范围，是为了对数据库中高并发响应和系统性能两方面进行平衡而提出的概念。

锁粒度越小，并发的性能就越高，越适合做并发更新操作；锁粒度越大，并发的性能就越低，越适合做并发查询操作。需要注意，加锁也需要消耗资源，锁粒度越小，完成某些功能时需要加锁、解锁的次数就越多，消耗的资源反而越多，可能会出现资源的恶性竞争，甚至产生死锁。

2．锁机制

MySQL 主要使用 3 种级别的锁机制：表级锁、行级锁和页面锁。相比其他数据库，MySQL 在锁机制方面最大的不同之处在于，对于不同的存储引擎支持不同的锁机制。例如，MyISAM 和 MEMORY 存储引擎采用的是表级锁；BDB 存储引擎采用的是页面锁，但也支持表级锁；InnoDB 存储引擎既支持行级锁，也支持表级锁，但默认情况下采用行级锁。

（1）表级（Table-level）锁：表级锁会一次性锁定整个表，这样可以很好地避免死锁问题。一个用户在对表进行增加、删除和修改操作前，需要先获得写锁，这会阻塞其他用户对该表的所有读写操作。只有写锁解锁后，其他读取的用户才能获得相互不阻塞的读锁。表级锁的实现逻辑简单，开销小，获取锁和释放锁的速度很快，但出现锁定资源争用的概率较高，导致并发度较低。

（2）行级（Row-level）锁：行级锁最大的特点是锁定对象的粒度很小，因此发生锁定资源争抢的概率也很小，最大限度地支持了并发处理。但行级锁由于锁粒度小，每次获取锁和释放锁需要做的事情也更多，开销更大，可能会出现死锁。

（3）页面（Page-level）锁：页面锁的粒度介于表级锁和行级锁之间，其所需的资源开销和提供的并发能力也介于二者之间。页面锁和行级锁一样，有可能会产生死锁。

从上述特点可知，很难笼统地说哪种锁机制更好，只能就具体应用的特点来选哪种锁机制更合适。

13.2.3 MyISAM 的表级锁

MyISAM 存储引擎不支持事务，当用户对数据进行插入、修改和删除操作时，这些变化数据会被立即永久地保存在数据库中。在多用户并发访问下，这种情况可能会导致很多数据不一致的问题。为了避免多用户在同一时间对指定表进行操作，我们可以设置表级锁代替事务完成相应功能，从而避免用户在操作数据表过程中受到干扰。设置表级锁语句的语法格式如下：

```
LOCK TABLES table_name lock_type,…
```

📝 **说明**

（1）table_name：要锁定的表的名称。

（2）lock_type：锁定类型，取值为 READ 或 WRITE。表级锁有两种模式，表共享读锁（Table Read Lock）和表独占写锁（Table Write Lock）。

① 如果取值为 READ，则是对表加读锁，此时不会阻止其他用户对该锁定表的读请求，但会阻塞对该锁定表的写请求。只有当释放读锁后，才会执行其他用户的写操作。

② 如果取值为 WRITE，则是对表加写锁，此时会阻止其他用户对该锁定表的读和写操作，只有当写锁释放后，才会执行其他用户的读和写操作。WRITE 锁比 READ 锁的优先级更高。

（3）这是对表加锁的语句，当用户完成对该加锁表的操作后，应及时对表进行解锁，可以使用 UNLOCK TABLES 语句释放该表的锁定状态。

（4）一般不需要直接使用该语句给 MyISAM 表加锁，因为 MyISAM 在执行 SELECT 语句时，会自动给涉及的所有表加读锁，在执行 INSERT、UPDATE、DELETE 语句时，会自动给所涉及的表加写锁，这些加锁的操作并不需要用户干预。

13.2.4 InnoDB 的行级锁

InnoDB 存储引擎既支持表级锁也支持行级锁，所以为 InnoDB 表设置锁要更为复杂一些。由于为 InnoDB 表设置表级锁也是使用 LOCK TABLES 语句，其使用方法和 MyISAM 表基本相同，这里不再赘述。接下来介绍为 InnoDB 设置行级锁的操作。

InnoDB 实现了以下两种类型的行级锁：共享锁（S）和排他锁（X）。要使用这两种锁，必须关闭自动提交，或者明确开启一个事务，即需要将系统变量 autocommit 的值设置为 OFF 或 0，或者明确使用 START TRANSACTION、BEGIN 来开启一个事务。

（1）共享锁：又称读锁。允许一个事务读取一行数据时，阻止其他的事务取得该行数据的排他锁的操作。也就是说，一个事务对某行数据加上共享锁后，则该事务只能读不能修改该数据，而其他的事务只能对该数据加共享锁，而不能加排他锁，直到该数据上的共享锁被释放。如果事务自己也需要修改加了共享锁的数据，则很有可能造成死锁，这种情况不要给该行数据添加共享锁。

添加共享锁的语法格式如下：

```
SELECT * FROM table_name WHERE … LOCK IN SHARE MODE
```

（2）排他锁：又称写锁。允许获得排他锁的事务更新数据，阻止其他事务取得相同数据的共享锁和排他锁。也就是说，一个事务对某行数据加上排他锁后，则该事务能读也能修改该数据，而其他的事务不能再对该行数据加任何锁，直到该数据上的排他锁被释放。

InnoDB 存储引擎在执行 INSERT、UPDATE 和 DELETE 语句时，都会自动给涉及的数据加上排他锁，而标准的 SELECT...FROM 语句默认不会加任何锁。所以其他事务虽然不能再对加了排他锁的数据加任何锁，但可以直接通过 SELECT...FROM 查询数据，因为这种查询没有任何锁机制。

添加排他锁的语法格式如下：

```
SELECT * FROM table_name WHERE … FOR UPDATE
```

InnoDB 行级锁是通过给索引上的索引项加锁来实现的，这一点 MySQL 与 Oracle 不同，后者是通过在数据块中对相应数据行加锁来实现的。InnoDB 这种行级锁实现特点意味着，只有通过索引条件检索数据，InnoDB 才使用行级锁，否则，InnoDB 将使用表锁。

【例 13.5】演示 InnoDB 存储引擎排他锁的使用。

在两个 MySQL 命令行客户端按顺序依次输入命令。

用户 A 和用户 B 一开始的操作是相同的，都是关闭了自动提交，并查询了 dept 表中的某行信息：

```
SET @@autocommit=0;
SELECT dname,dloc FROM dept WHERE dno='01';
```

然后用户 A 在该行数据上添加了排他锁：

```
SELECT dname,dloc FROM dept WHERE dno='01' FOR UPDATE;
```

之后用户 B 使用 SELECT 语句查询了该行数据，接着又想在该行数据上加排他锁：

```
SELECT dname,dloc FROM dept WHERE dno='01';
SELECT dname,dloc FROM dept WHERE dno='01' FOR UPDATE;
```

上述命令的执行结果如图 13.5 所示。

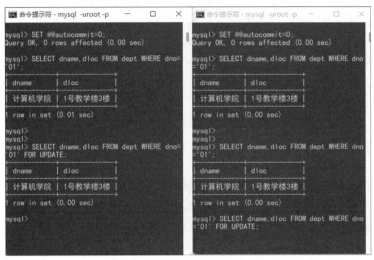

图 13.5　用户 A 添加排他锁

从图 13.5 的结果可以看出，虽然用户 A 在该行添加了排他锁，但是用户 B 仍然可以通过 SELECT 语句查询该行数据，此时如果其他用户要在该行数据上添加任何锁，都会出现图 13.5 中用户 B 命令行窗口所示的等待情况。

最后用户 A 更新并提交该行数据：

```
UPDATE dept set dloc='1号教学楼2楼' WHERE dno='01';
COMMIT;
```

当用户 A 提交完成后，释放了排他锁，此时如果用户 B 不超时，将自动获得该行数据的排他锁，如图 13.6 所示。

图 13.6　用户 A 释放排他锁

如果用户 A 释放排他锁后，用户 B 添加排他锁的语句超时，此时将会报错，需要用户 B 再次添加排他锁。报错信息如图 13.7 所示。

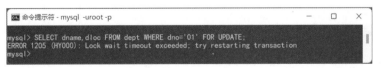

图 13.7　用户 B 添加排他锁超时

事务和并发控制　第 13 章

13.2.5 死锁

死锁就是当多个用户打算同时更新同一数据时，因互相等待对方释放资源而导致双方一直处于等待状态，这种无限期的等待就称为死锁。

通常来说，死锁都是应用设计的问题，通过调整业务流程、数据库对象设计、事务大小，以及访问数据库的 SQL 语句，绝大部分死锁可以避免。

在应用中，如果不同的程序需要并发存取多个表，应尽量约定以相同的顺序来访问表，这样可以大大降低产生死锁的机会。在程序以批量方式处理数据时，如果事先对数据排序，保证每个线程按固定的顺序来处理记录，也可以大大降低出现死锁的可能。在事务中，如果要更新记录，应该直接申请足够级别的锁，即排他锁，而不应先申请共享锁，更新时再申请排他锁。

13.3 本章小结

本章详细介绍了 MySQL 中事务与锁机制的相关知识，其中事务机制主要包括事务的概念、事务的开启、回滚、提交和事务的隔离级别，重点要求大家掌握创建事务的相关操作。在并发控制中，介绍了锁的概念，并对 MyISAM 的表级锁和 InnoDB 的行级锁做了简单的介绍。

习 题 13

1. 什么是事务？
2. 事务的 ACID 特性是什么？
3. 哪些语句可以开始一个事务？如何结束事务？
4. 事务的隔离级别有哪些？
5. 可重复读和提交读有什么区别？
6. 举例说明如何设置行级锁。

第 **14** 章 | MySQL 数据库安全管理

学习目标
- 理解数据库安全管理的重要性
- 掌握创建用户的基本操作
- 掌握授予权限和撤销权限的基本操作
- 掌握角色的创建及分配

14.1 数据库安全管理概述

数据库在信息化系统中扮演着重要的角色，担负着存储和管理数据信息的任务。通常情况下，数据库服务器中会存储大量的关键数据，对数据库应用而言，这些数据的安全性和完整性显得尤为重要。如果这些数据泄露或遭到破坏，将会对社会或个人造成不可估量的损失。

数据库的安全性是指有效保护数据库，防止不合法地使用造成数据泄露、更改或毁坏，其本质是保护数据的安全性、完整性和一致性。MySQL 是一个多用户的数据库管理系统，它提供了功能强大的访问控制系统，以此来确保 MySQL 服务器的安全访问，即它可以为不同用户指定不同的访问权限，从而进一步减少数据泄露或被损坏的风险。

数据库安全管理最重要的是要确保有资格的用户访问数据库的权限，同时令所有未授权的用户无法获取数据。

14.2 用户管理

14.2.1　查看用户信息

1．使用 user 表查看用户信息

MySQL 的用户管理包括管理用户的账号、权限和角色等。MySQL 用户可以分为两种：root 用户和普通用户。root 用户是超级管理员，拥有所有权限，普通用户只拥有被授予的各种权限。

MySQL 的用户账号及相关信息都存储在 mysql 数据库的 user 表中，可以用 SELECT 语句查看 user 表中所有的用户信息。在 user 表中，字段 user 表示用户名称，字段 host 表示用户能够连接的主机。

【例 14.1】查看 mysql 数据库中的所有用户。

在 MySQL 命令行客户端输入命令：

```
SELECT user,host FROM mysql.user;
```

执行结果如图 14.1 所示。

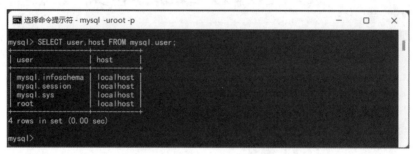

图 14.1 查看所有的用户账号

需要注意的是，在 MySQL 8.0.27 版本中，user 表有 51 个字段，所以在查询时尽量不要使用"*"，而应该明确给出想要查询的字段。user 表中的字段大致可以分为 4 类，分别是范围列、权限列、安全列和资源控制列。user 表是 MySQL 中非常重要的一个权限表，下面我们简单地介绍一下这 4 类字段。

（1）范围列：包括 user 字段和 host 字段。user 字段表示用户的名称，host 字段表示主机名，指定允许访问的 IP 地址或主机范围。MySQL 进行身份认证时，会对用户名和主机名联合进行确认，若用户名相同但主机名不同，系统会认为是不同的用户。从图 14.1 中可以看到，当前版本下 MySQL 有 4 个默认的用户账号，它们均为系统用户。

① root 用户大家最熟悉，它是 MySQL 的超级管理员，拥有最高的权限，可以做任何操作，主要用于管理。

② sys 用户主要用于对系统数据库对象进行定义，此用户已锁定，无法用于客户端连接。

③ session 用户用于在内部使用插件访问服务器，此用户已锁定，无法用于客户端连接。

④ infoschema 用户用于定义 information_schema 数据库中的视图，此用户已锁定，无法用于客户端连接。

（2）权限列：决定了用户的权限，表示在全局范围内允许对数据和数据库进行的操作。这些字段的名称最后都有字符"_priv"，且取值均为 ENUM('N','Y')，表示该用户是否拥有某个权限，默认值为 N，即新建的用户默认是没有这些权限的，需要后续给它们授权才能完成相应的操作。

（3）安全列：都是和加密、标识用户、授权插件相关的字段。其中，plugin 字段可以用于验证用户身份的插件，该字段不能为空，若该字段为空，则禁止该用户访问，其默认值为 caching_sha2_password，这是 MySQL 8.0 中新的身份验证插件。authentication_string 字段存储的是身份验证字符串值。password_expired 字段允许设置用户密码过期的时间。

（4）资源控制列：用来限制用户使用的资源。例如，max_connections 表示用户每小时允许执行的连接操作次数，如果用户一个小时内的连接操作次数超过这个字段值，该用户将被锁定。

2．使用函数查看当前用户

第 11 章我们介绍过部分系统函数，可以使用这些函数来查看当前登录用户的名称。

【例 14.2】查看当前用户。

在 MySQL 命令行客户端输入命令：

```
SELECT USER();
SELECT CURRENT_USER();
```

3．使用图形化工具查看用户

（1）打开 Workbench 工具，连接到 MySQL 服务器。

（2）在左侧导航栏中选择"Administration"选项卡，进入"MANAGEMENT"导航栏，单击其中的"Users and Privileges"，此时窗口中出现系统中所有的用户，如图 14.2 所示。

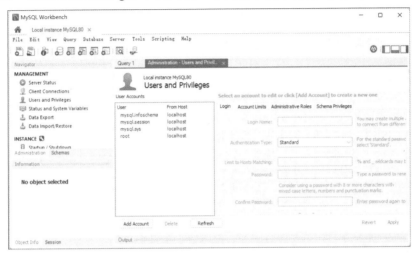

图 14.2　使用 Workbench 工具查看用户

14.2.2　登录和退出 MySQL 服务器

启动 MySQL 服务后，可以在 CMD 通过 mysql 命令登录 MySQL 服务器，语法格式如下：

```
mysql -h hostname|hostIP -P port -u username -p -D DatabaseName -e "SQL 语句"
```

🔵 说明

（1）-h hostname|hostIP：-h 参数后面跟主机名或主机 IP 地址，等价于--host 参数。如果登录的是本地主机，该参数可以省略不写。

（2）-P port：-P 参数后面跟 MySQL 服务的端口号，等价于--port 参数。如果使用的是默认的 3306 端口，则该参数可以省略不写。

（3）-u username：-u 参数后面跟用户名，等价于--user 参数。

（4）-p：-p 参数会提示在下一行输入密码，等价于--password 参数。如果在-p 后面直接写密码，则不能有空格，不过 MySQL 8.0 认为直接写出明文密码是不安全的。

（5）-D DatabaseName：-D 参数指明登录到哪一个数据库中，等价于--database 参数；参数-D 可以省略，直接写数据库名称也能登录。如果-D DatabaseName 都省略，则会直接登录 MySQL 服务器，然后通过 USE 命令来选择具体的数据库。

（6）-e "SQL 语句"：-e 参数后面可以直接跟 SQL 语句，等价于--execute 参数。登录 MySQL 服务器以后执行这个 SQL 语句，然后退出 MySQL 服务器。注意，此处的双引号不能省略。

（7）这几个是常用参数，其余参数我们就不一一介绍了，大家可以通过 mysql --help 或 mysql -?语句来查询。

（8）除-p 参数外，其余参数和后面的值之间可以有空格，也可以不要空格。

（9）退出登录时直接输入 QUIT 或 EXIT 命令即可。

【例 14.3】登录 MySQL 服务器中的 jwgl 数据库。

在 MySQL 命令行客户端输入命令：

```
mysql -u root -p jwgl
```

按<Enter>键后在下一行出现"Enter password："时，输入密码即可。

14.2.3　创建用户

1．使用命令创建用户

为了避免恶意用户冒名使用 root 账号操控数据库，通常需要创建一系列具备适当权限的账号，而尽可能地不用或少用 root 账号登录系统，以此来确保数据的安全访问。可以使用 CREATE USER 语句来创建用户，语法格式如下：

```
CREATE USER [IF NOT EXISTS] user [IDENTIFIED BY 'password']
[,user [IDENTIFIED BY 'password']]…
[DEFAULT ROLE role [,role]]… [WITH resource_option [resource_option] …]
[password_option | lock_option] …  [COMMENT 'comment_string']
```

📝 **说明**

（1）user：表示新建的用户名称，由用户名和主机名两部分构成。如果名称中没有特殊字符，可以不用单引号括起来。主机名中允许使用通配符"%"，含义为匹配区域中的所有主机。如果省略用户的主机名部分，则主机名默认为"%"。

如果两个用户具有相同的用户名和不同的主机名，MySQL 会将它们视为不同的用户，并允许为这两个用户分配不同的权限集合。MySQL 用户名最长为 32 个字符。

（2）IDENTIFIED BY 'password'：为用户设置一个密码。可以不为用户设置密码，但是出于安全考虑，推荐给用户设置一个密码。

（3）DEFAULT ROLE role：为用户指定默认的角色，即设置哪些角色处于活跃状态。

（4）WITH resource_option：限制用户对服务器资源的使用，有 4 个取值，含义分别如下。

① MAX_QUERIES_PER_HOUR count：限制用户每小时查询的最多次数。

② MAX_UPDATES_PER_HOUR count：限制用户每小时更新的最多次数。

③ MAX_CONNECTIONS_PER_HOUR count：限制用户每小时连接到服务器的最多次数。

④ MAX_USER_CONNECTIONS count：限制用户同时连接到服务器的最大数量。

（5）password_option：表示密码管理选项，常用取值有以下几个。

① PASSWORD EXPIRE [NEVER | INTERVAL n DAY]：EXPIRE 表示密码立即过期；NEVER 表示禁用密码过期，即密码永不过期；INTERVAL n DAY 表示密码生命周期为 n 天，即每 n 天更改一次密码。

② FAILED_LOGIN_ATTEMPTS n：指定用户连续 n 次密码失败导致账户锁定，n 值必须是 0～32767 之间的数字，若 n 值为 0 则禁用登录失败锁定。

③ PASSWORD_LOCK_TIME {n |UNBOUNDED}：指定账户锁定多长时间，*n* 值表示锁定账户的天数，UNBOUNDED 表示账户锁定持续时间无限制。一旦锁定，账户将保持锁定状态，直到解锁。

（6）lock_option：其值 ACCOUNT LOCK 表示用户锁定，ACCOUNT UNLOCK 表示解锁用户。

（7）COMMENT 'comment_string'：表示注释信息。

（8）CREATE USER 语句是 MySQL 官方推荐的创建用户的语句。新建一个用户后，系统会在 mysql.user 表中增加一条该用户的记录，这意味着理论上我们可以在 mysql.user 表中插入一条新记录，从而达到创建新用户的操作，但是 MySQL 8 不再推荐使用 INSERT INTO mysql.user 语句来创建用户。

（9）CREATE USER 语句可以同时创建多个用户。使用 CREATE USER 语句，必须拥有 MySQL 中的 CREATE USER 权限。

【例 14.4】创建新用户 u1，主机名为 localhost，密码为 "123456"。

在 MySQL 命令行客户端输入命令：

```
CREATE USER u1@localhost IDENTIFIED BY '123456';
```

执行结果如图 14.3 所示。

图 14.3　创建新用户 u1

新创建的用户拥有的权限很少，它们可以登录 MySQL 服务器，只允许进行不需要权限的操作，如使用 SHOW 语句查询所有存储引擎、查询字符集的列表等。

2. 使用图形化工具创建用户

（1）打开 Workbench 工具，连接到 MySQL 服务器。

（2）进入图 14.2 所示的界面，单击左下角的 "Add Account" 按钮，进入图 14.4 所示的创建用户界面。

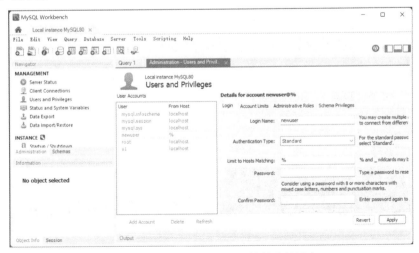

图 14.4　使用 Workbench 工具创建新用户

（3）输入新用户信息后，单击"Apply"按钮。新用户 u2 创建完成后，在左侧"User"列表中就会出现它的信息，如图 14.5 所示。

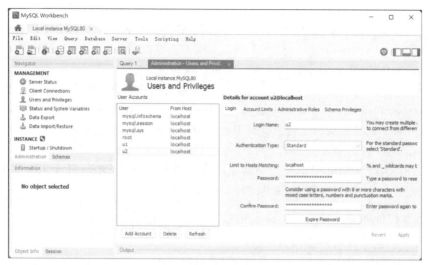

图 14.5　查看新用户 u2

14.2.4　修改用户

1．使用 RENAME USER 语句修改用户

RENAME USER 语句可以修改一个或多个已经存在的用户账号名称。要使用 RENAME USER 语句，必须拥有 MySQL 数据库的 UPDATE 权限或 CREATE USER 权限。重命名用户的语法格式如下：

```
RENAME USER old_user TO new_user [,old_user TO new_user] …
```

🔵 **说明**

（1）RENAME USER 语句可以对多个用户进行重命名。

（2）old_user 和 new_user：分别指旧用户名和新用户名。用户名的主机名部分如果省略，则默认为"%"。

（3）RENAME USER 语句使旧用户拥有的权限成为新用户拥有的权限。但是该语句不会自动删除旧用户创建的数据库或其中的对象。

【例 14.5】将用户 u2 的名称修改为 user2。

在 MySQL 命令行客户端输入命令：

```
RENAME USER u2@localhost to user2@localhost;
```

执行结果如图 14.6 所示。

图 14.6　重命名用户 u2

修改用户名时需要注意，如果旧用户名不存在或新用户名已经存在，则会报错。

2. 使用 ALTER USER 语句修改用户

使用 ALTER USER 语句可以修改 MySQL 用户，它可以为现有用户修改身份验证、角色、资源限制、密码管理及锁定或解锁账户等，语法格式如下：

```
ALTER USER [IF EXISTS] user [auth_option]
[, user [auth_option]] … [DEFAULT ROLE role ]
[WITH resource_option [resource_option] …]
[password_option | lock_option] … [COMMENT 'comment_string']
```

📄 **说明**

（1）IF EXISTS：在修改用户之前先判断该用户是否存在，避免出现用户不存在的错误。

（2）auth_option：指定用户身份验证插件、修改密码等选项。常用取值有以下几种。

① IDENTIFIED BY 'password'：指定明文密码。

② REPLACE 'current_auth_string'：指定要替换的用户的当前密码。

③ RETAIN CURRENT PASSWORD：保留现有密码作为辅助密码。

④ IDENTIFIED WITH auth_plugin：指定身份验证插件。

（3）DEFAULT ROLE：为用户指定默认角色。role 的取值有 3 种，NONE 表示无角色，ALL 表示所有角色，role 表示具体的角色名称。

（4）resource_option、password_option 和 lock_option：这 3 个参数和 14.2.3 小节中使用命令创建用户部分的语法格式的（4）、（5）、（6）含义相同，这里不再赘述。

【例 14.6】修改 root 用户的密码。

在 MySQL 命令行客户端输入命令：

```
ALTER USER root@localhost  IDENTIFIED BY '123';
```

执行结果如图 14.7 所示。

图 14.7　修改 root 用户密码

【例 14.7】修改用户 u1，指定身份验证插件为 mysql_native_password，给出明文密码值。

在 MySQL 命令行客户端输入命令：

```
ALTER USER u1@localhost IDENTIFIED WITH mysql_native_password BY '123';
```

【例 14.8】将 u1 用户每小时查询、修改的最大次数分别设置为 100、50。

在 MySQL 命令行客户端输入命令：

```
ALTER USER u1@localhost
WITH MAX_QUERIES_PER_HOUR 100 MAX_UPDATES_PER_HOUR 50;
```

【例 14.9】将 u1 用户密码设置为立即过期。

在 MySQL 命令行客户端输入命令：

```
ALTER USER u1@localhost PASSWORD EXPIRE;
```

此时退出 root 用户，使用 u1 用户连接服务器，查看其密码是否过期。

```
EXIT;
mysql -u u1 -p
```

执行结果如图 14.8 所示。

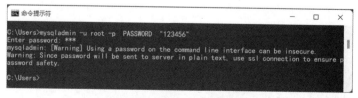

```
mysql> ALTER USER u1@localhost PASSWORD EXPIRE;
Query OK, 0 rows affected (0.00 sec)

mysql> EXIT;
Bye

C:\Users>mysql -u u1 -p
Enter password: ******
Welcome to the MySQL monitor.  Commands end with ; or \g.
Your MySQL connection id is 49
Server version: 8.0.27

Copyright (c) 2000, 2021, Oracle and/or its affiliates.

Oracle is a registered trademark of Oracle Corporation and/or its
affiliates. Other names may be trademarks of their respective
owners.

Type 'help;' or '\h' for help. Type '\c' to clear the current input statement.

mysql> SELECT NOW();
ERROR 1820 (HY000): You must reset your password using ALTER USER statement before executing
 this statement.
mysql>
```

图 14.8　设置 u1 用户密码过期

从图 14.8 所示的执行结果可以看出，u1 用户登录服务器后，执行语句都会提示 ERROR，要求必须重置密码才能进行操作。

3. 使用 SET 语句修改用户密码

使用 SET 语句来修改用户密码，语法格式如下：

```
SET PASSWORD [FOR user]= 'new_password '
```

💿 说明

如果没有可选的 FOR 子句，则是当前用户修改自身的密码；如果有 FOR 子句，则表示当前用户在修改其他用户的密码。

【例 14.10】在当前的 root 账户下修改用户 u1 的密码。

在 MySQL 命令行客户端输入命令：

```
SET PASSWORD FOR u1@localhost='123456';
```

4. 使用 mysqladmin 语句修改用户密码

使用 mysqladmin 语句也可以修改密码，但需要注意，该命令必须在 CMD 窗口使用，语法格式如下：

```
mysqladmin -u username -p PASSWORD " new_password "
```

💿 说明

这里的 PASSWORD 是关键字，而不是指旧密码。旧密码是在按<Enter>键后根据提示输入的，并且新密码必须用双引号标注起来，不能用单引号。

【例 14.11】修改 root 用户的密码，将其改为"123456"。

在 CMD 窗口输入命令：

```
mysqladmin -u root -p PASSWORD "123456"
```

执行结果如图 14.9 所示。

```
C:\Users>mysqladmin -u root -p PASSWORD "123456"
Enter password: ***
mysqladmin: [Warning] Using a password on the command line interface can be insecure.
Warning: Since password will be sent to server in plain text, use ssl connection to ensure p
assword safety.

C:\Users>
```

图 14.9　修改 root 用户密码

注意，使用 mysqladmin 语句设置密码被 MySQL 认为是不安全的。在某些系统上，以这种方式修改的密码会对系统状态程序可见，不推荐使用 mysqladmin 语句来修改密码。

5．使用图形化工具修改用户

（1）打开 Workbench 工具，连接到 MySQL 服务器。

（2）进入图 14.5 所示的界面，选中想要修改的用户，如 u1，出现图 14.10 所示的界面。

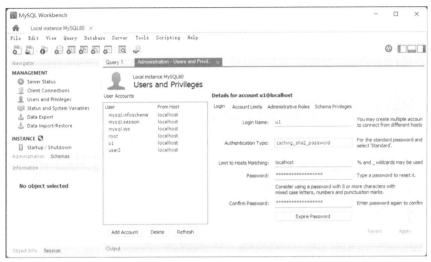

图 14.10　使用 Workbench 工具修改 u1 用户

（3）在该界面中可以修改密码、用户名称等，或者选择"Account Limits"选项卡，出现图 14.11 所示的界面。

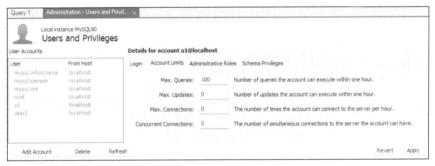

图 14.11　修改 u1 用户资源限制

（4）所有想要修改的选项设置完成后，单击"Apply"按钮，即可完成修改用户的操作。

14.2.5　删除用户

在 MySQL 数据库中，可以使用 DROP USER 语句删除普通用户，也可以使用 DELETE 语句在 mysql.user 表中删除用户。

1．使用 DROP USER 语句删除用户

使用 DROP USER 语句可以删除用户，语法格式如下：

```
DROP USER [IF EXISTS] user[,user] …
```

> 📖 说明
>
> DROP USER 语句可以一次删除多个用户及其权限。如果删除的用户正在会话中，则该语句在用户会话关闭之前不会生效，直到用户会话关闭后，该用户才会被删除。这是 MySQL 官方推荐的删除用户的方法。

【例 14.12】删除 user2 用户。

在 MySQL 命令行客户端输入命令：

```
DROP USER user2@localhost;
```

执行结果如图 14.12 所示。

图 14.12　使用 DROP USER 语句删除用户 user2

2. 使用 DELETE 语句删除用户

【例 14.13】删除 user2 用户。

在 MySQL 命令行客户端输入命令：

```
DELETE FROM mysql.user  WHERE user= 'user2' AND host= 'localhost';
```

使用 DELETE 语句删除用户时要注意，必须拥有对 mysql.user 表的 DELETE 权限。并且在执行完 DELETE 语句后，要执行 FLUSH PRIVILEGES 语句，从而使 DELETE 语句生效。

MySQL 虽然没有禁止使用 DELETE 语句删除用户，但给出了风险自负的提示。

3. 使用图形化工具删除用户

（1）打开 Workbench 工具，连接到 MySQL 服务器。

（2）进入图 14.10 所示的界面，选中想要删除的用户，如 user2，单击下方的"Delete"按钮，弹出图 14.13 所示的提示框。

（3）单击"Delete"按钮，即可完成删除用户 user2 的操作。

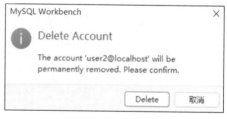

图 14.13　是否确认删除用户

14.3　权限管理

权限管理主要是对登录 MySQL 的用户进行权限验证。用户的权限信息存储在 mysql 数据库中的 user 表、db 表、host 表、tables_priv 表、columns_priv 表和 proc_priv 表中。在 MySQL 启动时，服务器将这些数据库表中的权限信息内容读入内存。

MySQL 提供了 GRANT 和 REVOKE 命令来管理访问权限。

14.3.1　授予权限

新创建的用户默认没有权限，其不能访问数据库中的对象，也不能创建对象，必须被授予相应的权限后才可以做这些操作。

> 微课：授予权限

1．常用管理权限

能被授予和回收的常用权限如表 14.1 所示。

表 14.1　GRANT 和 REVOKE 常用管理权限

权　　限	意　　义
ALL [PRIVILEGES]	设置除 GRANT OPTION 外的所有权限
CREATE	允许使用创建新数据库和表的语句
CREATE VIEW	允许使用 CREATE VIEW 语句
CREATE ROUTINE	允许使用创建存储过程和函数的语句
CREATE USER	允许使用创建用户、更改用户、删除用户、创建角色、删除角色、重命名用户和撤销所有权限的语句
ALTER	允许使用 ALTER TABLE 语句更改表的结构
ALTER ROUTINE	允许使用更改或删除存储过程、函数的语句
DROP	允许使用删除现有数据库、表和视图的语句
DROP ROLE	允许使用 DROP ROLE 语句
INSERT	允许将行插入数据库的表中
UPDATE	允许在数据库的表中更新行
DELETE	允许从数据库的表中删除行
SELECT	允许从数据库的表中查询行
EXECUTE	允许使用执行存储过程和函数的语句
INDEX	允许使用 CREATE INDEX、DROP INDEX 语句
TRIGGER	允许为表创建、删除、显示或执行触发器
REFERENCES	允许创建外键
SHOW DATABASES	允许使用 SHOW DATABASES 语句查看数据库名称
SHOW VIEW	允许使用 SHOW CREATE VIEW 语句
GRANT OPTION	能够向其他用户授予或撤销自己拥有的权限
USAGE	无权限

表 14.1 只是罗列了本书中常用的能在 GRANT 和 REVOKE 语句中使用的静态权限名称及简单含义，其余静态权限和动态权限可查看 MySQL 8.0 的参考手册。我们也可以通过 SHOW PRIVILEGES 语句查看所有权限。

2．使用命令行授予用户权限

若要使用 GRANT 或 REVOKE 语句，则必须拥有 GRANT OPTION 权限，并且必须用于正在授予的或撤销的权限。GRANT 给用户授权的语法格式如下：

```
GRANT priv_type[(column_list)] ON database.table TO user[,user]…
[WITH GRANT OPTION]
```

> 🖉 **说明**
> （1）priv_type：表示权限的类型。
> （2）column_list：可选项，表示权限作用于哪些列上，没有该参数时表示作用于整个表上。
> （3）user：用户名，可同时对多个用户授权。
> （4）WITH GRANT OPTION：表示被授权的用户可以将这些权限再授予其他的用户。

（5）ON database.table：ON 后面跟的是该权限的适用对象，有以下几种情况。

① 全局权限：适用于一个给定服务器中的所有数据库，可以用 "*.*" 表示。

② 数据库权限：适用于一个给定数据库中的所有目标，可以用 "database.*" 表示。

③ 表权限：适用于一个具体表中的所有列，可以用 "database.table" 表示。

④ 列权限：适用于表中的具体列，此时在权限后面把具体列表示出来即可。

【例 14.14】将 student 表中的 sno 字段、sname 字段的查询权限授予用户 u1。

在 MySQL 命令行客户端输入命令：

```
GRANT SELECT(sno,sname) ON jwgl.student TO u1@localhost;
QUIT;
mysql -u u1 -p jwgl
SELECT sno,sname FROM student WHERE sno='20190101001';
SELECT sno,sname,mno FROM student WHERE sno='20190101001';
```

执行结果如图 14.14 所示。

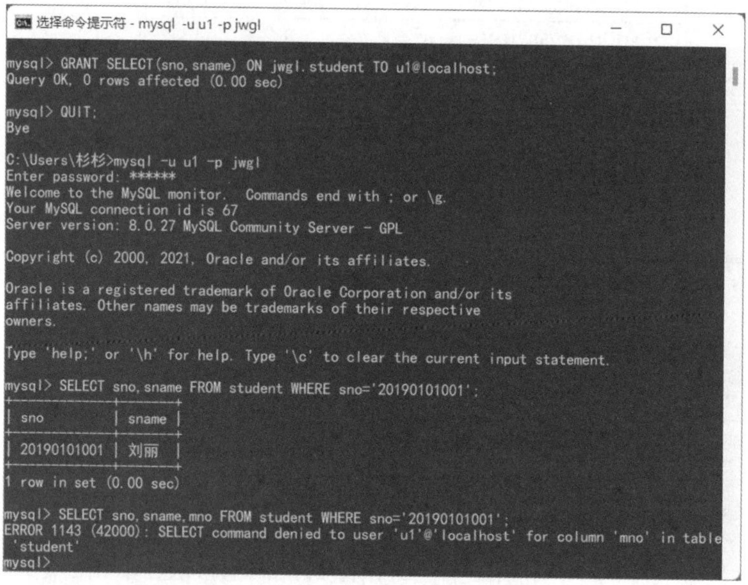

图 14.14　给用户 u1 授权并验证该权限

授权成功后，使用 u1 用户登录服务器，先查询了 student 表中的字段 sno 和 sname，从结果中看到可以查询到相关数据，查询成功。在查询时增加了 mno 字段，查询语句报错，拒绝了查询 mno 字段的请求。究其原因，就是 root 用户只把 sno 和 sname 字段的查询请求授予了 u1 用户，此时 u1 想查询其他字段或做其他未授权的操作都会被拒绝。

使用 GRANT 和 REVOKE 语句更改用户权限后，尽可能使用 FLUSH PRIVILEGES 命令重载授权表，否则可能会因为未刷新用户授权表而导致授予的权限无法正常操作。

【例 14.15】将 jwgl 数据库上的 SELECT、DROP 权限授予 u1，并允许 u1 可以将这两种权限授予其他用户。

在 MySQL 命令行客户端输入命令：

```
GRANT SELECT, DROP ON jwgl.* TO u1@localhost WITH GRANT OPTION;
```

3. 使用图形化工具授予用户权限

（1）打开 Workbench 工具，连接到 MySQL 服务器。

（2）进入图 14.10 所示的界面，选择"Schema Privileges"选项卡，出现图 14.15 所示的界面。

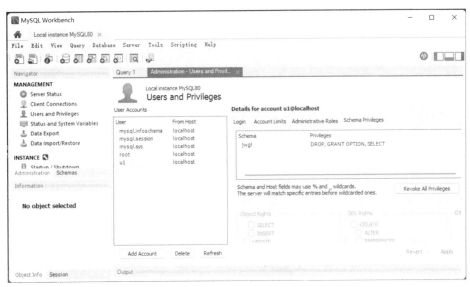

图 14.15　查看 u1 用户的权限

（3）由于在例 14.14 和例 14.15 中，分别给用户 u1 授予了部分权限，此时单击用户 u1 在 jwgl 数据库中拥有的这些权限，出现图 14.16 所示的界面。

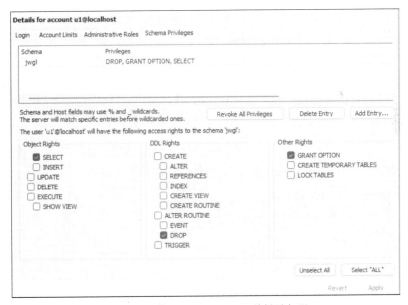

图 14.16　使用 Workbench 工具授予权限

（4）要授予用户 u1 在 jwgl 数据库中的权限，可直接在图 14.16 所示的界面中勾选相应权限前面的复选框。如果需选择所有权限，可以单击"Select"ALL""按钮。例如，选择 CREATE 和 ALTER 两个权限，然后单击"Apply"按钮，即可完成给用户 u1 授予 jwgl 数据库中的权限的操作，得到图 14.17 所示的界面。

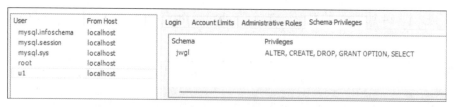

图 14.17 用户 u1 拥有的权限

（5）如果在第（2）步的图 14.15 中，发现用户 u1 目前没有任何权限，或者想给用户 u1 授予除 jwgl 外的其他数据库的权限，则从第（2）步直接跳到第（5）步执行。此时单击图 14.16 所示界面中的"Add Entry…"按钮，打开选择数据库窗口，可设置把哪个数据库的操作权限授予用户，此例选择的是 mysql 数据库，如图 14.18 所示。

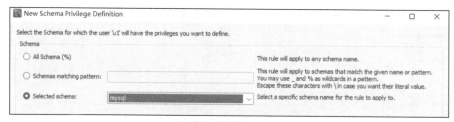

图 14.18 选择授权范围

（6）选好之后单击"OK"按钮，进入设置具体权限的界面，此时出现一条在 mysql 数据库上 none 权限的记录，如图 14.19 所示。

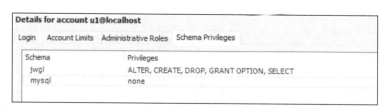

图 14.19 授予用户 u1 在 mysql 数据库上的权限

（7）选中这行记录，出现图 14.16 所示的界面，接下来按照第（3）步和第（4）步执行，即可完成授予用户 u1 在 mysql 数据库中的权限的操作，如图 14.20 所示。

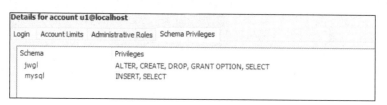

图 14.20 查看 u1 用户的所有权限

14.3.2 查看用户权限

1. 使用命令查看用户权限

mysql 数据库中的 user 表中存储着用户的基本权限，所以可以使用 SELECT 语句查询 user 表中各用户的权限。

```
SELECT * FROM mysql.user \G
```
也可以使用 SHOW GRANTS FOR 语句查询用户的权限。

【例 14.16】创建一个新用户 u3，使用 SHOW GRANTS FOR 语句分别查看用户 u3 和 u1 的权限。

在 MySQL 命令行客户端输入命令：
```
CREATE USER u3 identified by '123';
SHOW GRANTS FOR u3;
SHOW GRANTS FOR u1@localhost;
```
执行结果如图 14.21 所示。

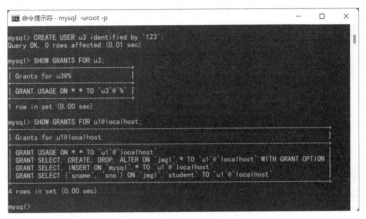

图 14.21　查看用户 u3 和 u1 的权限

从图 14.21 可以看出，u3 用户中的 USAGE 表示的是无权限，新建的用户默认都是无权限的。u1 用户拥有的所有权限，就是我们在前面章节中通过命令和 Workbench 授予的权限。

2．使用图形化工具查看用户权限

（1）打开 Workbench 工具，连接到 MySQL 服务器。

（2）进入图 14.15 所示的界面，即可看到用户拥有的所有权限。

14.3.3　撤销权限

1．使用命令撤销用户权限

撤销权限就是收回授予用户的某些权限，可以使用 REVOKE 语句撤销用户的权限，语法格式如下：
```
REVOKE priv_type[(column_list)]… ON database.table FROM user[,user]…
```

> 💡 **说明**
>
> REVOKE 语句中的各参数含义与 14.3.1 小节中 GRANT 语句的语法格式中的参数含义相同，这里不再赘述。

【例 14.17】撤销用户 u1 查询 student 表中 sno 字段和 sname 字段的权限，撤销用户 u2 的所有权限。

在 MySQL 命令行客户端输入命令：
```
REVOKE SELECT(sno,sname) ON jwgl.student FROM u1@localhost;
REVOKE ALL,GRANT OPTION FROM u2@localhost;
```
执行结果如图 14.22 所示。

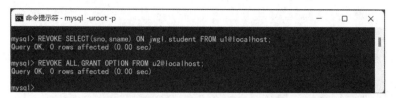

图 14.22 撤销用户 u1 和 u2 的权限

2. 使用图形化工具撤销用户权限

（1）打开 Workbench 工具，连接到 MySQL 服务器。

（2）进入图 14.16 所示的界面，取消勾选想要撤销的权限前面的复选框，即可撤销该用户权限。如果想撤销所有权限，单击"Revoke All Privileges"按钮即可。

14.4 角色管理

MySQL 8 中增加了部分功能，在用户权限方面增加了角色的管理，而角色实质上就是权限的集合。既然已经设置了权限，为什么还要设置角色呢？在给用户授权时，现实中用户的数量较多，如果单独给每个用户授予多个权限，语句重复度高，代码执行效率低。为了避免这种情况，可以先将要授权的权限放入角色中，然后轻松地把角色授予相应的用户。

> 微课：使用角色

14.4.1 创建角色

可以使用 CREATE ROLE 语句创建角色，语法格式如下：

```
CREATE ROLE [IF NOT EXISTS] role [, role ] …
```

> 📝 说明
>
> （1）角色名称的命名规则和用户名称类似，它包括角色名和主机名。其中，角色名不能省略，不能为空；主机名可以省略，如果省略则默认为%。角色名称中如果不含特殊字符，可以不用引号标注。
>
> （2）CREATE 语句可以一次性创建多个角色，角色之间使用逗号分隔。
>
> （3）新创建的角色默认为锁定状态，没有密码。

【例 14.18】创建角色 x1 和 x2。

在 MySQL 命令行客户端输入命令：

```
CREATE ROLE x1, x2@localhost;
```

执行结果如图 14.23 所示。

图 14.23 创建角色

14.4.2 角色授权与撤销权限

创建成功之后的角色是空的权限集合，需要使用 GRANT 语句给角色授权。给角色授权的语法格式和 14.3.1 小节中给用户授权的语法格式相似，区别是把 TO 后面的用户换成了角色。

当然也可以从角色中把某些权限撤回，使用的仍然是 REVOKE 语句，语法格式和 14.3.3 小节中的撤销用户权限的语法格式相同，只是把 FROM 后面的用户换成了角色。

【例 14.19】给角色 x1 授权和撤销权限。

在 MySQL 命令行客户端输入命令：

```
GRANT SELECT(sno,sname) ON jwgl.student TO x1;
GRANT DROP,CREATE,CREATE ROUTINE ON jwgl.* to x1;
REVOKE CREATE ROUTINE ON jwgl.*  FROM x1;
```

14.4.3 授予用户角色与撤销角色

角色创建并授权成功后，需要将角色授予用户才能发挥其作用。授予用户角色的语法格式与 14.3.1 小节中给用户授权的语法格式相似。区别有两点：一是把 GRANT 后面的权限换成角色；二是去掉了 ON database.table 子句。我们可以通过第二点来区分到底是给用户授予权限还是给用户授予角色：有 ON 子句的是给用户授予权限，没有 ON 子句的则是给用户授予角色。

当用户不需要某些操作权限时，出于数据安全性的考虑，可以撤销权限或角色。撤销角色使用 REVOKE 语句，其语法格式如下：

```
REVOKE role FROM user
```

【例 14.20】将角色 x1 授予用户 u1 和 u2，然后从用户 u2 撤销角色 x1。

在 MySQL 命令行客户端输入命令：

```
GRANT x1 to u1@localhost,u2@localhost;
REVOKE x1 FROM u2@localhost;
```

由于语法不同，所以不能在同一语句中对用户混合分配权限和角色，需要分开使用 GRANT 语句。

需要注意的是，创建好的角色默认是未激活状态，将它授予用户后并没有直接起作用，还需要将其激活才能使用户拥有对应的权限。激活角色可以使用 SET DEFAULT ROLE 语句，语法格式如下：

```
SET DEFAULT ROLE {NONE | ALL | role [, role ] …} TO user [, user ] …
```

✍ 说明

（1）NONE：无角色。

（2）ALL：授予该用户的所有角色。

（3）role：指定的角色名称，多个角色之间使用逗号分隔。

（4）该语句和 ALTER USER…DEFAULT ROLE 的功能相同，区别是 ALTER USER…DEFAULT ROLE 一次只能激活一个用户的角色，而 SET DEFAULT ROLE 可以一次激活多个用户的角色。

还可以通过设置系统变量 activate_all_roles_on_login 的值来激活用户的角色。该系统变量值默认为 off，设置成 on 后再赋予其他角色给新用户，就不需要再手动激活了。

【例 14.21】激活角色 x1。

在 MySQL 命令行客户端输入命令：

```
SET DEFAULT ROLE x1 to u1@localhost;
```

或：

```
SET GLOBAL activate_all_roles_on_login=on;
```

角色激活成功后，使用拥有该角色的用户登录服务器，然后可以通过查询 CURRENT_ROLE( )函数的值来查看当前会话中所有处于激活状态的角色。

```
SELECT CURRENT_ROLE();
```

14.4.4　查看角色

1．查看数据库中的角色

MySQL 的用户账号和角色都存储在 mysql 数据库的 user 表中，我们同样可以使用 SELECT 语句查看 user 表中所有的角色：

```
SELECT user,host FROM mysql.user;
```

当把角色授予某个用户后，可以查看 mysql.role_deges 表中该角色与授予的用户之间的关系；当角色被激活后，可以查看 mysql.default_roles 表中激活的角色信息。

2．查看角色中的权限

给角色授予权限后，可以通过 SHOW GRANTS FOR 语句查看权限是否授予成功。

【例 14.22】查看角色 x1 中的权限。

在 MySQL 命令行客户端输入命令：

```
SHOW GRANTS FOR x1;
```

3．查看用户拥有的角色

若想查看用户被授予了哪些角色，也可以使用 SHOW GRANTS FOR 语句。如果想要同时显示角色拥有的权限，可以使用 USING 子句。

【例 14.23】查看用户 u1 拥有的权限和角色。

在 MySQL 命令行客户端输入命令：

```
SHOW GRANTS FOR u1@localhost;
SHOW GRANTS FOR u1@localhost USING x1;
```

执行结果如图 14.24 所示。

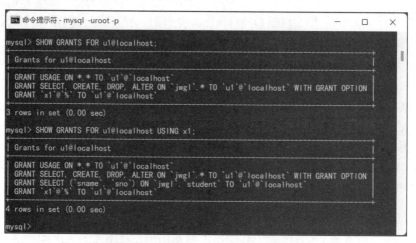

图 14.24　查看用户 u1 拥有的权限和角色

从图 14.24 中可以看出，第一条语句显示了用户 u1 所拥有的权限和角色，但并不清楚这些角色到底有哪些权限；第二条语句增加了 USING 子句，从而在显示用户 u1 被授予的权限和角色的同时，还能显示角色 x1 有哪些权限。

14.4.5 删除角色

当不再需要某些角色时，就可以使用 DROP ROLE 语句删除角色，其语法格式如下：

```
DROP ROLE [IF EXISTS] role [, role ] …
```

【例 14.24】删除角色 x1。

在 MySQL 命令行客户端输入命令：

```
DROP ROLE x1;
```

当角色被删除后，被授权的用户所拥有的该角色也不存在了，用户也就不再拥有该角色的权限（假如用户拥有的其他角色不包含被删除的角色所拥有的权限）。

14.5 本章小结

本章对 MySQL 数据库的用户管理和权限管理的内容进行了详细讲解，其中用户管理和权限管理是本章的重点内容。本章的末尾我们又详细介绍了 MySQL 8 中新增的角色管理，角色的创建、授予权限和撤销权限与用户的对应操作很相似，大家在学习过程中可以把两部分内容对比着学习。

习 题 14

1. 如何查看用户信息？

2. 如何登录 MySQL 服务器？各参数的含义是什么？

3. 修改用户密码的方法有几种？

4. 如何对权限进行授予、查看和撤销？

5. 什么是角色？为什么要使用角色？

6. 创建用户 user1，主机名为 localhost，密码为"123456"。

7. 将 user1 的密码修改为"1234"。

8. 授予用户 user1 对 jwgl 数据库中学生表的 SELECT 操作权限，并允许其将该权限授予其他用户。

9. 创建角色 role1，授予 role1 对 jwgl 数据库中成绩表的插入、修改和删除操作权限。

10. 将角色 role1 授予用户 user1，并激活 role1 角色。

11. 自行设计一系列语句，验证第 6～10 题的功能是否可以实现。

第15章 数据库备份与恢复

学习目标
- 理解数据库备份的重要性
- 掌握 mysqldump 语句的用法
- 理解 mysqlpump 语句的用法
- 掌握 mysql 语句的用法

15.1 备份与恢复概述

在 MySQL 数据库中，总会有一些不确定的因素导致数据部分或全部丢失，如计算机硬件或软件故障、自然灾害、病毒或人为操作失误等。为了有效防止数据被破坏，并将损失降到最低，数据库管理员应该定期对数据库服务器进行维护，包括对数据进行备份、恢复等。

数据库的备份是指通过导出数据或复制表文件的方式来制作数据库的副本。

数据库的恢复也称数据库的还原，是指当数据库出现故障时，将备份的数据库加载到系统，使数据库恢复到备份时的正确状态。

数据库的备份与恢复是相对应的系统维护和管理操作，这也是数据库管理员的重要工作。

15.2 备份

在 MySQL 数据库中，根据备份的不同特征，可以将备份分成不同种类，如物理备份和逻辑备份、联机备份和脱机备份、远程备份和本地备份、完全备份和增量备份等。

15.2.1 直接复制整个数据库目录

直接将 MySQL 中的数据文件复制出来，这种备份方式简单，速度也快。但这种方法并不是最好的备份方法，而且不适用于 InnoDB 存储引擎的表，但对于 MyISAM 存储引擎的表很方便。

备份时先停止 MySQL 服务，然后复制物理文件。但实际情况可能不允许停止 MySQL 服务器，为了保持备份的一致性，可以使用 LOCK TABLES 语句将相关表锁定，然后对表执行 FLUSH TABLES 语句，使更新过的数据都能被写入数据文件中。这样做的优点是当复制数据库目录中的文件时，允许其他用户继续查询表。

这种备份方式备份出来的数据，在还原时应尽量使用相同版本的 MySQL 数据库，如果版本不同，文件类型可能也会不同，有可能出现还原不成功的情况。

微课：使用 mysqldump 语句备份

15.2.2 使用 mysqldump 语句备份

mysqldump 是 MySQL 提供的一个非常有用的数据库备份工具，它可以备份表数据和表结构、单个数据库甚至所有数据库。mysqldump 语句在执行时，可以将相关数据备份成一个 sql 文件或文本文件。mysqldump 语句的语法格式如下：

```
mysqldump -u user -p database [tables [tables…]]>filename
```

💿 说明

（1）-u 和-p：指用户名和密码，这些参数和 14.2.2 小节中介绍的登录服务器时所用的参数相同；如果是远程服务器，还需要加上-h 参数。

（2）database：要备份的数据库名称。

（3）tables：要备份的表的名称，可以一次备份多个表，表与表之间使用空格分隔。

（4）>：右箭头符号，意思是将备份数据表的定义和数据写入备份文件中。

（5）filename：备份文件的名称；注意备份文件的路径必须真实存在，否则系统找不到指定的路径。备份文件的扩展名一般为.sql，当然也可以备份成.txt 文本文件。

（6）mysqldump 语句必须在 CMD 窗口中使用。

1．备份数据库中的表

【例 15.1】使用 mysqldump 语句备份 jwgl 数据库中的部分表。

在 CMD 窗口输入命令：

```
mysqldump -uroot -p jwgl student course >d:\backup\jwgl_tables.sql
mysqldump -uroot -p -d jwgl score >d:\backup\table_d.sql
mysqldump -uroot -p -t jwgl score >d:\backup\table_t.sql
```

执行结果如图 15.1 所示。

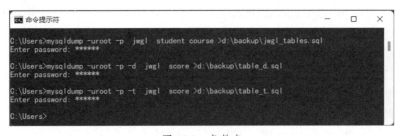

图 15.1 备份表

从图 15.1 可知，第一条语句把 jwgl 数据库中的 student 表和 course 表备份到文件 jwgl_tables.sql 中，在没有其他参数的情况下，第一个名称默认为数据库名称，后面的名称默认为表的名称。第二条语句增加了参数 "-d"，导出 score 表时只导出表结构，不包含表中的数据，参数 "--no-data" 和参数 "-d" 的功能相同。第三条语句增加了参数 "-t"，导出 score 表时只导出表中的数据，不包含表结构，参数 "--no-create-info" 和参数 "-t" 的功能相同。注意，在备份表时，默认情况下该表上所对应的触发器和索引也随之备份。

图 15.2 所示为备份文件的部分内容。从备份文件的内容来看，以 "--" 字符开头的是

注释语句；以"/*!"开头、"*/"结尾的语句为可执行的注释语句，也就是说这些语句在 MySQL 中被当成语句正常执行，在其他数据库管理系统中被当成注释信息，从而提高数据库的可移植性。

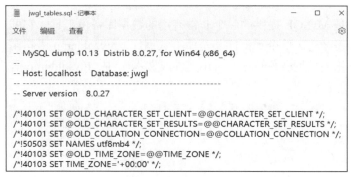

图 15.2　备份文件部分内容

从备份文件中可以看出 mysqldump 命令的工作原理，它先生成一个 CREATE 语句来创建表的结构，然后将表中的所有记录转换成一条 INSERT 语句，这些 CREATE 和 INSERT 语句都是还原时需要使用的。在单个数据库或表的备份文件中，默认不包含创建数据库的语句，所以在还原时，需要提前创建好要导入备份的数据库。

2．使用 mysqldump 语句备份单个数据库

【例 15.2】备份 jwgl 数据库。

在 CMD 窗口输入命令：

```
mysqldump -uroot -p  jwgl>d:\backup\jwgl_db.sql
```

在备份整个数据库时，该数据库下的视图、索引、触发器都随之备份，但是我们创建的操作 jwgl 数据库的存储过程和函数默认不会备份。如果想备份存储过程和函数，需要在备份语句中增加参数"-R"或"--routines"。

3．使用 mysqldump 语句备份多个数据库

【例 15.3】备份 jwgl 和 world 数据库。

在 CMD 窗口输入命令：

```
mysqldump -uroot -p --databases jwgl  world>d:\backup\two_db.sql
```

备份多个数据库和备份单个数据库相比，多了参数"--databases"，此时--databases 参数后面的所有名称都是数据库名。"--databases"参数和"-B"参数的作用完全相同，也是用来指代多个数据库。

备份文件 two_db.sql 和 jwgl_db.sql 相比，其内容还多了"CREATE DATABASE..."语句，也就意味着使用多个数据库的备份文件 two_db.sql 来恢复时，不需要创建数据库，因为备份文件中已经有了创建数据库的语句，而使用单个数据库备份文件 jwgl_db.sql 来恢复数据时，必须提前在 MySQL 中创建好相应的数据库，否则恢复语句会执行失败。

4．使用 mysqldump 语句备份所有的数据库

【例 15.4】备份所有的数据库。

在 CMD 窗口输入命令：

```
mysqldump -uroot -p --all-databases >d:\backup\all.sql
```

备份所有的数据库需要增加参数"--all-databases"或参数"-A"，并且后面不需要再指

定数据库的名称，当然在使用该备份文件恢复时，也不需要提前创建数据库。

在备份时可能会使用到其他参数，这些参数可以通过语句"mysqldump --help"或"mysqldump -?"来查询，当然这些语句也必须在 CMD 窗口中使用。

15.2.3 使用 mysqlpump 语句备份

mysqlpump 是 MySQL 5.7 之后增加的一个备份工具，是客户端实用程序执行的逻辑备份，它由 mysqldump 衍生。mysqlpump 的主要功能包括：可以并行处理数据库和数据库中的对象，以便加快转储过程；更好地控制要转储的数据库及其对象；增加了进度指示器等。

mysqlpump 的语法格式和 mysqldump 的语法格式一致，使用的参数大多和 mysqldump 的参数相同，下面介绍其和 mysqldump 不同且常用的参数。

（1）--default-parallelism：指定并行线程数，默认值为 2。如果值为 0，则表示不使用并行线程。需要注意并行线程数并不是越多备份速度越快，而是需要和自身服务器的 IO 负载能力相匹配。

（2）--watch-progress：定期显示进度的完成情况，该参数默认为开启状态，可以使用--skip- watch-progress 参数来关闭。

（3）--include-databases：指定备份数据库，多个数据库名称之间使用逗号分隔，与之类似的还有其他参数，如--include-routines 指定备份存储过程和函数、--include-triggers 指定备份触发器、--include-users 指定备份用户等。

（4）--exclude-databases：指定备份时排除该参数指定的数据库，多个数据库名称之间使用逗号分隔，与之类似的还有其他参数，如--exclude-routines 指定备份时排除的存储过程和函数、--exclude-triggers 指定备份时排除的触发器等。

（5）--skip-dump-rows：只备份表结构，不备份数据，等价于参数"-d"。mysqldump 命令中也有"-d"这个参数，但与它等价的是参数"--no-data"，而 mysqlpump 不支持"--no-data"，它支持的是 "--skip-dump-rows"。

（6）--compress-output：压缩输出，目前可以使用的压缩算法有 LZ4 和 ZLIB。默认不压缩输出。

（7）--parallel-schemas=[N:]db_list：指定并行备份的数据库，多个数据库名称之间使用逗号分隔。如果指定了 N 的值，则表示将使用 N 个线程的队列。

（8）--defer-table-indexes：延迟创建索引，直到所有数据都加载完之后再创建索引。

【例 15.5】使用 3 个并发线程备份 jwgl 数据库。

在 CMD 窗口输入命令：

```
mysqlpump -uroot -p123456 --default-parallelism=3 jwgl>d:\backup\pump_db.sql
```

执行结果如图 15.3 所示。

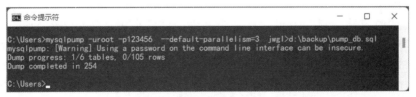

图 15.3　使用 mysqlpump 命令备份 jwgl 数据库

从备份过程和备份文件中我们可以看到 mysqlpump 和 mysqldump 的区别如下。

（1）mysqldump 导出的备份文件默认没有 CREATE DATABASE 语句，但有 DROP TABLE 语句；而 mysqlpump 导出的备份文件默认有 CREATE DATABASE 语句，但没有 DROP TABLE 语句。

（2）mysqldump 备份时看不到过程，而 mysqlpump 备份时会有大概的进度指示。

（3）mysqldump 恢复时会先创建表及其所有索引，然后导入数据；而 mysqlpump 恢复时会先创建表，然后导入数据，最后创建索引。

（4）mysqlpump 对于每个表的导出是单线程的，备份时是基于表并行的，因此在备份多数据库表时 mysqlpump 还是比 mysqldump 更快速、更好用。

（5）默认情况下，mysqlpump 导出的数据库备份文件中包含对应的存储过程、函数、触发器、事件、视图和索引。

【例 15.6】备份 jwgl 和 world 数据库，不包含 jwgl 数据库下的 student 和 course 表。

在 CMD 窗口输入命令：

```
mysqlpump -u root -p123456  --include-databases=jwgl,world  --exclude-tables=jwgl.
student,jwgl.course >d:\backup\pump_twodb.sql
```

15.2.4　使用图形化工具备份

（1）打开 Workbench 工具，连接到 MySQL 服务器。

（2）单击"MANAGEMENT"导航栏中的"Data Export"，或者直接在菜单栏中选择"Server"→"Data Export"选项，出现图 15.4 所示的界面。

图 15.4　进入数据备份界面

（3）选中 jwgl 数据库，右侧出现该数据库中所有的表和视图，选中想要导出的对象。下拉列表中"Dump Structure and Data"选项的含义为导出表时包括表结构和表数据，另外两个选项的含义分别为只导出数据、只导出表结构。在"Objects to Export"选项组中有 3 个复选框选项，含义分别为导出存储过程和函数、导出事件和导出触发器。在"Export Options"选项组中有两个选项，其中"Export to Dump Project Folder"选项的含义为将所选内容导出到一个包含有多个文件的文件夹中，每个表对应一个文件，视图、存储过程和触发器等对应一个文件；"Export to Self-Contained File"选项的含义为将所选内容都导出到一个独立的文件中，推荐选择该选项，同时可以修改存储路径。右下角还有"Include Create Schema"选项，其含义为包含创建数据库的语句。全部设置好的界面如图 15.5 所示。

图 15.5　使用 Workbench 工具备份

（4）单击"Start Export"按钮，打开导出进度界面，如图 15.6 所示，当进度条显示"Export Completed"时，说明备份已经完成，可以到设置的备份目录下查看备份文件。

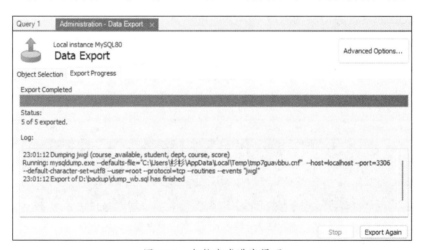

图 15.6　备份完成进度界面

15.2.5　使用 SELECT…INTO OUTFILE 语句导出

在 MySQL 中，可以使用 SELECT…INTO OUTFILE 语句把表数据导出到一个文本文件中进行备份，使用 LOAD DATA INFILE 语句来恢复备份的数据。这种方法有一点不足，就是只能导出或导入数据的内容，而不包括表的结构，若表的结构文件损坏，则必须先设法恢复原来的表结构。

SELECT…INTO OUTFILE 语句的语法格式如下：

```
SELECT columnlist FROM table WHERE condition INTO OUTFILE 'filename' [OPTIONS]
```

（1）SELECT columnlist FROM table WHERE condition：SQL 查询语句。

（2）INTO OUTFILE 'filename'：将 SELECT 语句查询到的结果导出到名称为 "filename" 的文件中。

（3）OPTIONS：可选项，包括 FIELDS 和 LINES 子句，其可能的取值有以下几种。

① FIELDS TERMINATED BY 'value'：设置字段之间的分隔字符，可以为单个字符或多个字符。'value'默认为制表符'\t'。

② [FIELDS] [OPTIONALLY] ENCLOSED BY 'value'：设置字段的定界符，'value'值只能为单个字符。若还有关键词 OPTIONALLY，则指定字符型的字段的定界符。'value'默认为"，即不使用任何字符。

③ [FIELDS] ESCAPE BY 'value'：设置转义字符。'value'默认为'\\'。

④ LINES STARTING BY 'value'：设置每行数据的开始标识，默认为"，即不使用任何字符。

⑤ [LINES] TERMINATED BY 'value'：设置每行数据的结尾标识，默认为'\n'。

需要注意，如果出现了多条 FIELDS 子句和 LINES 子句，则 "FIELDS" 和 "LINES" 这两个关键词都只能在各自的第一条子句中出现。

【例 15.7】使用 SELECT...INTO OUTFILE 语句备份 jwgl 数据库中表 score 的全部数据，要求字符型字段值使用双引号作为定界符，字段值之间使用逗号分隔，每行字段值以问号作为结束标记。

在 MySQL 命令行客户端输入命令：

```
SELECT * FROM jwgl.score INTO OUTFILE
'C:/ProgramData/MySQL/MySQL Server 8.0/Uploads/backupfile.txt'
FIELDS TERMINATED BY ',' OPTIONALLY ENCLOSED BY '"'
LINES TERMINATED BY '?';
```

执行结果如图 15.7 所示。

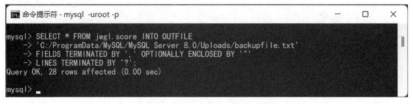

图 15.7　导出 score 表中的数据

通过语句 "SHOW VARIABLES LIKE 'secure%';" 查询参数 secure_file_priv 的值，然后把备份文件放入路径 "C:/ProgramData/MySQL/MySQL Server 8.0/Uploads" 中。当然如果在导出数据时不想将参数设置得那么复杂，也可以不写 FIELDS 子句和 LINES 子句，全部使用它们的默认设置即可。

15.3　恢复

当数据库中的数据遭到破坏或丢失时，我们可以使用备份文件把数据恢复到备份时的状态，尽可能降低损失。

15.3.1 使用 mysql 语句恢复

微课：使用
mysql 语句
恢复

可以通过 mysql 语句来恢复通过 mysqldump 和 mysqlpump 导出的备份文件，语法格式如下：

```
mysql -u user -p [database] < filename
```

> 🔘 **说明**
> （1）-u 和-p：和 mysqldump 语句中的参数含义相同。
> （2）[database]：数据库名称，可选项。
> （3）<：左箭头符号，表示要恢复备份文件。
> （4）filename：是用 mysqldump 或 mysqlpump 语句导出的备份文件。

1．恢复表或单个数据库

【例 15.8】使用 mysql 语句恢复例 15.1 和例 15.2 中的部分备份文件。

在 CMD 窗口输入命令：

```
mysql -u root -p jwgl < d:\backup\jwgl_tables.sql
mysql -u root -p jwgl < d:\backup\jwgl_db.sql
```

我们发现这两条语句很相似，除了所用的备份文件不同，其余部分均相同，为了验证数据有没有被正确恢复，使用第二条语句导入备份文件，然后测试，结果如图 15.8 所示。

图 15.8 使用 jwgl_db.sql 备份文件恢复 jwgl 数据库并验证

从图 15.8 可知，删掉并重建数据库 jwgl，退出 MySQL 服务器，进入 CMD 窗口执行恢复语句，然后重新登录服务器中的 jwgl 数据库，发现已经被删掉的表全都恢复成功。注意：恢复表和恢复单个数据库时，需要提前创建好数据库。

还可以在会话中的当前数据库下使用 SOURCE 语句恢复数据，如使用 jwgl_db.sql 备份文件来恢复数据。我们可以使用 SOURCE d:\backup\jwgl_db.sql 语句完成，注意该语句结尾不能使用分号，否则系统会把分号当作文件名称的一部分，从而无法打开备份文件。

【例 15.9】使用 mysql 语句恢复例 15.5 的备份文件。

在 CMD 窗口输入命令：

```
mysql -u root -p < d:\backup\pump_db.sql
```

例 15.9 和例 15.8 相比，都是恢复 jwgl 数据库中的内容，它们的区别在于：使用 mysqlpump 备份的文件进行恢复时默认不用创建数据库。

2．恢复多个数据库

【例 15.10】使用 mysql 语句恢复例 15.3 中的备份文件。

在 CMD 窗口输入命令：

```
mysql -u root -p < d:\backup\two_db.sql
```

恢复多个数据库或所有数据库的语句，除了所用备份文件的名称不同，其余部分均相同。由于这两种情况在 mysqldump 备份文件中均有创建数据库的语句，所以在恢复时不用再手动创建数据库，因此在使用 mysql 语句恢复时不需要指定数据库名称。

15.3.2　使用图形化工具恢复

（1）打开 Workbench 工具，连接到 MySQL 服务器。

（2）单击"MANAGEMENT"导航栏中的"Data Import/Restore"，或者直接在菜单栏中选择"Server"→"Data Import"选项，出现数据恢复界面，如图 15.9 所示。

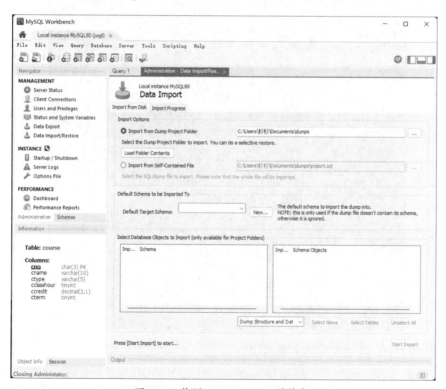

图 15.9　使用 Workbench 工具恢复

（3）根据 15.2.4 小节中导出的备份文件格式，选择"Imort from Self-Contained File"选项，给出备份文件及其路径。在"Default Target Schema"下拉列表中选择要导入的数据库名称，如果该数据库不存在，可以单击"New..."按钮，在弹出的图 15.10 所示的对话框中进行创建。最下方的下拉列表中的"Dump Structure and Data"选项及其他选项的含义与导入界面中的含义相同，这里不再赘述。全部设置好后的界面如图 15.11 所示。

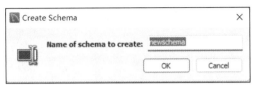

图 15.10　恢复时创建新数据库

图 15.11　设置恢复选项

（4）单击"Start Import"按钮，打开数据恢复进度界面，当进度条上出现"Import Completed"时，说明数据恢复成功。

15.3.3　使用 LOAD DATA INFILE 语句导入

在 MySQL 中，使用 SELECT...INTO OUTFILE 语句导出的数据备份文件，可以使用 LOAD DATA INFILE 语句来导入数据，语法格式如下：

```
LOAD DATA INFILE filename INTO TABLE tablename [OPTION]
```

🖉 说明
（1）filename：要导入的备份文件的路径及名称。

（2）OPTION：和 SELECT…INTO OUTFILE 语句语法格式中的 OPTION 含义相同，这里不再赘述。注意，在实际使用时，恢复数据所使用的 FIELDS 和 LINES 字段要和导出该备份文件时所使用的 FIELDS 和 LINES 字段设置完全相同。

【例 15.11】 使用例 15.7 中的备份文件恢复数据。

在 MySQL 命令行客户端输入命令：

```
LOAD DATA INFILE 'C:/ProgramData/MySQL/MySQL Server 8.0/Uploads/backupfile.txt'
INTO TABLE  jwgl.score
FIELDS TERMINATED BY ','
OPTIONALLY ENCLOSED BY '"'
LINES TERMINATED BY '?';
```

15.4 本章小结

本章主要介绍了 MySQL 数据库备份与恢复的几种常用方法，包括使用 mysqldump 语句、mysqlpump 语句、Workbench 图形化工具和 SELECT…INTO OUTFILE 语句来备份数据库和表，使用 mysql 语句、Workbench 图形化工具和 LOAD DATA INFILE 语句来恢复数据库和表。在实际应用中，通常使用 mysqldump 语句或 mysqlpump 语句来备份，使用 mysql 语句来恢复。

习 题 15

1. 为什么需要进行数据库的备份和恢复？
2. 有哪些常用的备份方法？
3. mysqldump 语句和 mysqlpump 语句有什么不同？
4. 使用两种方式备份 jwgl 数据库中的 score 表和 course_available 表。
5. 使用 SELECT…INTO OUTFILE 语句将 student 表备份成一个文本文档，要求字符型的字段值使用双引号标注，字段值之间使用逗号分隔，每行记录以问号作为结束标记。
6. 自行设计一系列语句，使用第 4 题的备份文档进行恢复。
7. 使用 LOAD DATA INFILE 语句对第 5 题的备份文档进行恢复。

MySQL 实验

实验 1　MySQL 基础及常用工具

1．实验目的

（1）了解 MySQL 数据库。

（2）掌握 MySQL 的安装和配置过程。

（3）熟悉 MySQL 命令行工具的使用方法。

（4）熟悉 MySQL Workbench 工具的使用方法。

（5）掌握启动和停止 MySQL 服务的方法。

（6）掌握连接和断开 MySQL 服务的方法。

2．实验内容

（1）下载 MySQL 安装程序，熟悉其安装过程。

（2）启动和停止 MySQL 服务。

① 通过 Windows 服务管理工具启动、停止 MySQL 服务器。

② 通过命令行启动、停止 MySQL 服务器。

（3）MySQL Command Client 的使用。

① 使用两种方式启动 MySQL Command Client。

② 连接 MySQL 服务器。

③ 查看数据库。

④ 练习 SQL 命令。

（4）图形化工具 Workbench 的使用。

① 启动 MySQL Workbench。

② 新建连接。

③ 熟悉环境。

实验 2　MySQL 数据库和表管理

1．实验目的

（1）了解 MySQL 数据库的结构。

（2）掌握 MySQL 数据库的创建、修改和删除方法。

（3）了解 MySQL 数据库的数据类型。

（4）掌握表的创建、修改和删除方法。

（5）理解约束和数据完整性。

2．实验内容

（1）创建数据库 eShop。

（2）使用图形化工具或命令行工具，创建客户信息表 Clients、商品类别表 Types、商品信息表 Items、订单信息表 Orders 和订单明细表 Details，如附表 2.1 ~ 附表 2.5 所示。

（3）为订单信息表 Orders 增加 opaymode 列，枚举型，值只能取"货到付款""在线支付""其他方式"。

（4）修改客户信息表 Clients 的 cname 列的长度为 30。

（5）为订单信息表 Orders 的 ostatus 列增加默认值"未发货"。

（6）删除订单信息表 Orders 的 opaymode 列。

（7）删除客户信息表 Clients，能否删除？解释原因。

附表 2.1　客户信息表 Clients

列名	数据类型	大小	小数位	是否为空	默认值	约束	含义
cid	char	5		否		主键	编号
cname	varchar	20		否		唯一	客户名称
csex	enum				男	男、女	性别
cbirth	date						出生日期
caddress	varchar	50					客户地址
cphone	char	11					电话
clevel	enum					普通、VIP	客户类型

附表 2.2　商品类别表 Types

列名	数据类型	大小	小数位	是否为空	默认值	约束	含义
tid	char	2		否		主键	编号
tname	varchar	20		否			类别名称
tdescription	varchar	100					描述

附表 2.3　商品信息表 Items

列名	数据类型	大小	小数位	是否为空	默认值	约束	含义
itemid	char	5		否		主键	编号
itemname	varchar	20		否			商品名称
tid	char	2				外键	类别编号
price	decimal	7	2				价格
discount	decimal	3	2				折扣
amount	int						库存数量
status	enum					促销、推荐、下架	状态
description	varchar	100					描述

附表 2.4　订单信息表 Orders

列名	数据类型	大小	小数位	是否为空	默认值	约束	含义
oid	char	12		否		主键	订单编号
cid	char	5		否		外键	客户编号
odate	date						订货日期
ototal	decimal	8	2				订单金额
ostatus	varchar	10					发货状态

附表 2.5　订单明细表 Details

列名	数据类型	大小	小数位	是否为空	默认值	约束	含义
detailid	int			否		主键	明细编号
oid	char	12		否		外键	订单编号
itemid	char	5		否		外键	商品编号
itemprice	decimal	7	2				购买价格
itemnumber	int						购买数量

实验 3　MySQL 表数据管理

1．实验目的

（1）掌握 MySQL 中添加、更新、删除数据的方法。

（2）理解约束对数据管理的限制。

2．实验内容

（1）使用 INSERT INTO 命令向客户信息表 Clients、商品类别表 Types、商品信息表 Items、订单表 Orders、订单明细表 Details 添加数据，数据如附表 3.1～附表 3.5 所示。

（2）使用 SQL 的 UPDATE 命令修改表数据。

① 在 Clients 表中，将编号（cid）为"10001"客户的用户类型（clevel）修改为"会员"。

② 在 Items 表中，将价格（price）高于 3000 的所有商品的折扣（discount）修改为 0.8。

③ 在 Items 表中，将所有"电子产品"类别的商品降价 10%。

（3）使用 SQL 的 DELETE 命令删除 Items 表中所有已下架（status）的记录。

（4）如果要将 Clients 表中"李晨军"的编号改为"10001"，SQL 语句怎么写？能不能修改成功？为什么？

（5）从 Orders 表和 Details 表中删除"李晨军"的订单信息。

附表 3.1　客户信息表 Clients

cid	cname	csex	cbirth	cphone	caddress	clevel
10001	刘丽莎	女	1998-05-06	135××××2360	河南郑州市金水区	普通
10002	李晨军	男	2000-09-12	135××××9870	河南郑州市金水区	会员
10003	罗兵	男	1996-12-10	137××××5290	河南洛阳市涧西区	普通
10004	李磊	男	1980-02-19	135××××3311	北京市海淀区	普通
10005	贾秀华	女	1979-06-25	138××××7356	天津市滨海新区	会员
10006	张培欣	女	1976-03-27	138××××0302	河南开封市鼓楼区	会员
10007	王小杉	男	2003-06-19	135××××0125	河南郑州市高新区	会员

cid	cname	csex	cbirth	cphone	caddress	clevel
10008	王振英	女	1982-10-29	185×××6598	浙江杭州市上城区	普通
10009	杨琳	女	1992-09-21	156×××3456	江苏苏州市虎丘区	会员
10010	赵娟	女	1995-11-08	186×××9810	河南郑州市二七区	普通

附表 3.2　商品类别表 Types

tid	tname	tdescription
01	生活商品	包括家庭生活中日用的商品
02	美容护肤	包括护肤品、化妆品等用品
03	家用电器	包括洗衣机、空调、电视机等
04	电子产品	包括手机、计算机、平板电脑等电子产品
05	儿童用品	包括奶粉、纸尿裤等儿童用品
06	运动用品	包括篮球、足球等运动产品
07	服饰鞋包	包括衣服、鞋、包和装饰产品
08	保健药品	包括维生素、钙片等保健药品
09	文化用品	包括图书、文具等文化用品
10	创意礼品	包括礼物、创意手工等用品

附表 3.3　商品信息表 Items

itemid	itemname	price	discount	amount	status	description	tid
01001	维达卷纸	14.90	1	20	推荐	无芯，实惠，10 卷	01
01002	汰渍洗衣液	69.00	0.8	30	促销	6kg，百合香型	01
02001	兰蔻小黑瓶精华液	760.00	0.9	10	推荐	维稳修护肌肤，30mL	02
02002	百雀羚保湿霜	23.90	1	20	推荐	锁水，滋润，50g	02
03001	海尔模卡电视	3699.00	0.8	20	促销	55 英寸，4K 超清电视	03
03002	西门子	5998.00	0.9	15	下架	610L，对开门	03
04001	华为手机	6069.00	1	10	推荐	P50 Pro，8GB+256GB	04
04002	华为计算机	4999.00	0.9	30	促销	15.6 英寸，11 代酷睿，16GB+512GB	04
04003	华为耳机	899.00	1	10	推荐	FreeBuds Pro，无线蓝牙	04
04004	华为手表	1588.00	1	30	推荐	运动智能，两周长续航，蓝牙，血氧检测	04
06001	红双喜牌乒乓球拍	46.80	0.8	40	促销	物美价廉，超值享受	06
08001	益节维骨力	209.00	0.9	10	促销	氨糖软骨素，盐酸氨基葡萄糖，绿瓶	08
09001	生命的故事	36.50	1	20	推荐	凯迪克大奖得主，知识启蒙作品，精装	09
09002	舒克贝塔传	25.00	0.5	30	促销	经典童话，联合国全球十大图书	09

附表 3.4　订单表 Orders

oid	ototal	odate	ostatus	cid
202203020001	713.80	2022-03-02	已发货	10001
202203020002	6142.00	2022-03-02	未发货	10001
202203020003	74.50	2022-03-02	已发货	10002

oid	ototal	odate	ostatus	cid
202203020004	2959.20	2022-03-02	已发货	10005
202203030010	1060.20	2022-03-03	已发货	10006
202203030011	12414.00	2022-03-03	未发货	10009
202203030012	1060.20	2022-03-03	已发货	10007

附表 3.5　订单明细表 Details 数据

detailid	oid	itemid	itemprice	itemnumber
1	202203020001	01001	14.90	2
2	202203020001	02001	684.00	· 1
3	202203020002	04001	6069.00	1
4	202203020002	09001	36.50	2
5	202203020003	01001	14.90	5
6	202203020004	03001	2959.20	1
7	202203030010	08001	188.10	2
8	202203030010	02001	684.00	1
9	202203030011	01002	55.20	5
10	202203030011	04001	6069.00	2
11	202203030012	02001	684.00	1
12	202203030012	08001	188.10	2

实验 4　数据查询

1．实验目的

（1）掌握 SELECT 语句的基本语法。

（2）掌握子查询的表示方法。

（3）掌握连接查询的表示方法。

（4）掌握数据统计汇总的方法。

2．实验内容

（1）SELECT 的基本使用。

① 查询状态为"促销"的商品的编号、名称、价格。

② 查询每个客户的编号、姓名、地址，并将结果中各列的标题指定为编号、姓名、地址。

③ 查询名称中含有"华为"的商品的编号、名称、价格、折扣。

④ 查询年龄超过 30 岁的客户的编号、姓名。

（2）子查询。

① 查询购买过"01001"商品的客户的编号、姓名。

② 查询没有购买过"01001"商品的客户的编号、姓名。

③ 查询购买数量最多的商品的编号、名称和价格信息。

（3）连接查询。

① 查询未发货的订单的编号、客户名、商品名、数量。

② 查询购买过"华为手机"商品的客户编号、姓名和购买日期。

（4）数据汇总。

① 查询"电子产品"类别的商品的最高价格和最低价格。

② 查询"电子产品"类别的商品的总数量。

③ 查询编号为"10001"客户的订单总金额。

④ 查询每个客户的订单个数。

⑤ 查询购买次数超过 3 次的商品的编号、名称。

⑥ 查询累计消费金额超过 5000 的客户的编号、姓名。

⑦ 查询销量最高的前 5 个商品。

实验 5 视图和索引

1．实验目的

（1）理解视图的概念和作用。

（2）掌握视图的创建、修改和删除方法。

（3）掌握利用视图操作数据的方法。

（4）理解索引的概念、作用及分类。

（5）掌握索引的使用方法。

2．实验内容

（1）使用 CREATE VIEW 命令创建以下视图。

① 视图 view_female，包含每个女性客户的信息。

② 视图 view_count，包含每个客户的姓名和订单个数。

③ 视图 view_sum，包含每个商品的编号、名称和销售数量。

④ 视图 view_order，包含每个订单的编号、客户名、所买商品名、金额、订单日期等信息。

（2）使用 DROP VIEW 命令删除视图 view_sum。

（3）通过视图，执行以下操作。

① 查询"10002"客户的订单数量。

② 查询"10001"客户购买过的商品的名称、价格、购买日期。

③ 通过视图 view_female 插入一个女客户的信息，同时查看基表中数据的变化。

④ 通过视图 view_order 删除客户"刘丽莎"的订单信息，能否删除？

（4）使用 CREATE INDEX 语句对表 Clients 的 cname、csex 列创建唯一索引 idx_namesex。

（5）查看表 Clients 上的索引信息。

（6）删除索引 idx_namesex。

实验 6 存储过程和函数

1．实验目的

（1）掌握 MySQL 中变量的分类及使用方法。

（2）掌握各种运算符的使用方法。

（3）掌握各种控制语句的使用方法。

（4）掌握存储过程和函数的创建和调用方法。

（5）掌握游标的使用方法。

2．实验内容

（1）创建存储过程 p_max，输入 3 个数，输出最大的数。

（2）创建存储过程 p_sum，计算 1～100 以内偶数的和并输出。

（3）创建一个存储过程 update_price，以商品编号和价格为输入参数，修改该商品的价格为所给价格，要求包含错误处理代码。调用该存储过程。

（4）创建一个存储过程 insert_order，以订单编号、顾客编号、订单日期、金额、发货状态为输入参数，插入一条订单信息，插入结果（成功、失败）作为输出参数输出，要求包含错误处理代码。调用该存储过程。

（5）创建过程 print_price_cur，以类别名称作为参数，利用游标依次输出商品信息表中每个类别商品的编号、名称和价格，并调用过程输出结果。

（6）创建一个函数 get_num，以顾客编号为输入参数，返回该顾客的订单数量。调用该函数。

实验 7　触发器和事件

1．实验目的
（1）理解触发器的概念和作用。
（2）掌握触发器的创建和管理方法。
（3）理解触发器的执行原理。
（4）理解事件的概念和作用。
（5）掌握事件的创建和管理方法。
（6）理解事件的执行原理。

2．实验内容
（1）在 Items 表上创建触发器，保证每天 8:00～18:00 之外的时间禁止对该表进行 DML 操作。

（2）创建触发器，实现当添加一条订单明细时，自动修改明细中的商品的库存数量。

（3）创建触发器，实现当删除某客户时，自动删除该客户的订单信息。

（4）创建事件，实现每年清理订单和订单明细数据。

实验 8　事务与并发控制

1．实验目的
（1）理解事务的概念。
（2）掌握事务控制语句的使用方法。
（3）理解锁的概念。
（4）理解 MySQL 中的锁机制。

2．实验内容
（1）创建存储过程 p_insertdetail，利用事务实现添加一个订单明细并修改商品库存的功能。

（2）场景模拟，熟悉并掌握事务、隔离级别和锁的概念及操作。

实验 9　数据库安全管理

1．实验目的

（1）理解 MySQL 数据库的访问控制和安全管理机制。

（2）掌握用户管理的方法。

（3）掌握权限管理的方法。

（4）掌握角色管理的方法。

2．实验内容

（1）创建用户 db_manager，初始密码为 123456，主机名为 localhost，使用默认身份验证插件，该用户的并发连接数量为 2，每小时可以执行 10 次查询和 5 次更新，尝试登录 4次失败后锁定账户，锁定天数为 1。

（2）创建用户 db_write，初始密码为 1234，不限定主机，使用 MySQL 本地身份验证插件，该用户密码即刻失效，修改密码时需要提供原来密码，并且不能重复使用一周之内的密码。

（3）授权。

① 授予用户 db_manager 对数据库 eShop 拥有所有权限。

② 授予用户 db_write 在数据库 eShop 中创建表的权限。

③ 授予用户 db_write 在数据库 eShop 中对 Items 表添加、删除、更新数据的权限。

（4）创建角色 writer，并授予其数据库 eShop 中对 Clients 表的列 cname、caddress 添加和更新的权限，以及执行存储过程 update_price 和执行函数 get_num 的权限。

（5）将角色 writer 授予用户 db_write。

（6）分别用 db_manager 和 db_write 登录，验证其权限。

实验 10　数据库备份与恢复

1．实验目的

（1）理解 MySQL 备份和恢复的基本概念。

（2）掌握 MySQL 各种备份的方法。

（3）掌握从备份中恢复数据的方法。

2．实验内容

（1）备份。

① 使用 mysqldump 工具备份整个 eShop 数据库，备份文件存储在 E:\backup 下。

② 使用 mysqldump 工具备份 eShop 数据库中所有的表结构（不含数据）。

③ 使用 mysqldump 工具备份 eShop 数据库中所有的表（含数据）。

④ 使用 mysqldump 工具备份 eShop 数据库中的 Clients 表和 Items 表。

⑤ 使用 SELECT...INTO OUTFILE 语句备份 eShop 数据库中的 Details 表。

（2）恢复。

① 删除 Details 表中的记录，使用 LOAD DATA INFILE 语句进行恢复。

② 删除 Items 表，使用 SOURCE 命令进行恢复。

③ 删除 eShop 数据库，使用 mysql 工具进行恢复。